La scienza e il metodo scientifico

La scienza

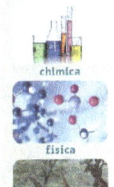

È un complesso di discipline, chiamate **scienze sperimentali**, attraverso le quali gli esseri umani studiano se stessi e la realtà che li circonda:
- chimica: studia la materia e le sue trasformazioni;
- fisica: studia i fenomeni naturali;
- biologia: studia gli organismi viventi;
- geologia: studia la Terra e i processi che la trasformano;
- astronomia: studia l'Universo.

Tutte le discipline scientifiche sperimentali utilizzano un linguaggio comune: la **matematica**.

Il metodo scientifico

Ogni scoperta scientifica è fatta seguendo un preciso metodo di studio che venne utilizzato per la prima volta agli inizi del 1600 da **Galileo Galilei**.

Questo metodo si chiama **metodo sperimentale** e si basa su alcune fasi ben precise:

1. Osservazione di un fenomeno
2. Formulazione di un'ipotesi
3. Verifica sperimentale
4. Raccolta dei dati
5. Formulazione di una legge

Caratteristiche dell'esperimento scientifico

Un esperimento, per essere valido, deve essere **ripetibile**, dare cioè lo stesso risultato se rifatto nelle stesse condizioni.

I risultati devono perciò essere **confrontabili** e **misurabili** cioè espressi con i numeri. Questi numeri misurano le grandezze fisiche.

> Una grandezza fisica è qualunque proprietà di un corpo o di un fenomeno naturale che può essere misurata.

Misurare vuol dire confrontare una grandezza con un'altra dello stesso tipo presa come riferimento cioè come **unità di misura**.

La misura della grandezza fisica è rappresentata da un valore numerico seguito dal simbolo dell'unità di misura scelta per misurarla.

Sistema Internazionale di unità di misura

Sistema di riferimento utilizzato in tutto il mondo. Si basa su sette **grandezze fondamentali** con le quali vengono definite le **grandezze derivate**. Per queste unità di misura sono stati definiti un nome, un simbolo e un valore.

Grandezza	Unità di misura	Simbolo
Lunghezza	metro	m
Massa	chilogrammo	kg
Tempo	secondo	s
Temperatura	kelvin	K
Intensità di corrente elettrica	ampère	A
Quantità di sostanza	mole	mol
Intensità luminosa	candela	cd

Per tutte le unità di misura esistono multipli e sottomultipli.
I **multipli** si utilizzano per misure di grandezze «grandi».
I **sottomultipli** si utilizzano per misure di grandezze «piccole».

Rappresentazioni grafiche

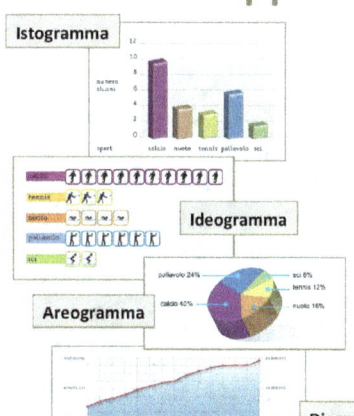

I dati raccolti durante gli esperimenti possono essere organizzati in modo visivo usando le **rappresentazioni grafiche**.
- **Istogramma**: confronta grandezze diverse che vengono rappresentate da colonnine colorate.
- **Ideogramma**: utilizza disegni al posto delle colonnine colorate.
- **Areogramma** o **diagramma a torta**: l'ampiezza di ogni fetta è proporzionale alla grandezza dei valori rappresentati.
- **Diagramma cartesiano**: rappresenta la variazione di una grandezza rispetto a un'altra.

La materia, i suoi stati e le sue proprietà

La materia

Il termine **materia** indica tutto ciò che occupa uno spazio (ha un **volume**) e ha una **massa** e quindi un **peso**.
La materia può essere:
- **vivente**: esseri umani, animali, piante
- **non vivente**: sassi, computer

Può anche essere non visibile, come nel caso di virus e batteri oppure dell'aria che respiriamo.

Costituzione della materia

La materia è costituita da particelle piccolissime: gli **atomi**.
Gli atomi possono combinarsi tra loro e formare **molecole**.
Le molecole sono le parti più piccole di materia che conservano sempre le loro proprietà.

> Si definisce **sostanza** qualsiasi porzione di materia caratterizzata da proprietà specifiche e da una composizione chimica definita.

• Le sostanze formate da un solo tipo di atomo sono dette **sostanze semplici** o **elementi**.

• Le sostanze formate da più tipi di atomi sono dette **sostanze composte** o **composti**.

Le sostanze si possono classificare in base alla **struttura**.

• **Sostanze cristalline**: hanno una struttura interna regolare e ordinata; esternamente si presentano con facce e spigoli formando cristalli.
Esempio: sale da cucina

• **Sostanze amorfe**: hanno una struttura interna irregolare e disordinata; esternamente si presentano senza una forma precisa.
Esempio: vetro

Le sostanze si possono classificare a seconda degli **elementi che le compongono**.

• **Sostanze organiche**: sono formate soprattutto da atomi di carbonio, ossigeno, idrogeno, azoto; altri elementi possono essere presenti in quantità minore. Sono tutto ciò che è parte di un organismo, cioè di un essere vivente, o che da questo è prodotto.

• Esistono anche **sostanze organiche sintetiche**, come le materie plastiche, create in laboratorio.

• **Sostanze inorganiche**: sono formate da atomi di ogni altro tipo e indicano la materia inerte cioè priva di vita, come i sassi.

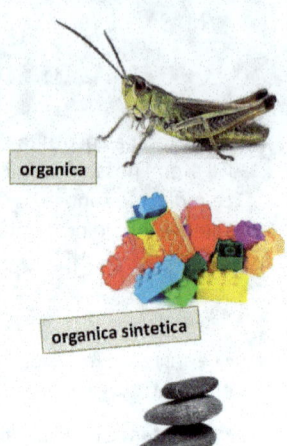

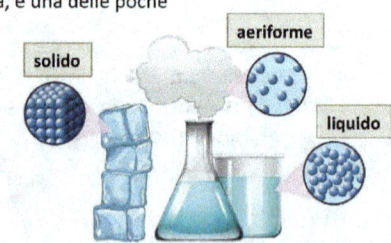

Stati di aggregazione della materia

La materia si può trovare in tre stati diversi: **solido**, **liquido**, **aeriforme**.

Questi tre stati sono chiamati **stati di aggregazione della materia** e si distinguono tra loro in base alla disposizione delle particelle (atomi o molecole) le une rispetto alle altre.

Sulla Terra, in condizioni normali, le sostanze si trovano in uno solo dei tre stati. Alcune sostanze possono però presentarsi in tutti e tre gli stati.

L'acqua, una delle sostanze più diffuse sul nostro pianeta, è una delle poche in cui possiamo osservare in natura tutti e tre le fasi:

• a temperature inferiori a 0 °C si trova sotto forma di solido (ghiaccio);

• a temperature superiori a 0 °C si trova sotto forma di liquido;

• a temperature superiori a 100 °C si trova sotto forma di aeriforme (vapore acqueo).

Gli atomi o le molecole che costituiscono tutte le sostanze sono soggette a un continuo movimento chiamato **agitazione termica**.

Le particelle sono inoltre attratte le une verso le altre da forze di natura elettrica chiamate **forze di coesione**.

L'agitazione termica e le forze di coesione determinano lo stato di aggregazione della materia, cioè se un corpo è solido, liquido o aeriforme.

I solidi

Nei solidi le molecole sono molto vicine tra loro perciò le forze di coesione sono molto intense. Le molecole non possono spostarsi le une rispetto alle altre ma possono solo vibrare.

Per questo motivo **i solidi hanno volume proprio e forma propria**.

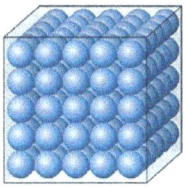

I liquidi

Anche nei liquidi le forze di coesione non consentono alle molecole di allontanarsi le une dalle altre. Queste forze sono però un po' più deboli e le molecole sono leggermente più distanti tra di loro, possono spostarsi per cui non sono disposte in maniera ordinata e regolare.

Per questo motivo **i liquidi hanno volume proprio ma non forma propria.**

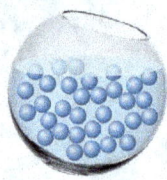

Gli aeriformi

Nello stato aeriforme le molecole sono molto distanti fra loro e le forze di coesione sono molto deboli o quasi nulle. Le molecole sono quindi in grado di muoversi indipendentemente le une rispetto alle altre in tutte le direzioni.

Per questo motivo **gli aeriformi non hanno né volume né forma propria,** ma occupano tutto lo spazio libero a disposizione.

Gli aeriformi si distinguono in **gas** e **vapori**.

• **Gas**: sono elementi o sostanze che a temperatura ambiente si trovano allo stato aeriforme.

• **Vapori**: sono elementi o sostanze che a temperatura ambiente sono solidi o liquidi e diventano aeriformi quando vengono scaldati.

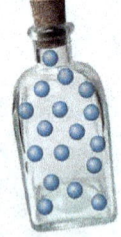

Le grandezze misurabili della materia

Volume

Il volume (V) è la quantità di spazio occupata dalla materia.

• L'unità di misura del volume è il **metro cubo** che ha come simbolo **m³**.

• L'unità di misura del volume per i liquidi è il decimetro cubo (**dm³**) che viene comunemente chiamato **litro** e ha come simbolo **l**.

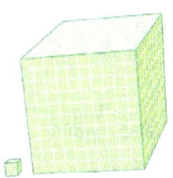

Massa

La massa (m) è la quantità di materia che costituisce un corpo.

L'unità di misura della massa è il **kilogrammo** che ha come simbolo **kg**.

Misura della massa con la **bilancia** a due piatti.

Peso

Il peso (p) è la grandezza fisica che misura la forza con cui un corpo viene attratto da un altro corpo.

L'unità di misura del peso è il **newton** che ha come simbolo **N**.

dinamometro

Nel linguaggio comune si tende a confondere **massa** e **peso**:

• **affermazione non corretta**: una persona pesa 50 kg;

• **affermazione corretta**: una persona ha una massa di 50 kg e sulla Terra pesa 490 N.

La **massa** è una proprietà costante dei corpi, **resta sempre la stessa** in ogni condizione. Il **peso**, invece, è l'effetto prodotto dalla presenza di una forza di gravità sulla massa e **varia a seconda del luogo in cui viene misurato**.

Corpo celeste	Peso (N)
Sole	13705
Mercurio	185,15
Venere	443,6
Terra	490
Marte	186,4
Giove	1296,5
Saturno	559,5
Urano	450,5
Nettuno	564

Una persona di 50 kg mantiene questo valore della massa su tutti i pianeti del sistema solare, ma il suo peso cambia in base al corpo celeste su cui si trova.

> L'attrazione gravitazionale sulla Luna è minore (circa 1/6) rispetto a quella sulla Terra: i corpi, pur conservando la propria massa, risultano meno "pesanti" e quindi gli astronauti sembravano "galleggiare" invece che camminare normalmente.

Densità

La densità (d) di un corpo è il rapporto tra la sua massa e il suo volume.

$$\text{densità} = \frac{\text{massa}}{\text{volume}} \quad (d = \frac{m}{V})$$

Due corpi possono avere la stessa massa ma volume diverso.

1 kg di piume e 1 kg di piombo, ad esempio, hanno la stessa massa ma un cuscino di piume ha un volume maggiore rispetto a un peso di piombo!

Peso specifico

Il peso specifico (p_s) di un corpo è il rapporto tra il suo peso e il suo volume.

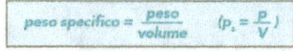

$$\text{peso specifico} = \frac{\text{peso}}{\text{volume}} \quad (p_s = \frac{P}{V})$$

Densità relativa

Per sapere se i materiali sono più o meno densi dell'acqua, e quindi se sono in grado di galleggiare oppure no, si deve paragonare la densità di ogni materiale con quella dell'acqua.

$$\text{densità relativa} = \frac{densità\ del\ materiale}{densità\ dell'acqua}$$

- Se il **risultato** è **maggiore di 1**: il **materiale affonda**
- Se il **risultato** è **minore di 1**: il **materiale galleggia**

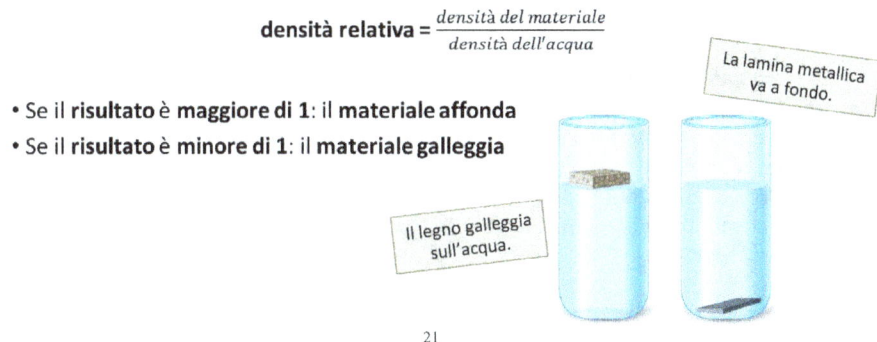

La lamina metallica va a fondo.

Il legno galleggia sull'acqua.

Il calore, la temperatura e i cambiamenti di stato

Il calore e la temperatura

Nel linguaggio comune si usano indifferentemente i termini **calore** e **temperatura**, ma nel linguaggio scientifico i due termini si riferiscono a concetti diversi.

- **Il calore è una forma di energia che si trasmette dai corpi caldi ai corpi freddi.**
  Il latte tolto dal frigorifero e messo in un pentolino sul fornello si scalda.
  Il **calore** della fiamma del fornello si trasmette al metallo del pentolino e poi al latte.
- **La temperatura è la misura del livello termico di un corpo, cioè la condizione di freddo o caldo che il corpo possiede in un determinato momento.**
  Il latte preso dal frigorifero è freddo; dopo averlo messo sul fornello acceso diventa caldo.
  La **temperatura** del latte è quindi cambiata.

Il calore e il movimento delle particelle

Il **calore** è l'**energia termica totale** posseduta da un corpo, cioè l'insieme di tutte le energie di movimento delle singole particelle.

Il **calore** è legato al **movimento delle particelle** e ciò spiega perché si trasmette sempre da un corpo caldo a un corpo più freddo.

In un corpo caldo le particelle si muovono molto velocemente: quando si avvicina un corpo freddo, esse urtano le sue particelle più lente e trasmettono loro il movimento, cioè il calore.

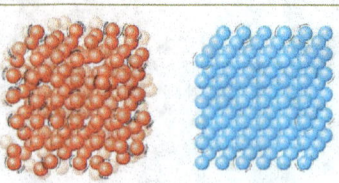

Nei corpi caldi le particelle si muovono molto velocemente mentre in quelli freddi si muovono più lentamente.

La dilatazione termica

- Quando si **riscalda** un corpo, le sue particelle si muovono più velocemente e tendono ad allontanarsi le une dalle altre: il corpo **aumenta di volume** cioè **si dilata**. Questo fenomeno è detto **dilatazione termica**.
- Quando invece si **raffredda** un corpo, le sue particelle si muovono più lentamente e tendono ad avvicinarsi le une alle altre: il corpo **diminuisce di volume** cioè **si contrae**.

Ogni corpo subisce la dilatazione termica e cambia le sue dimensioni, ma in modi e tempi diversi a seconda della sostanza di cui è composto e in base alla variazione di temperatura a cui è soggetto.

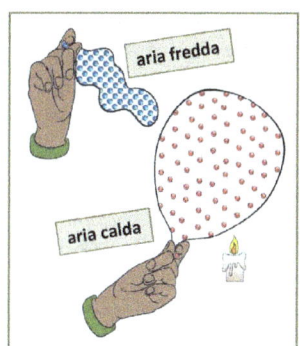

La dilatazione termica

DILATAZIONE TERMICA NEI SOLIDI
Nei solidi la dilatazione termica è difficile da osservare.
Le particelle che compongono i solidi sono molto vicine tra di loro e sono legate da una grande forza di coesione, perciò anche quando vengono riscaldate si possono allontanare poco e l'aumento di volume non è molto evidente.

Nella costruzione di ponti e viadotti autostradali vengono inseriti tra un blocco e l'altro dei giunti, che permettono ai blocchi di dilatarsi con il caldo e di contrarsi con il freddo.

La dilatazione termica

DILATAZIONE TERMICA NEI LIQUIDI

Nei liquidi la dilatazione termica è più facile da osservare.

Le particelle che compongono i liquidi hanno maggiore libertà di movimento e quindi occupano più spazio.

In generale, i corpi scaldandosi si dilatano e raffreddandosi si contraggono.

L'acqua fa eccezione: se si congela, il suo volume aumenta. La massa rimane sempre la stessa e quindi diminuisce la densità: per questo motivo gli iceberg galleggiano sull'acqua.

La dilatazione termica

DILATAZIONE TERMICA NEI GAS

Nei gas la dilatazione termica è molto evidente.

Le particelle che compongono i gas si possono muovere liberamente in tutte le direzioni, perciò quando vengono riscaldate l'aumento di volume si nota parecchio.

Su questo principio si basa il funzionamento della **mongolfiera**. L'aria contenuta all'interno del pallone, riscaldata da un bruciatore, si espande e la mongolfiera può sollevarsi.

Le misure di temperatura e calore

I nostri sensi funzionano abbastanza bene per quanto riguarda la percezione del **caldo** e del **freddo** ma non sono in grado di dirci il **valore esatto** della temperatura dei corpi con cui veniamo in contatto.

Lo strumento che misura la temperatura è il **termometro**. È formato da un finissimo tubo di vetro collegato a un bulbo che contiene del liquido colorato. Di fianco al tubicino si trovano dei numeri che indicano il livello della temperatura.

Il funzionamento del termometro si basa sulla **dilatazione termica**: a contatto con un corpo più caldo, il liquido contenuto nel bulbo si dilata e sale nella colonnina; a contatto con un corpo più freddo, il liquido si contrae e scende.

L'unità di misura della temperatura

Per misurare la temperatura si utilizzano le **scale termometriche**, che hanno come punti di riferimento due **temperature fisse e costanti**: la temperatura del **ghiaccio che fonde** e la temperatura dell'**acqua che bolle**.

- **Scala Celsius** (o **centigrada**): il valore **0** è assegnato alla temperatura di fusione del ghiaccio, il valore **100** alla temperatura di ebollizione dell'acqua. L'intervallo tra le due temperature è diviso in 100 parti, ognuna delle quali è chiamata **grado centigrado** e si indica con il simbolo **°C**. È la scala più comunemente usata.
- **Scala Fahrenheit**: il valore **32** è assegnato alla temperatura di fusione del ghiaccio, il valore **212** alla temperatura di ebollizione dell'acqua. L'intervallo tra le due temperature è diviso in 180 parti, ognuna delle quali è chiamata **grado Fahrenheit** e si indica con il simbolo **F**. È la scala usata negli Stati Uniti e nei Paesi di cultura anglosassone.

L'unità di misura della temperatura

Il movimento delle particelle di un corpo aumenta e diminuisce rispettivamente all'aumentare e al diminuire della temperatura.

Possiamo immaginare che, diminuendo la temperatura, i movimenti diventano sempre più lenti, fino a ridursi del tutto quando si raggiunge la temperatura più bassa possibile: **− 273,15 °C**. Questo valore è chiamato **zero assoluto**.

- **Scala Kelvin** (o **scala delle temperature assolute**): il valore **273,15** è assegnato alla temperatura di fusione del ghiaccio, il valore **373,15** alla temperatura di ebollizione dell'acqua. L'intervallo tra le due temperature è diviso in 100 parti, ognuna delle quali è chiamata **grado Kelvin** e si indica con il simbolo **K**.

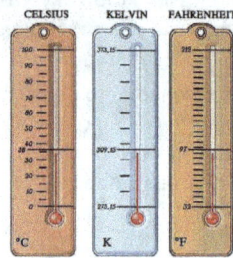

L'unità di misura del calore

L'unità di misura del calore più utilizzata è la **caloria** (**cal**), cioè la quantità di calore che deve essere fornita a 1 g di acqua per far aumentare la sua temperatura di 1 °C (esattamente da 14,5 °C a 15,5 °C).

Poiché questa unità di misura è piuttosto piccola, spesso si utilizza un suo multiplo: la **chilocaloria** (**kcal**).

Il calore, essendo una forma di energia, può essere misurato anche in **joule** (**J**).

1 J = 0,239 cal   1 cal = 4,18 J   1 kcal = 4180 J

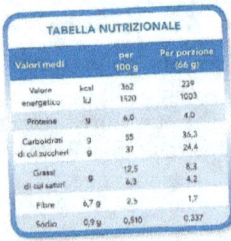

Le etichette presenti sui prodotti alimentari riportano le chilocalorie e i chilojoule che quei cibi contengono, cioè la quantità di energia che si introduce nel proprio corpo mangiando una certa quantità di quei prodotti.

La propagazione del calore

LA CONDUZIONE

La **conduzione** è la trasmissione di calore per **contatto diretto** e **senza spostamento di materia**. È una caratteristica dei corpi **solidi**.

Se immergi un cucchiaio di metallo in una pentola di acqua bollente, il cucchiaio si riscalda. Questo fenomeno accade perché le particelle calde dell'acqua entrano a contatto con quelle fredde del cucchiaio e trasmettono parte della loro energia termica. A poco a poco il calore si diffonde lungo tutto il cucchiaio fino al manico.

Se però nella stessa pentola immergi un cucchiaio di legno, il calore si trasmette molto più lentamente.

I materiali, come i metalli, che **trasmettono molto bene il calore** sono detti **conduttori**; i materiali, come il legno, che **non conducono bene il calore** sono detti **isolanti**.

La propagazione del calore

LA CONVEZIONE

La **convezione** è la trasmissione di calore in cui avviene anche **spostamento di materia**. È una caratteristica dei **fluidi**, cioè dei liquidi come l'acqua e dei gas come l'aria. Liquidi e gas, quando vengono scaldati, iniziano a muoversi verso l'alto perché il calore li dilata e li fa diventare più leggeri. Questi movimenti causati dal calore si chiamano **moti convettivi**.

Moti convettivi nell'acqua.

I moti convettivi sono molto importanti per la vita sulla Terra. Il calore del Sole rimescola le masse di aria generando i venti; le masse d'acqua (mari e oceani) si rimescolano distribuendo calore, ossigeno, sali e sostanze nutritive.

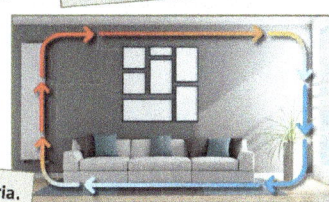
Moti convettivi nell'aria.

La propagazione del calore

L'IRRAGGIAMENTO

L'**irraggiamento** è la trasmissione di calore, **senza contatto o trasferimento di materia**, attraverso le radiazioni.
Qualsiasi corpo caldo emette radiazioni invisibili, le **radiazioni infrarosse**, che trasportano il calore attraverso lo spazio: basta stare al sole o vicino a una stufa per sentire il calore sulla pelle.
Anche il calore del Sole arriva sulla Terra per irraggiamento.

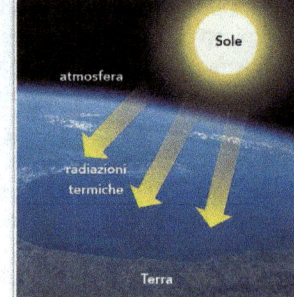

I cambiamenti di stato

La materia può trovarsi allo stato solido, liquido o aeriforme, ma può anche passare da uno stato a un altro in seguito a un cambiamento di temperatura.

Quando una sostanza modifica il suo stato di aggregazione si dice che è avvenuto un cambiamento di stato.

Il comportamento delle particelle al variare della temperatura ci spiega meglio i passaggi da uno stato della materia all'altro.

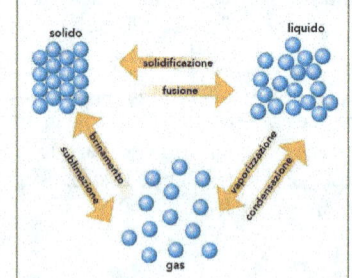

I cambiamenti di stato

SOLIDIFICAZIONE E FUSIONE

- **La solidificazione è il passaggio dallo stato liquido allo stato solido.** Diminuendo la temperatura, le particelle diminuiscono la loro agitazione termica e si dispongono in modo ordinato, tipico dello stato solido. L'acqua nel freezer si trasforma in ghiaccio.
- **La fusione è il passaggio dallo stato solido allo stato liquido.** Le particelle del solido, con un aumento di temperatura, incominciano a muoversi più velocemente e si allontanano le une dalle altre. Il ghiaccio si trasforma in acqua.

Ogni sostanza passa da uno stato all'altro a una particolare temperatura. Nel caso della solidificazione e della fusione coincidono e prendono il nome di **punto di solidificazione** e **punto di fusione**.

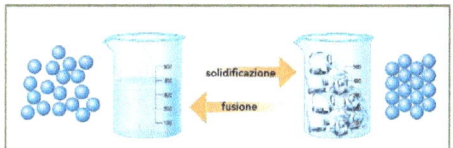

I cambiamenti di stato

VAPORIZZAZIONE E CONDENSAZIONE

- **La vaporizzazione è il passaggio dallo stato liquido allo stato aeriforme.** Le particelle del liquido, aumentando la temperatura, si muovono più velocemente in tutte le direzioni: si passa allo stato aeriforme. La vaporizzazione avviene in due modi diversi: per **ebollizione** o per **evaporazione**. Nell'**ebollizione** il passaggio di stato avviene in seguito a un fenomeno tumultuoso che coinvolge **tutto il corpo del liquido**: ad esempio l'acqua che bolle in una pentola sul fuoco. Nell'**evaporazione** il passaggio di stato avviene **solo alla superficie del liquido**: ad esempio un bicchiere contenente un po' d'acqua lasciato su un davanzale.
- **La condensazione è il passaggio dallo stato aeriforme allo stato liquido.** Le particelle del gas, raffreddandosi, diminuiscono la loro mobilità: si passa allo stato liquido.

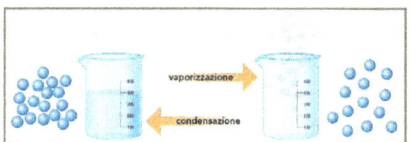

I cambiamenti di stato

SUBLIMAZIONE E BRINAMENTO

- **La sublimazione è il passaggio diretto dallo stato solido allo stato aeriforme.**
  Le forze che tengono unite le particelle allo stato solido sono così deboli che basta un piccolo aumento di temperatura per farle disperdere sotto forma di gas saltando così lo stato liquido. È il caso delle palline di canfora o di naftalina negli armadi.
- **Il brinamento è il passaggio diretto dallo stato aeriforme allo stato solido.**
  Un esempio di questo fenomeno è dato dalla formazione della brina.
  In inverno, con la temperatura che scende sotto zero, il vapore acqueo (stato aeriforme) presente nell'aria passa direttamente allo stato solido, formando sottili aghi di ghiaccio.

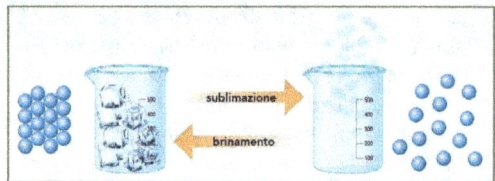

Il calore latente

I cambiamenti di stato avvengono a temperature ben precise, che sono caratteristiche di ogni sostanza: il **punto di fusione** e il **punto di ebollizione**. Queste temperature rimangono costanti per tutta la durata del processo.

Il **calore latente** è la quantità di calore che serve per completare un passaggio di stato:

- nel passaggio da solido a liquido, il **calore latente di fusione** non serve ad aumentare la temperatura ma viene utilizzato per vincere le forze di coesione che mantengono le molecole unite nel solido;
- nel passaggio da liquido a gas, il **calore latente di vaporizzazione** viene utilizzato per indebolire le forze di coesione tra le particelle del liquido, permettendo loro di allontanarsi fino a passare allo stato gassoso.

Il calore specifico

Il **calore specifico** è la quantità di calore necessaria per aumentare o diminuire di 1 °C la temperatura di 1 grammo di una sostanza.

In estate, di giorno, la sabbia scotta e l'acqua del mare è più fredda. Alla sera, invece, l'acqua è più calda e la sabbia è più fredda. Questo comportamento dipende dal fatto che la sabbia e l'acqua del mare, come qualsiasi altra sostanza, assorbono e cedono calore in modo diverso. L'acqua ha un calore specifico elevato per cui si riscalda o si raffredda più lentamente; al contrario la sabbia, che ha un calore specifico minore, si riscalda o si raffredda più velocemente.

I paesi che si trovano vicino al mare o ai laghi, quindi, hanno un clima mite d'inverno perché il calore assorbito dall'acqua in estate viene rilasciato lentamente nei mesi successivi.

Il clima del lago di Garda è mite, tanto che sulle sue sponde cresce una vegetazione tipicamente mediterranea: agrumi, palme, viti e ulivi.

Introduzione alla chimica

Sostanze e miscugli

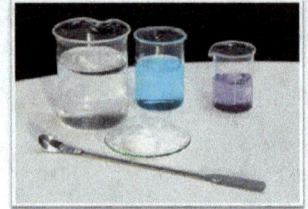

Tutto ciò che si trova intorno a noi è fatto di materia. La materia si presenta sotto forma di **sostanze** (per esempio sale, acqua, zucchero, ecc.).

Molto spesso le sostanze si mischiano tra loro e formano i **miscugli**, cioè insiemi di sostanze.

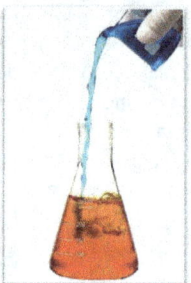

Miscugli eterogenei

Un miscuglio eterogeneo è quello in cui **si possono distinguere le sostanze che lo compongono**.

Il terriccio, ad esempio, è formato, oltre che dalla terra vera e propria, da sabbia, sassi, resti vegetali, come fili d'erba, piccole radici, semi e magari anche piccoli insetti. In un miscuglio eterogeneo si possono distinguere le varie sostanze a occhio nudo o con l'aiuto di strumenti per ingrandire.

Queste sostanze possono trovarsi nello **stesso stato** (solido, liquido o aeriforme) o in **stati diversi**.

Miscugli eterogenei

I miscugli eterogenei sono di **5 tipi**:
1. solido-solido (vi sono rocce che contengono più minerali);
2. solido-liquido (sulla battigia si mescolano acqua e sabbia); ci sono miscugli solido-liquido in cui il solido rimane disperso nel liquido, rendendo torbido il miscuglio, che prende il nome di **sospensione** (ne è un esempio il frullato);
3. solido-aeriforme (la pietra pomice è una roccia che contiene bolle di gas intrappolate durante l'eruzione);
4. liquido-liquido, quando un liquido forma piccole gocce che rimangono sospese nell'altro si ha un'**emulsione** (come nel caso di olio e acqua);
5. liquido-aeriforme (l'acqua minerale contiene anidride carbonica).

solido-solido
solido-liquido
solido-aeriforme
liquido-liquido
liquido-aeriforme

Miscugli eterogenei

Per separare i componenti di un miscuglio eterogeneo si possono usare vari metodi, basati sulle proprietà fisiche dei diversi componenti.

Nella **decantazione** si lascia depositare la sostanza solida sul fondo del contenitore (**sedimentazione**); poi, quando liquido e solido sono separati, si versa il liquido in un altro contenitore e si raccoglie la parte solida. Se si raccoglie, ad esempio, un secchiello di acqua e sabbia sulla battigia e lo si lascia fermo per un po' di tempo, la sabbia si depositerà sul fondo e si potranno separare le due sostanze.

Nella **filtrazione** si usano **setacci** o **filtri** che trattengono la sostanza solida e fanno scivolare in un contenitore la sostanza liquida.

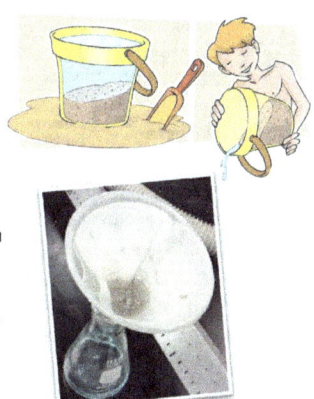

Miscugli omogenei

Un miscuglio omogeneo è quello in cui **non si possono distinguere le sostanze che lo compongono**.

Le soluzioni

La soluzione è un tipo particolare di miscuglio omogeneo, in cui **una delle sostanze è presente in quantità molto maggiore delle altre**, come quando si aggiunge un cucchiaino di sale a un bicchiere di acqua.

In una soluzione il componente presente in **quantità maggiore** si chiama solvente e rappresenta la **sostanza che scioglie** (l'acqua); il componente presente in **quantità minore** è invece il soluto e rappresenta la **sostanza che viene sciolta** (il sale).

Miscugli omogenei

Se continuiamo ad aggiungere sale alla soluzione ci accorgeremo che, a un certo punto, il sale non si scioglierà più ma rimarrà sul fondo del recipiente. Quando **il sovente ha sciolto la maggiore quantità possibile di soluto** e non può scioglierne altro, la soluzione è satura.

Una soluzione è concentrata quando **la quantità di soluto è di poco inferiore al livello di saturazione**.

Una soluzione è diluita quando **la quantità di soluto è molto piccola rispetto al livello di saturazione**.

Un esempio di soluzione liquida (in cui il solvente è un liquido) è l'acqua di mare che ha l'acqua come solvente e i sali minerali disciolti come soluti.

Esempi di soluzioni solide (in cui sia il solvente sia il soluto sono allo stato solido) sono le leghe metalliche come l'ottone (rame e zinco) o il bronzo (rame e stagno).

bronzo

ottone

Miscugli omogenei

Per separare le sostanze che fanno parte delle soluzioni si usano i **passaggi di stato**.
La distillazione è una tecnica che permette di separare le sostanze in base alle loro diverse temperature di ebollizione.
Nel caso di una soluzione in cui il soluto è solido si scalda la soluzione finché il liquido non evapora.
Mantenendo costante la temperatura, si fa condensare il vapore in una **serpentina**. Si raccoglie il liquido che si forma, continuando fino alla sua completa separazione dal soluto solido.
Se la soluzione è invece formata da più liquidi che hanno punti di ebollizione diversi, è possibile distillare separatamente le diverse sostanze incominciando da quella che bolle a temperatura più bassa. Si ripete poi l'operazione per tutte le sostanze presenti, realizzando così una **distillazione frazionata**.

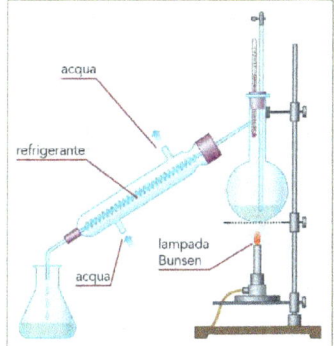

Miscugli omogenei

Un altro metodo per separare le sostanze in soluzione è la cromatografia che si basa sulla diversa affinità delle sostanze nei confronti di un particolare supporto.
Nel caso della **cromatografia su carta**, ad esempio, si fa assorbire parte della soluzione a un estremo di una striscia di carta, che viene poi immersa in un solvente.
Questo solvente sale per capillarità nelle fibre della carta e trascina con sé i componenti della soluzione.
Questi componenti **salgono con velocità diverse in base alle loro caratteristiche chimiche** e si separano lungo la striscia.

La chimica generale

L'atomo e la sua struttura

Le sostanze sono formate da particelle molto piccole: gli **atomi**. Se sono formate da atomi uguali si chiamano **sostanze semplici** o elementi chimici; se sono formate da atomi diversi si chiamano **sostanze composte** o composti.

Ogni atomo è formato da una parte centrale, il **nucleo**, in cui è concentrata la quasi totalità della sua massa.

Il nucleo è formato da **protoni**, particelle con carica elettrica positiva e da **neutroni**, particelle che non hanno carica elettrica.

Intorno al nucleo ruotano gli **elettroni**, particelle che hanno carica elettrica negativa.

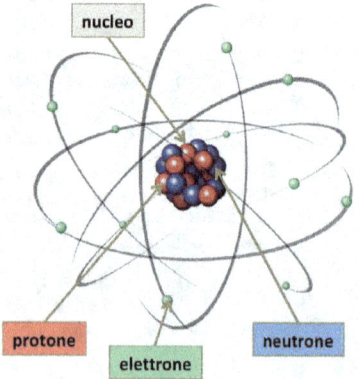

L'atomo e la sua struttura

Gli elettroni non si trovano tutti alla stessa distanza dal nucleo ma si muovono all'interno di **orbite concentriche** poste a distanze crescenti dal nucleo. Particolari insiemi di orbite formano i gusci elettronici.

Nei diversi atomi gli elettroni occupano i gusci **a partire da quello più interno**, più vicino al nucleo, e solo quando un guscio è completo incominciano a occupare il guscio successivo. Ogni guscio ospita un **numero fisso di elettroni** che varia da guscio a guscio.

È importante ricordare che in ogni atomo il guscio più esterno può contenere **al massimo otto elettroni**.

Numero atomico e numero di massa

Ciò che rende differenti gli elementi chimici è il **diverso numero di protoni presente nel nucleo dell'atomo**.

Il numero atomico è il **numero di protoni presenti nel nucleo** e viene indicato in basso a sinistra (**Z**).

Un atomo, per quanto molto piccolo, ha una sua **massa**. Il numero di massa è il **numero dei protoni e dei neutroni presenti nel nucleo** e viene indicato in alto a sinistra (**A**).

Gli atomi sono troppo piccoli per essere misurati in kilogrammi. Si è deciso di usare un'unità di misura convenzionale chiamata **Unità di massa atomica**.

La massa atomica è la **somma della massa di protoni, neutroni ed elettroni**.

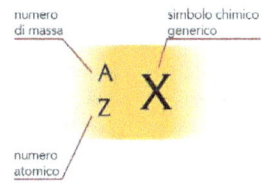

Gli isotopi

Un elemento chimico ha sempre lo stesso numero di protoni. Però **il numero dei neutroni può variare**.

Gli **isotopi** sono gli atomi di un elemento che hanno lo **stesso numero di protoni ma diverso numero di neutroni**.

L'**idrogeno**, ad esempio, è una miscela di tre isòtopi, ciascuno dei quali possiede un solo protone:
- l'idrogeno comune o pròzio, che non ha neutroni;
- il deuterio che ha un neutrone;
- il trizio che ha due neutroni.

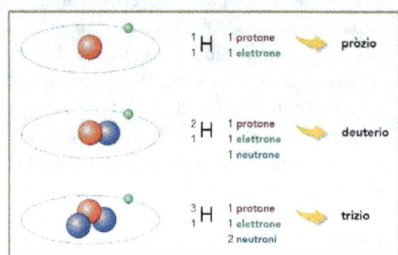

La tavola periodica

Dopo il 1700 gli scienziati hanno scoperto diversi elementi chimici prima sconosciuti e hanno tentato di raggrupparli in base alle loro caratteristiche.

A metà dell'Ottocento il chimico russo **Dimitrij Mendeleev** li classificò in una tabella, chiamata **tavola periodica degli elementi**.

Oggi si usa una versione più moderna della tavola di Mendeleev, in cui gli elementi sono disposti in **ordine crescente secondo il numero atomico**.

Nella tavola periodica ogni elemento è inserito in una casella che riporta il **nome**, il **simbolo chimico**, il **numero atomico** e la **massa atomica**.

Il simbolo chimico deriva generalmente dal nome latino dell'elemento ed è formato da una lettera maiuscola oppure da una lettera maiuscola e una minuscola. Per esempio l'ossigeno è O, il calcio Ca.

Dimitrij Mendeleev

La tavola periodica

Gli elementi chimici sono ordinati in righe orizzontali, chiamate periodi, e in colonne verticali, chiamate gruppi.

Gli elementi appartenenti allo stesso gruppo hanno proprietà molto simili. Questo comportamento è legato al fatto di avere tutti lo stesso numero di elettroni nel guscio esterno.

Le proprietà chimiche di un elemento sono determinate dal numero di elettroni presenti nel guscio più esterno.

Gli elementi sono inoltre suddivisi in **metalli**, **non metalli**, **semimetalli** e **gas nobili**.

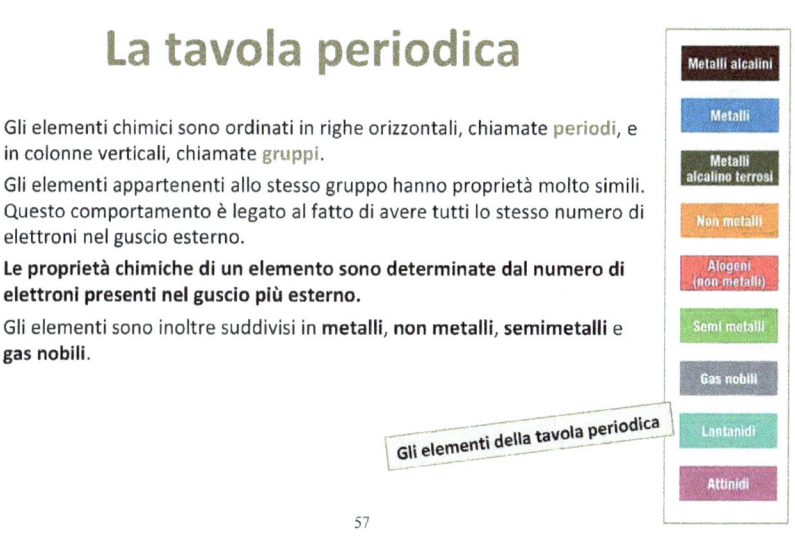

Gli elementi della tavola periodica

La tavola periodica

Metalli, non metalli, semimetalli, gas nobili

Metalli: sono solidi a temperatura ambiente (tranne il mercurio che è liquido); sono lucenti; sono buoni conduttori di calore ed elettricità; possono essere lavorati con facilità per ottenere lamine e fili.
Tra i metalli più conosciuti ci sono il **ferro** (Fe), l'**oro** (Au), il **rame** (Cu), il **sodio** (Na) e il **calcio** (Ca).

Non metalli: a temperatura ambiente possono essere solidi, liquidi o gassosi; sono opachi; sono fragili; sono cattivi conduttori di calore ed elettricità.
Tra i non metalli ci sono l'**ossigeno** (O), l'**azoto** (N), il **carbonio** (C) e il **cloro** (Cl).

Semimetalli: sono elementi che presentano caratteristiche intermedie tra metalli e non metalli. In particolari condizioni alcuni di essi possono essere usati come semiconduttori. Un esempio è il **silicio** (Si).

Gas nobili: sono elementi molto stabili perché hanno tutti il guscio esterno completo con otto elettroni.

Fili elettrici di rame

Transistor e diodi in silicio usati per i dispositivi elettronici.

Le formule chimiche

Le **molecole**, cioè gli aggregati di atomi, sono rappresentate da **formule chimiche** che indicano quali e quanti atomi sono presenti.

La formula di una **sostanza semplice** si scrive indicando il simbolo corredato da un **indice** (un numerino posto in basso a destra) che indica quanti atomi costituiscono la molecola: per esempio Cl_2 indica che la molecola del cloro è formata da 2 atomi. Se l'indice è 1 viene omesso.

La formula di una **sostanza composta** si scrive indicando i simboli degli elementi presenti nella molecola, ciascuno corredato dal proprio indice che ne rappresenta il numero di atomi.

Il **numero di molecole**, invece, si indica prima della formula del composto; se c'è una sola molecola, il numero 1 viene omesso.

H_2SO_4 è una molecola di acido solforico, formata da 2 atomi di idrogeno, 1 di zolfo e 4 di ossigeno.

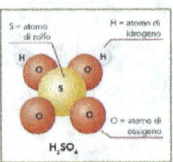

$2CaCO_3$ sono 2 molecole di carbonato di calcio, ognuna delle quali è formata da 1 atomo di calcio, 1 di carbonio e 3 di ossigeno.

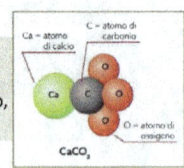

I legami chimici

La regola dell'ottetto

Gli atomi che hanno **8 elettroni presenti nel guscio più esterno sono estremamente stabili** e hanno quindi una scarsa tendenza a partecipare a reazioni chimiche, come accade nei **gas nobili**. Gli atomi che non hanno questa configurazione stabile tendono a raggiungerla.

- Gli elementi che hanno più di 4 elettroni nel guscio esterno tendono a combinarsi con altri elementi acquistando un numero di elettroni che consente loro di arrivare a 8 per **completare l'ottetto**. Il **fluoro**, ad esempio, ha 7 elettroni nel guscio esterno e, nel combinarsi con atomi di altri elementi per formare dei composti, tende ad acquistarne 1; l'**ossigeno**, che ha 6 elettroni nel guscio esterno, tende ad acquistarne 2.
- Gli elementi che hanno meno di 4 elettroni tendono invece a cederli. Così il **litio**, che cede 1 elettrone, o il **berillio**, che ne cede 2.

atomo isolato di neon (Ne) — atomo isolato di fluoro (F) — atomo isolato di ossigeno (O) — atomo isolato di litio (Li) — atomo isolato di berillio (Be)

Il legame covalente

Il **legame covalente** si forma tra atomi di uno stesso elemento o di elementi differenti che **mettono in comune una o più coppie di elettroni**.

L'**idrogeno** ha 1 solo elettrone e per diventare stabile ha bisogno di 2 elettroni. Allora 2 atomi di idrogeno si uniscono e mettono in comune il proprio elettrone. La molecola H_2 che si è formata è stabile.

Nella molecola del **metano** (CH_4) il carbonio (C), che ha 4 elettroni nel guscio esterno, si lega con 4 atomi di idrogeno (H) e completa l'ottetto.

Nella molecola dell'**acqua** (H_2O) i 6 elettroni dell'atomo di ossigeno si legano con i 2 dell'idrogeno per completare l'ottetto e diventare stabili.

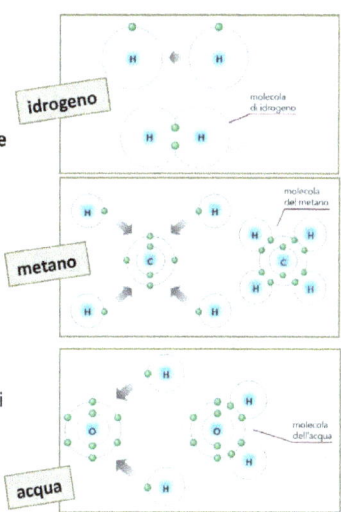

Il legame ionico

In condizioni normali, l'atomo è **elettricamente neutro** perché ha tanti protoni quanti elettroni.
Se un atomo **cede elettroni** a un altro atomo e rimane con più protoni, ha una **carica positiva**.
Se acquista elettroni da un altro atomo e rimane con meno protoni rispetto agli elettroni, ha una **carica negativa**.

Questi atomi carichi elettricamente si chiamano **ioni**. Poiché le cariche elettriche di segno opposto si attraggono, gli ioni positivi e quelli negativi restano uniti tramite un'**attrazione elettrostatica** che si chiama legame ionico.

Per esempio, il **sodio** (Na) ha 1 solo elettrone nel guscio esterno che perde facilmente per la regola dell'ottetto.
Il **cloro** (Cl) ha 7 elettroni nel guscio esterno e ne acquista 1 facilmente. I due ioni Na^+ e Cl^- si uniscono e formano il **cloruro di sodio** (NaCl), il sale da cucina.

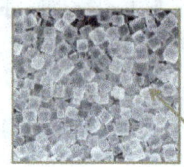
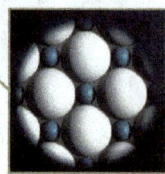

Il legame metallico

Gli **atomi dei metalli** hanno la caratteristica di **cedere facilmente gli elettroni del guscio esterno** per formare delle molecole.

L'atomo diventa uno **ione positivo** e gli **elettroni** si allontanano dal nucleo e **si muovono liberamente**. Si dice che formano un **"mare di elettroni"**.

Il legame metallico è quello in cui, per attrazione, **si legano elettroni liberi e ioni positivi**.
La libertà di muoversi che hanno gli elettroni rende i metalli buoni conduttori di calore ed elettricità.

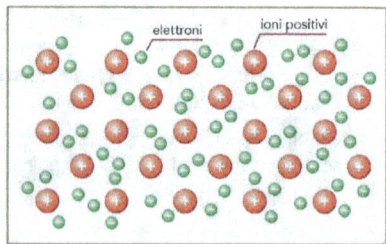

Le trasformazioni fisiche

Il **passaggio da uno stato fisico all'altro**, tra solido, liquido e aeriforme, provoca la trasformazione di una sostanza. Ma questa trasformazione **non cambia la formula chimica o la struttura della sostanza**.

Per esempio, quando l'acqua passa dallo stato liquido a quello solido o gassoso, la sua molecola rimane la stessa: H_2O.

Una trasformazione fisica è quella in cui, **in un passaggio di stato**, **una sostanza non cambia la sua natura**.

Le reazioni chimiche

Una reazione chimica è quella in cui **una o più sostanze si trasformano in sostanze diverse**.

Durante una reazione chimica **si rompono i legami che ci sono tra gli atomi** delle sostanze che reagiscono e **se ne creano altri che formano nuove sostanze**. Le sostanze presenti all'inizio della reazione si chiamano **reagenti**, quelle che compaiono alla fine si chiamano **prodotti di reazione**.

Quando un pezzo di carbone brucia si verifica una reazione di combustione, in cui il carbonio (C) contenuto nel legno si combina con l'ossigeno dell'aria (O_2) e si forma anidride carbonica (CO_2).

La rappresentazione grafica di questa reazione si chiama **equazione chimica**:

anidride carbonica $C + O_2 \rightarrow CO_2$

L'anidride carbonica è formata dunque da 3 atomi: 1 di carbonio e 2 di ossigeno. Quando il numero degli atomi delle sostanze reagenti è lo stesso del prodotto di reazione l'equazione si chiama **equazione bilanciata**.

Le reazioni chimiche

Consideriamo ora la **reazione di combustione tra il metano** (CH_4) **e l'ossigeno** (O_2), alla fine della quale avremo anidride carbonica (CO_2) e acqua (H_2O):

$$CH_4 + O_2 \rightarrow CO_2 + H_2O$$

Se contiamo gli atomi, a sinistra della freccia abbiamo 1 atomo di carbonio, 4 atomi di idrogeno e 2 atomi di ossigeno; a destra della freccia 1 atomo di carbonio, 2 atomi di idrogeno e 3 atomi di ossigeno. Evidentemente le quantità indicate non sono quelle corrette.
Per risolvere il problema dobbiamo vedere se, provando a prendere 2 o più molecole di una o più delle sostanze i conti tornano; dobbiamo, cioè, **bilanciare la reazione**.

Ad esempio, se 1 molecola di metano reagisce con 2 molecole di ossigeno formando 1 molecola di anidride carbonica e 2 molecole d'acqua, la reazione è bilanciata perché il numero di atomi è uguale sia nei reagenti sia nei prodotti di reazione:

$$CH_4 + 2O_2 \rightarrow CO_2 + 2H_2O$$

La legge di conservazione della massa

Nel 1789 il chimico francese Antoine Lavoisier fece degli esperimenti sulle reazioni chimiche e si rese conto che la **massa totale del prodotto di reazione** era esattamente **uguale alla massa delle sostanze reagenti**.

Lavoisier aveva scoperto una legge fondamentale della chimica, la legge della conservazione della massa: **durante una reazione chimica, nulla si crea, nulla si distrugge, ma tutto si trasforma**.

Il numero complessivo di atomi che si hanno all'inizio della reazione è lo stesso che si trova quando essa è terminata: ci sono gli stessi atomi, disposti però in modo diverso.

Antoine Lavoisier

La legge delle proporzioni definite

Nella seconda metà del '700, un chimico francese, Joseph Louis Proust, si accorse che **gli elementi reagiscono fra loro** per formare dei composti secondo delle **precise proporzioni**, che non dipendono né dalle quantità dei prodotti di partenza, né dal tipo di reazione.

Formulò la legge delle proporzioni definite (o legge di Proust): **quando due o più elementi reagiscono** per formare un determinato composto, **si combinano sempre secondo proporzioni definite e costanti**.

Ad esempio, consideriamo la reazione bilanciata di formazione dell'**acqua**. Se si fa avvenire tra 2 molecole di idrogeno (H_2) e 3 di ossigeno (O_2), si formano 2 molecole di acqua, ma anche 2 molecole di ossigeno, che non hanno reagito con l'idrogeno perché, in base alla legge di Proust, l'idrogeno e l'ossigeno reagiscono sempre nella proporzione definita di 2 atomi di idrogeno per ogni atomo di ossigeno.

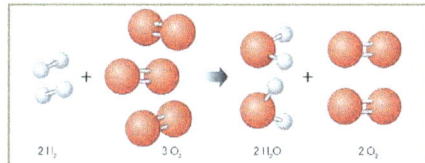

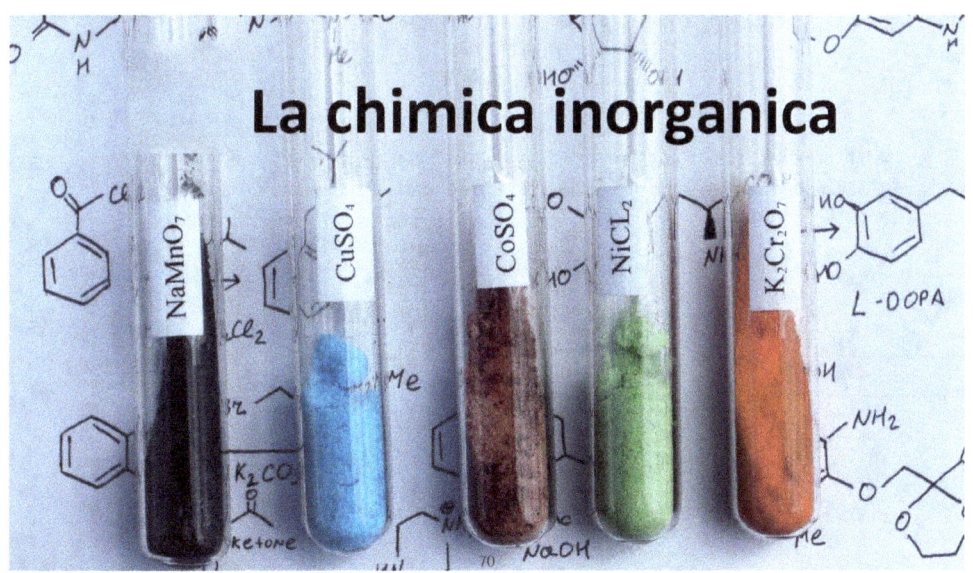

La chimica inorganica

Ossidi

Se osservi del legno bruciato e del ferro arrugginito ti sembrerà che non abbiano niente in comune. In realtà, il carbonio presente nel legno e il ferro hanno subìto entrambi una reazione chimica chiamata **ossidazione**. Il carbonio (non metallo) e il ferro (metallo) hanno infatti **reagito con l'ossigeno** presente nell'aria formando nuovi composti, chiamati **ossidi**.

La reazione di ossidazione **tra un non metallo e l'ossigeno** dà origine a **ossidi acidi** o **anidridi**:

non metallo	+	ossigeno	→	ossido acido o anidride
C	+	O_2	→	CO_2
carbonio	+	ossigeno	→	diossido di carbonio o anidride carbonica

La reazione di ossidazione **tra un metallo e l'ossigeno** dà origine a **ossidi basici** o semplicemente ossidi:

metallo	+	ossigeno	→	ossido basico
4 Fe	+	3 O_2	→	2 Fe_2O_3
ferro	+	ossigeno	→	ossido di ferro

Acidi

Molti dei liquidi con cui abbiamo a che fare quotidianamente sono acidi, come l'aceto.
Gli acidi sono composti che **derivano dalla reazione di un ossido acido** (ossido di un non metallo) **con l'acqua**.

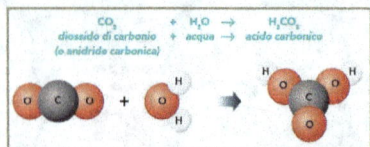
CO_2 + H_2O → H_2CO_3
diossido di carbonio + acqua → acido carbonico
(o anidride carbonica)

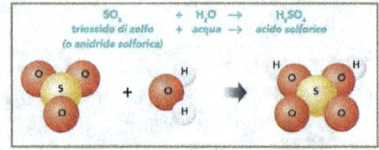
SO_3 + H_2O → H_2SO_4
triossido di zolfo + acqua → acido solforico
(o anidride solforica)

Basi

Anche le basi sono sostanze familiari. Alcune le usiamo per pulire la casa, come l'ammoniaca. Sono sostanze che possono bruciare la pelle.

Facendo **reagire un ossido basico** (ossido di un metallo) **con l'acqua**, si ottiene una **base** o **idrossido**.

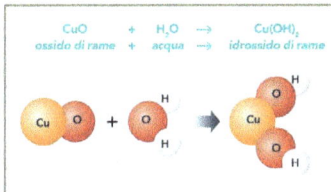 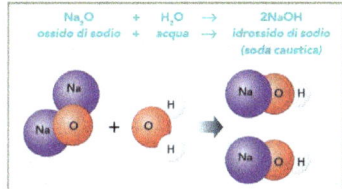

Sali

Il sale è un composto che si ottiene facendo **reagire un acido e una base**.

Il sale più noto è il **cloruro di sodio**, il sale da cucina, NaCl, che si trova nell'acqua di mare o, come minerale, nei giacimenti di salgemma.

Un altro esempio di sale è il **solfato di rame**, di colore azzurro intenso, che si ottiene facendo reagire l'acido solforico con l'idrossido di rame.

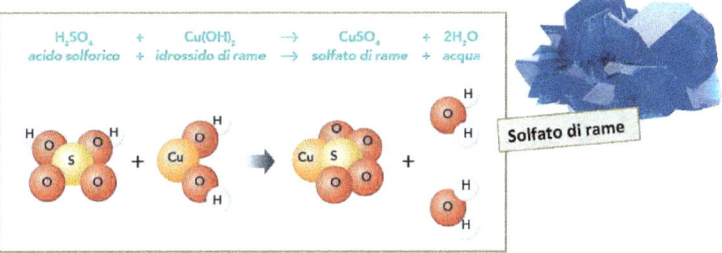

Soluzioni acide e basiche

Gli acidi e le basi sono generalmente **composti ionici**; i legami fra i loro atomi sono **legami ionici**. Quando un acido o una base vengono **messi in acqua**, questi legami ionici si rompono (**dissociazione**), liberando ioni che danno proprietà particolari alle soluzioni in cui si trovano.

I **composti acidi** liberano in acqua **ioni H^+** e la **soluzione** che ne risulta diventa **acida**. I **composti basici** liberano **ioni OH^-** e la **soluzione** diventa **basica**. Anche la molecola dell'**acqua** si separa in ioni H^+ e OH^-, ma se all'acqua pura non viene aggiunta nessun'altra sostanza, la quantità di ioni positivi e negativi è uguale: $H^+ = OH^-$.
In queste condizioni si dice che l'acqua è **neutra**.

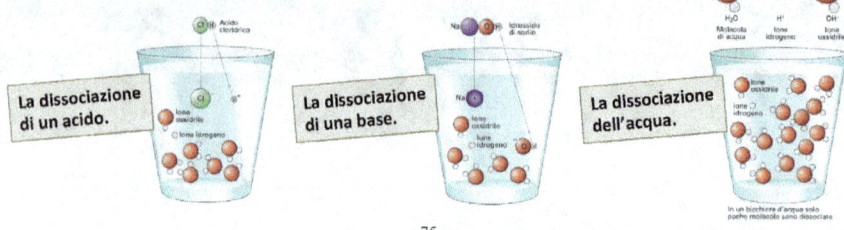

La dissociazione di un acido.

La dissociazione di una base.

La dissociazione dell'acqua.

Il pH

Come facciamo a capire quanto è acida (o basica) una soluzione, cioè qual è la concentrazione degli ioni H^+ e OH^-?

Un modo per esprimere queste concentrazioni è stato introdotto dal chimico danese Søren P. R. Sørensen: egli chiamò **pH** il numero che **esprime la concentrazione degli ioni H^+**, in **una scala che va da 0 a 14**. Secondo questa scala le **sostanze acide** hanno valori di pH compresi **tra 0 e 7**, quelle **basiche** hanno valori di pH compresi **tra 7 e 14**, quelle **neutre** (come l'acqua pura) hanno pH esattamente uguale a 7.

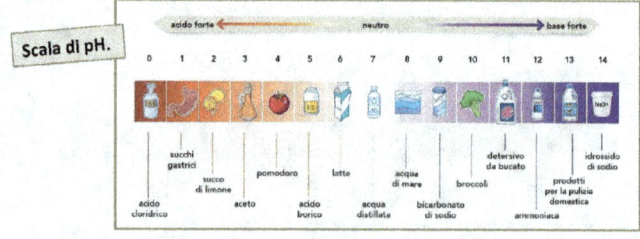

Scala di pH.

Il pH

Per sapere se si è in presenza di una base o di un acido si possono usare gli **indicatori**, particolari sostanze che hanno la proprietà di cambiare colore a seconda del pH.

Un indicatore di uso molto comune è il **tornasole**, un composto di origine vegetale con cui vengono imbevute strisce di carta che si colorano di rosso in ambiente acido e di blu in ambiente basico. Più il colore è intenso e più l'acido o la base sono forti.
Con l'acqua e i sali neutri la cartina non si colora.

Le forze, l'equilibrio e le leve

Le forze

Una **forza** è tutto ciò che **provoca un cambiamento nello stato di quiete o di moto di un corpo** a cui viene applicata: lo mette in movimento se è fermo, ne fa variare la velocità se è in movimento, ne cambia la forma.

Il mondo intorno a noi è ricco di fenomeni causati da forze. Noi non siamo in grado di "vedere" una forza, ma ne osserviamo l'**effetto**.

Ad esempio, se un pallone è fermo, per farlo muovere gli diamo un calcio: abbiamo applicato una forza sul pallone. Quando un sollevatore di pesi alza il bilanciere e lo porta al di sopra della sua testa compie un enorme sforzo per vincere il suo peso.

In tutti questi casi **si esercita una forza** e l'effetto risultante è un **cambiamento dello stato del corpo a cui la forza viene applicata.**

Come si rappresenta una forza

Una forza si rappresenta con un **vettore**, che è una **freccia orientata nello spazio**.
Un vettore si indica generalmente con una lettera maiuscola dell'alfabeto sormontata da una piccola freccia (nel caso di un vettore che rappresenta una forza si usa spesso la lettera $\vec{F}$, eventualmente seguita da un numero scritto in basso a destra $\vec{F_1}$, $\vec{F_2}$, ecc.).

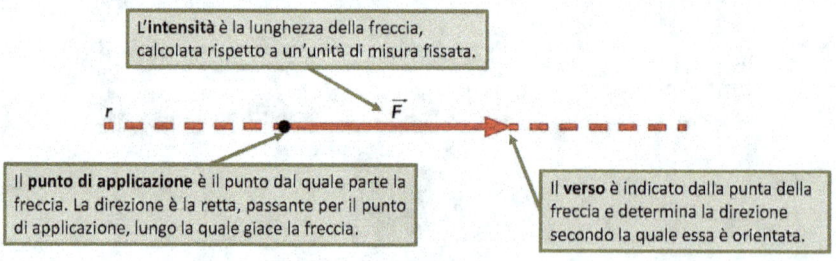

L'**intensità** è la lunghezza della freccia, calcolata rispetto a un'unità di misura fissata.

Il **punto di applicazione** è il punto dal quale parte la freccia. La direzione è la retta, passante per il punto di applicazione, lungo la quale giace la freccia.

Il **verso** è indicato dalla punta della freccia e determina la direzione secondo la quale essa è orientata.

Come si misura una forza

L'unità di misura della forza è il newton (N), dal nome dello scienziato inglese **Isaac Newton**.

1 N è la forza applicata a un corpo della massa di 1 kg che gli imprime **un'accelerazione pari a 1 m/s^2**, cioè fa aumentare ogni secondo la sua velocità di 1 m al secondo.

Il newton è anche l'**unità di misura del peso**.
Il peso, infatti, è la forza che agisce tra due corpi (uno dei quali generalmente è la Terra) per effetto dell'attrazione gravitazionale.

Isaak Newton.

Come si misura una forza

Il **dinamometro** è lo strumento che si usa per misurare una forza.

È costituito da una **molla che scorre all'interno di un cilindro metallico**. Un'estremità della molla è fissata al cilindro mentre l'altra, munita di un gancetto al quale si applica la forza, è mobile.

L'allungamento della molla, la cui grandezza è osservabile su una **scala graduata** oppure, negli strumenti più recenti, su un piccolo **schermo digitale**, è direttamente proporzionale all'intensità della forza applicata.

La composizione di forze

Cosa accade **se applichiamo due o più forze nello stesso punto?**

Immagina di dover aiutare tuo padre a spostare un'automobile con il motore guasto. Se spingete insieme nello stesso punto e nello stesso verso, le forze applicate da ognuno di voi si sommano e l'auto si muove più facilmente.

In questo caso si ha una composizione di forze. La composizione di forze è il **risultato dell'applicazione di due forze nello stesso punto**. Le forze applicate al corpo si chiamano **componenti**, la forza che si ottiene si chiama **risultante**.

La composizione di forze

Applicando a un corpo in uno stesso punto due forze che hanno la stessa direzione ma **verso opposto**, la **risultante** sarà una forza rappresentata da **un vettore che ha stesso punto di applicazione, stessa direzione, verso della forza di intensità maggiore e intensità pari alla differenza tra le intensità delle componenti**.

La composizione di forze

Che cosa succede se due forze applicate a un corpo hanno **direzione diversa**?
La risultante della composizione di due forze aventi medesimo punto di applicazione, ma direzione diversa, si ottiene con la regola del parallelogramma.

Per capire come funziona questa regola, disegniamo i vettori che rappresentano le due forze $\vec{F_1}$, $\vec{F_2}$ e tracciamo le parallele a ciascun vettore. Si costruisce così un parallelogramma.

La risultante della composizione delle forze $\vec{F_1}$ e $\vec{F_2}$ è il vettore $\vec{R}$, che ha lo **stesso punto di applicazione delle due componenti**, ma **verso e intensità pari alla diagonale del parallelogramma**.

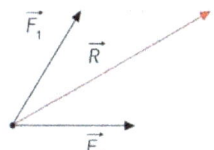

L'equilibrio dei corpi

Un corpo è in equilibrio quando la **risultante di tutte le forze che agiscono su di esso è nulla** (il corpo non si sposta) ed **è nulla la somma delle coppie di forze** (il corpo non ruota).

Esistono **tre tipi di equilibrio**:

- **stabile**: un corpo, spostato leggermente e poi rilasciato, ritorna alla posizione originale (per esempio, una matita tenuta con due dita);
- **instabile**: un corpo tende ad allontanarsi dalla sua posizione originale (per esempio, una matita tenuta in equilibrio sulla mano);
- **indifferente**: un corpo, spostato, rimane nella nuova posizione (per esempio, una matita appoggiata su un tavolo).

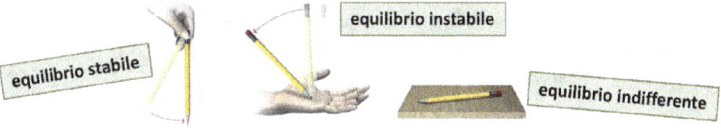

Il baricentro

Un corpo è formato da un insieme di tantissime particelle, ciascuna delle quali ha una certa massa ed è soggetta alla forza di gravità. Per questa ragione descrivere il moto di un corpo tenendo conto di ogni particella sarebbe troppo complicato; ci riferiremo quindi soltanto ai **corpi rigidi**, cioè quei **corpi al cui interno le posizioni delle particelle restano invariate**.

Componendo tutte le forze di gravità che agiscono sulle particelle di un corpo si ottiene come risultante la **forza peso**, che ha come intensità la somma delle intensità delle singole forze.

In un corpo rigido il **punto di applicazione della forza peso è un punto interno al corpo**, il baricentro, dove può essere considerata concentrata tutta la massa del corpo.

baricentro

Un corpo rigido è **omogeneo** quando è costituito dallo **stesso materiale** e ha in ogni punto la stessa densità. Il baricentro coincide con il centro di simmetria.

I corpi **non omogenei**, invece, sono costituiti da **materiali diversi**. Il loro baricentro non coincide con il centro di simmetria, ma è spostato a seconda della diversa densità dei materiali componenti.

L'equilibrio dei corpi rigidi

Ogni corpo è soggetto alla forza di gravità che tende a spingerlo verso il basso. Tutto ciò che impedisce a un corpo di cadere si chiama **vincolo**. La forza verso l'alto che il vincolo esercita sul corpo si chiama **reazione vincolare**. Ad esempio, una valigia appoggiata a terra non cade perché il pavimento fa da vincolo e si oppone alla forza di gravità.

Un **corpo è appoggiato** se il suo **vincolo è una superficie orizzontale**. Un corpo appoggiato tocca il piano che lo sostiene nei punti di appoggio: unendo i punti si ottiene il **poligono di appoggio**. Più è ampia l'area del poligono di appoggio, più l'equilibrio è stabile.

Un corpo appoggiato è **in equilibrio** quando **la linea verticale immaginaria che passa per il suo baricentro è all'interno del poligono di appoggio**.

L'equilibrio dei corpi rigidi

Un corpo è appeso se il **vincolo agisce in un solo punto**: quando un quadro è appeso a un chiodo, il vincolo è il chiodo.

Se immaginiamo di tracciare la retta verticale che unisce il chiodo al pavimento, essa passa esattamente per il centro geometrico del rettangolo. Proviamo a spostare il quadro lateralmente, facendolo oscillare rispetto al chiodo: nel momento in cui lo lasciamo andare esso torna alla posizione iniziale.

Un corpo appeso è **in equilibrio** quando **la reazione vincolare e la forza peso applicata al baricentro giacciono sulla stessa retta**.

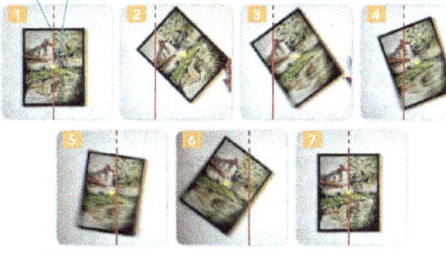

Le leve

Le leve sono **macchine semplici**, utensili che semplificano la vita di tutti i giorni: servono infatti per vincere una forza (**resistenza**), applicandone un'altra (**potenza**).

Sono leve le forbici, la carriola, lo schiaccianoci, le pinze.

Una leva può essere rappresentata da un'asta rigida libera di ruotare attorno a un punto fisso chiamato fulcro (**F**). La resistenza (**R**) è la forza da vincere. La potenza (**P**) è la forza applicata per vincere la resistenza.

Il **braccio della resistenza** (b_R) è la distanza tra il punto di applicazione della resistenza e il fulcro.
Il **braccio della potenza** (b_P) è la distanza tra il punto di applicazione della potenza e il fulcro.

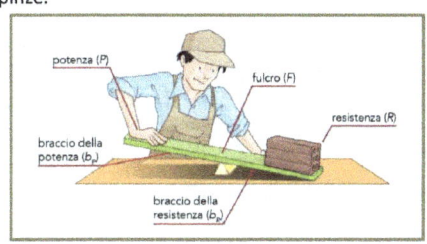

Una leva è in equilibrio quando il prodotto della potenza per il suo braccio è uguale al prodotto della resistenza per il suo braccio.

Le leve

Una leva può essere **vantaggiosa, svantaggiosa, indifferente**.

- Una leva è vantaggiosa quando **il braccio della potenza è maggiore del braccio della resistenza**. Il fulcro è più vicino alla resistenza che alla potenza e si fa meno fatica ad azionare la leva.
- Una leva è svantaggiosa quando **il braccio della potenza è minore del braccio della resistenza**. Il fulcro è più vicino alla potenza che alla resistenza e si fa più fatica ad azionare la leva.
- Una leva è indifferente quando **il braccio della potenza è uguale al braccio della resistenza**. Il fulcro si trova a uguale distanza da potenza e resistenza.

Tipi di leva

Molti strumenti di uso quotidiano sono leve. Anche se diversi tra loro, si dividono in tre tipi fondamentali.

- Le leve di primo genere sono quelle in cui **il fulcro si trova tra la potenza e la resistenza**. A seconda della posizione del fulcro possono essere vantaggiose, svantaggiose o indifferenti. Le pinze sono una leva vantaggiosa, il remo è una leva svantaggiosa, l'altalena è una leva indifferente.
- Le leve di secondo genere sono quelle in cui **la resistenza si trova tra il fulcro e la potenza**. Sono sempre vantaggiose perché il braccio della potenza è sempre più lungo del braccio della resistenza.
- Le leve di terzo genere sono quelle in cui **la potenza si trova tra la resistenza e il fulcro**. Sono sempre svantaggiose perché il braccio della potenza è sempre più corto del braccio della resistenza.

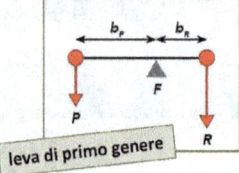
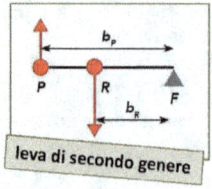
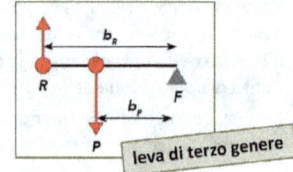

Altre macchine semplici

- La carrucola è una ruota che gira intorno al proprio asse. Sulla ruota passa una corda. Il vantaggio consiste nel permettere di variare la direzione della potenza: si tira verso il basso o in orizzontale, anziché sollevare un peso verso l'alto, che è più faticoso.

- Il piano inclinato si comporta come una leva a bracci disuguali, con il braccio della potenza maggiore del braccio della resistenza; poiché la potenza e la resistenza sono proporzionali ai rispettivi bracci, si applica una potenza minore della resistenza. È una macchina **vantaggiosa**.

- Il cuneo è formato dall'unione di due piani inclinati. Scompone la potenza in due direzioni perpendicolari ai due piani che lo costituiscono: nel materiale in cui è inserito vengono perciò applicate due forze divergenti. La resistenza che il cuneo deve vincere è scomposta in due componenti, la cui risultante è sempre minore della resistenza effettiva. È una macchina **vantaggiosa**.

Le forze nei fluidi

Nei corpi fluidi non esiste un punto preciso in cui applicare una forza, ma occorre fare riferimento a una **superficie**.

Se appoggiamo un mattone su una superficie deformabile, come un cuscino, osserviamo che se è appoggiato sulla faccia più piccola sprofonda di più, mentre se è appoggiato sulla faccia più grande sprofonda di meno.

La spinta che fa affondare il mattone si chiama pressione e dipende anche dalla superficie di appoggio. La pressione raddoppia se il peso del mattone raddoppia, diventa la metà se la superficie di appoggio raddoppia. La **pressione** e la **forza** sono **direttamente proporzionali**. La **pressione** e la **superficie di appoggio** sono **inversamente proporzionali**.

$$P = \frac{F}{S}$$

L'unità di misura della pressione è il **pascal** (**Pa**) dal nome dello scienziato Blaise Pascal.
1 pascal equivale alla forza di 1 newton applicata perpendicolarmente su una superficie di appoggio di 1 metro quadrato.

$$1\ Pa = \frac{1\ N}{1\ m^2}$$

Le forze nei fluidi

Se si gonfia un palloncino, si osserva che la sua forma è prevalentemente sferica perché l'aria che entra esercita una pressione sulle pareti di gomma e si distribuisce nello stesso modo in tutte le direzioni. Se il palloncino viene riempito d'acqua e poi bucato in vari punti, l'acqua esce da ogni foro in modo perpendicolare alle pareti del palloncino.

La **pressione esercitata da un fluido contenuto in un recipiente** viene **trasmessa in modo uguale in tutte le direzioni** e **in ogni parte del contenitore**, come afferma il **principio di Pascal**.

Le forze nei fluidi

Se in una bottiglia si praticano tre fori ad altezze diverse e si riempie la bottiglia di acqua, si osserva che l'acqua esce da tutti e tre i fori, ma gli zampilli giungono a distanze diverse. Dal **foro più in basso** lo zampillo raggiunge la **distanza maggiore**, da **quello più in alto la distanza minore**. Se si riempie la bottiglia con un liquido avente **peso specifico inferiore** all'acqua, ad esempio olio, gli zampilli hanno un'intensità minore e **raggiungono distanze minori** rispetto a quelle raggiunte dall'acqua.

La **pressione idrostatica** dipende dunque dalla profondità del liquido e dal suo peso specifico.

Questa proprietà è descritta nella **legge di Stevin**, dal nome dello scienziato che l'ha studiata: la **pressione esercitata in un punto qualsiasi di un liquido** non **dipende** né dalla sua quantità né dalla forma del recipiente che lo contiene, ma solo **dalla profondità di quel punto** rispetto alla superficie del liquido e dalla natura del liquido stesso, o meglio **dal suo peso specifico**.

L'equilibrio nei liquidi

In acqua ci sono corpi che galleggiano e altri che vanno a fondo. Il sughero galleggia, un sasso va a fondo.

Un corpo in acqua subisce due forze: la **forza del suo peso**, che lo spinge **verso il fondo**, e la **forza esercitata dall'acqua**, che lo **spinge verso l'alto**. Nel caso del sughero le due forze sono in equilibrio, nel caso del sasso la forza del suo peso è superiore alla forza esercitata dall'acqua. In fisica la forza che un liquido esercita sui corpi immersi si chiama spinta idrostatica e va **verso l'alto**. La spinta idrostatica fu scoperta dallo scienziato greco **Archimede** che, osservando il comportamento dei solidi immersi nell'acqua, formulò il principio che porta il suo nome: **un corpo immerso in un liquido riceve una spinta dal basso verso l'alto pari al peso del volume di liquido spostato.**

Un corpo **galleggia** quando la spinta idrostatica è maggiore o uguale alla forza-peso del corpo stesso.

L'equilibrio nei liquidi

Quando ti immergi in una vasca vedi che il livello dell'acqua aumenta perché il volume occupato dal tuo corpo sposta un identico volume di acqua. I due volumi sono uguali ma il loro peso non è lo stesso.

Una nave è molto pesante ma non affonda perché è costruita in modo tale che la spinta idrostatica sia superiore al suo peso.

Il galleggiamento dei corpi, non **dipende** solo **dal loro peso**, ma anche **dal loro peso specifico**, cioè dal rapporto tra il peso e il volume (oltre che dal peso specifico del liquido in cui sono immersi):

- i corpi che hanno **peso specifico minore** di quello del liquido in cui sono immersi **galleggiano**;
- i corpi che hanno **peso specifico maggiore** di quello del liquido in cui sono immersi **vanno a fondo**.

La dinamica dei corpi

Che cosa studia la dinamica

La **dinamica** è la parte della fisica che spiega perché gli oggetti si muovono, studia quindi **le cause del moto di un corpo**.

Le **leggi della dinamica** furono scoperte dallo scienziato inglese **Isaac Newton** nel XVII secolo e spiegano perché un corpo si muove, accelera, rallenta o si ferma.

Il primo principio della dinamica

Quando vai in bicicletta, per partire devi esercitare una forza sui pedali.
Se smetti di pedalare la bicicletta rallenta, a causa della resistenza dell'aria e dell'attrito delle ruote sull'asfalto; se freni, si ferma. Ogni volta che un corpo subisce una forza, se è fermo comincia a muoversi, se è in movimento, accelera o rallenta.

Primo principio della dinamica: **un corpo mantiene il suo stato di quiete o di moto rettilineo uniforme fino a quando non interviene una forza che agisce su di esso.**

Questo principio si chiama anche **principio d'inerzia**.

Quando sei in autobus, se il conducente frena bruscamente, ti sembra di essere spinto in avanti: il tuo corpo tende per inerzia a mantenere il movimento in avanti. Se accelera improvvisamente, ti senti proiettato all'indietro: il tuo corpo per inerzia mantiene il moto più lento che aveva prima.

Le forze di attrito

Secondo il principio d'inerzia, un corpo continua il suo moto fino a quando non interviene una forza che agisce su di esso. Ma ciò che noi vediamo è che i corpi, dopo un po', si fermano sempre. Sulla Terra, infatti, **qualunque corpo in movimento subisce delle forze che rallentano il suo movimento.** Una biglia in movimento rallenta a causa dell'aria e delle imperfezioni del pavimento che la frenano.

Queste forze si chiamano forze di attrito e sono **causate dagli urti che un corpo in moto subisce dalle particelle della materia che il corpo incontra muovendosi.** Hanno sempre la **stessa direzione del moto**, ma **verso opposto**. L'attrito è **una forza che si oppone al moto di un corpo.**

L'attrito fa diminuire sempre la velocità di un corpo in moto. Maggiore è il numero di urti che un corpo subisce con la superficie su cui si sta muovendo o con l'aria, maggiore sarà l'attrito. Se si riuscisse ad annullare totalmente l'attrito, un corpo continuerebbe il suo moto all'infinito, come avviene nello spazio in assenza di forza di gravità.

I tipi di attrito

Se provi a trasportare uno scatolone pesante facendolo scivolare sul pavimento oppure spingendolo su un carrello, ti accorgerai di fare più fatica nel primo caso.

L'attrito di un corpo che striscia su una superficie si chiama attrito radente.

L'attrito di un corpo che rotola su una superficie si chiama attrito volvente.

L'attrito volvente è minore dell'attrito radente; l'invenzione della ruota, che facilita i trasporti, è infatti considerata una delle tappe più importanti nell'evoluzione della civiltà.

L'intensità delle forze di attrito dipende inoltre **dal tipo di materiale** che costituisce le superfici di contatto, da **quanto sono ruvide** e dalla **forza che le preme l'una contro l'altra**.

I tipi di attrito

L'attrito **esercitato dall'aria e dall'acqua**, che finora abbiamo chiamato "resistenza", è l'attrito viscoso.

Quando si vuole vincere l'attrito che l'aria o l'acqua oppongono al movimento, si riducono le superfici che per prime incontrano il mezzo entro cui il corpo si muove.

Si creano strutture **aerodinamiche** o **idrodinamiche**, con punte affusolate che "tagliano" il fluido e lo fanno scorrere lateralmente. Le prue delle imbarcazioni e le fusoliere degli aeroplani sono realizzate in modo da ridurre l'attrito al minimo.

La fusoliera degli aerei e la chiglia delle barche sono realizzate per ridurre l'attrito al minimo.

Il secondo principio della dinamica

Immagina di spingere un carrello del supermercato. Quando è vuoto lo spingi con facilità. Ma se utilizzi la stessa forza per spingerlo dopo averlo riempito, si muoverà più lentamente.

La **variazione di velocità**, o **accelerazione**, che è impressa a un corpo dipende dalla sua **massa**; **applicando la stessa forza, maggiore è la massa e minore è l'accelerazione**.

Se chiami in aiuto una seconda persona, potrete esercitare una forza maggiore e quindi riuscirete a spingere il carrello con una velocità più elevata.
L'**accelerazione è tanto maggiore, quanto maggiore è la forza applicata**.

Le tre grandezze **forza (F)**, **massa (m)** e **accelerazione (a)** sono legate fra di loro da una relazione matematica che rappresenta il secondo principio della dinamica: **F = ma**

Questo principio si può esprimere così: **Una forza applicata a un corpo gli imprime un'accelerazione che è direttamente proporzionale all'intensità della forza stessa e inversamente proporzionale alla massa del corpo.**

Il terzo principio della dinamica

Quando **un corpo esercita una forza** su un altro corpo, il **secondo corpo oppone una certa resistenza al primo**.

Supponi di voler spostare una pesante ruota di un camion appoggiata a terra, con l'aiuto di una corda che hai legato alla ruota. Per farla muovere devi esercitare una forza su di essa tirando verso di te la corda.

Mentre tiri, però, è come se ti sentissi contemporaneamente tirato a tua volta dalla ruota.

Si può quindi concludere che all'azione che tu eserciti sulla ruota corrisponde una reazione in verso opposto che la ruota esercita su di te. La **forza è di uguale intensità e direzione**, ma **verso opposto**.

Terzo principio della dinamica: **a ogni azione corrisponde una reazione uguale e contraria.**

Forza centrifuga e forza centripeta

Dal primo principio della dinamica si deduce che ogni corpo tende a muoversi di moto rettilineo uniforme se non intervengono forze esterne a modificare il suo stato.

Che cosa succede, allora, a un corpo che si muove su una traiettoria circolare?

Quando un corpo si muove con un **moto circolare uniforme** (come quello di una giostra per bambini), sul corpo agisce una forza.

Un corpo, per muoversi con un moto circolare, deve subire **una forza che lo faccia deviare dalla sua traiettoria rettilinea**. Questa forza si chiama forza centripeta, perché è diretta verso il centro della traiettoria circolare.

La forza centripeta permette a una macchina di curvare ed è causata dall'attrito tra le ruote e la strada. Chi sta sull'auto però sente una **forza uguale e contraria**, la forza centrifuga, che sembra spingerlo fuori.
La forza centrifuga è una **forza apparente**, cioè non esiste veramente ma viene avvertita solo da chi si trova all'interno dell'auto.

Il lavoro e l'energia

Che cos'è il lavoro

Nel linguaggio comune, con "lavoro" si intende qualsiasi attività che permette di raggiungere un risultato. Sollevare un borsone, tenerlo sollevato da terra e trasportarlo ci sembrano tutte e tre azioni in cui si svolge un lavoro.

In fisica, invece, si compie lavoro solo nel primo caso, in cui l'effetto dell'applicazione della forza provoca uno **spostamento lungo la stessa direzione della forza**. Nel secondo caso la forza esercitata sul borsone serve solo a bilanciarne il peso, ma non produce spostamento. Nel terzo caso c'è spostamento, ma non nella stessa direzione della forza.

Si definisce lavoro di una forza **il prodotto della forza applicata per lo spostamento che essa ha prodotto nella stessa direzione della forza**.

Indicando il lavoro con **L**, la forza con **F** e lo spostamento con **s** possiamo scrivere la formula:

$$L = F \times s$$

Che cos'è il lavoro

La forza e lo spostamento sono grandezze vettoriali, mentre **il lavoro è una grandezza scalare**.
Supponiamo di dover spostare degli scatoloni. Per sollevare uno scatolone di massa 10 kg a 1 m di altezza si deve esercitare una **forza equivalente alla sua forza-peso** (e di verso opposto) e questa forza compie un certo lavoro.
Per sollevare uno scatolone di massa 20 kg a 1 m di altezza si deve esercitare una **forza doppia** rispetto a quella precedente e quindi anche il **lavoro** deve essere il **doppio**.
Per sollevare uno scatolone di 10 kg a 2 m di altezza si compie un **lavoro doppio** rispetto al primo caso.

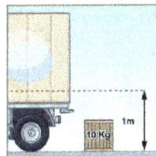
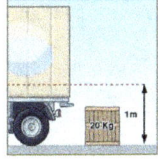
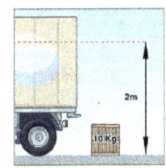

Il lavoro è direttamente proporzionale sia alla forza sia allo spostamento.
In base alla relazione **L = F × s, forza e spostamento sono inversamente proporzionali.**

Come si misura il lavoro

L'unità di misura del lavoro nel Sistema Internazionale è il joule (J), dal nome del fisico inglese James Prescott Joule. Poiché le forze si misurano in newton e gli spostamenti in metri, **si compie il lavoro di 1 joule quando, applicando a un corpo la forza di 1 newton, si determina lo spostamento di 1 metro**, cioè:

$$1\,J = 1\,N \times 1\,m$$

In alcuni casi può essere più conveniente esprimere la forza in **chilogrammi-peso**, anziché in newton. In questo caso bisogna ricordare che **1 kg-peso = 9,8 N**.

Se si vuole, ad esempio, calcolare il lavoro compiuto per sollevare di 1 m lo scatolone di 10 kg, applicando la formula si ottiene:

$$L = (10 \times 9,8)\,N \times 1\,m = 98\,J$$

Un multiplo molto utilizzato del joule è il **chilojoule (kJ)** che vale 1000 J.

La potenza

Il lavoro compiuto da una forza per effettuare uno spostamento non dipende dal tempo impiegato. Ci sono dei casi, però, in cui è importante conoscere il tempo impiegato a compiere un lavoro.
La grandezza fisica che esprime il rapporto tra il lavoro (**L**) compiuto e il tempo (**t**) impiegato per compierlo è la potenza (**P**) e si può esprimere come:

$$P = \frac{L}{t}$$

La **potenza** è il **rapporto tra il lavoro compiuto e il tempo impiegato a compierlo**.
Potenza e lavoro sono **direttamente proporzionali**.
Maggiore è la potenza, maggiore è il lavoro compiuto in un certo tempo.
Potenza e tempo sono **inversamente proporzionali**. Maggiore è la potenza, minore è il tempo impiegato per compiere il lavoro.
L'unità di misura della potenza è il **watt (W)**, dal nome dell'ingegnere scozzese James Watt che inventò la macchina a vapore.
Il **watt** è la **potenza che il lavoro di 1 joule compie in 1 secondo**.

La macchina a vapore inventata da James Watt.

L'energia

Energia meccanica

Energia elettrica

Pannelli fotovoltaici

L'energia può presentarsi in tante **forme diverse**: meccanica, gravitazionale, termica, elettrica, chimica, nucleare, luminosa.

L'energia si può **trasformare da una forma a un'altra**. Se dai un calcio al pallone, per esempio, trasformi l'energia muscolare (delle tue gambe) in energia cinetica (il movimento del pallone). I pannelli fotovoltaici, invece, trasformano l'energia luminosa del Sole in energia elettrica.

L'energia **è la capacità che ha un corpo di compiere un lavoro**.

L'unità di misura dell'energia è la stessa del lavoro, il **joule** (**J**).

Nel caso dell'**energia termica**, invece, si usa la **caloria** (**cal**) o il suo multiplo, la **chilocaloria** (**kcal**).

Energia potenziale ed energia cinetica

Se tieni un pallone tra le mani e lo lasci, cade per terra. La forza di gravità lo attira verso il basso. Il pallone, cadendo, si sposta e compie un lavoro, quindi rilascia dell'energia, che si chiama **energia potenziale** (**E_p**).

L'energia potenziale **è la capacità che ha un corpo di compiere un lavoro grazie alla sua posizione**. Sulla Terra l'energia potenziale dipende dalla forza di gravità e si chiama **energia potenziale gravitazionale**.

La formula che permette di calcolare l'energia potenziale gravitazionale è

$$E_p = m \times g \times h$$

dove **m** è la massa del corpo, **g** è l'accelerazione di gravità e **h** è l'altezza.

Quando il pallone inizia a cadere, la sua velocità aumenta e l'energia potenziale si trasforma in **energia cinetica** (**E_c**).

L'energia cinetica è **l'energia che un corpo possiede per effetto del suo movimento**. L'energia cinetica **dipende dalla massa** (**m**) **del corpo e dalla sua velocità** (**v**) e si esprime con la relazione:

$$E_c = \frac{1}{2} \times m \times v^2$$

L'energia meccanica

L'energia potenziale e l'energia cinetica di un corpo possono trasformarsi l'una nell'altra: la loro somma si chiama **energia meccanica** (E_m): $E_m = E_p + E_c$

L'energia meccanica, in assenza di attriti, rimane costante, cioè si conserva. Questo principio prende il nome di **principio di conservazione dell'energia meccanica**.

Supponiamo che l'altezza a cui tieni sollevato un pallone sia 1 m e che la sua energia meccanica totale sia 30 J. Quando tieni in mano il pallone la sua energia potenziale è massima, mentre la sua energia cinetica è nulla: la sua energia meccanica è uguale alla sua energia potenziale: $E_m = E_p + E_c = E_p + 0 = E_p = 30\ J$

Nel momento in cui lasci cadere il pallone l'energia potenziale diminuisce e aumenta l'energia cinetica. Quando il pallone si trova a metà strada, metà dell'energia potenziale si è trasformata in energia cinetica: $E_m = E_p + E_c = 15 + 15 = 30\ J$

Quando il pallone tocca terra l'altezza è uguale a zero, l'energia potenziale è nulla perché si è trasformata in energia cinetica: $E_m = E_p + E_c = 0 + E_c = E_c = 30\ J$

In ogni momento del moto la somma delle due energie, cioè l'energia meccanica, non cambia.

La conservazione dell'energia

Durante un qualsiasi processo in cui ci sia trasferimento di energia, la somma di tutte le energie che intervengono è costante, cioè **la quantità totale di energia presente all'inizio del processo deve essere uguale alla quantità totale di energia presente alla fine**.

Torniamo all'esempio del pallone. **Energia potenziale** ed **energia cinetica** non sono le uniche forme di energia che intervengono nel suo moto. Quando tocca terra, una parte dell'**energia cinetica** si trasforma in **energia potenziale elastica**, e il pallone rimbalza. Una piccola quantità di energia, invece, si trasforma in **energia termica (calore)** per effetto dell'attrito con l'aria e con il suolo. L'energia potenziale elastica non è perciò uguale all'energia cinetica; il pallone non rimbalza fino alla stessa altezza da cui è caduto, ma arriva un po' più in basso. Quando raggiunge il punto più alto della nuova traiettoria il pallone possiede di nuovo solo **energia potenziale**, che poi si trasforma di nuovo in **energia cinetica**.

Se si sommano tutte le forme di energia, in ogni istante la quantità totale è sempre la stessa.

L'energia si trasforma, si ridistribuisce a corpi diversi ma non scompare; l'energia si conserva.

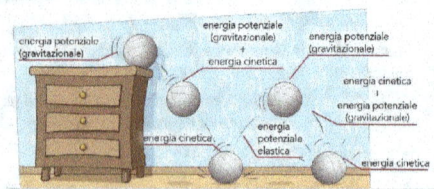

Energia termica e lavoro

Il **calore** è la **somma delle energie cinetiche di tutte le particelle**, siano esse atomi o molecole, che costituiscono un corpo. Il calore è dunque una forma di energia cinetica. Si chiama anche energia termica.

Mentre è molto semplice trasformare il lavoro in calore (se strofiniamo le nostre mani una contro l'altra esse si scaldano), non è altrettanto facile il contrario, cioè **trasformare il calore in lavoro**.

Una **macchina termica** è una macchina in grado di convertire l'energia termica in energia meccanica, cioè trasforma il calore in lavoro. Tuttavia, una parte dell'energia rimane sempre sotto forma di calore e non può essere utilizzata.

Una delle prime macchine termiche è stata la **macchina a vapore**, inventata da James Watt nel XVIII secolo: il vapore prodotto da una caldaia muoveva un pistone al quale era collegata una ruota.

L'applicazione più nota di questa macchina è la locomotiva a vapore.

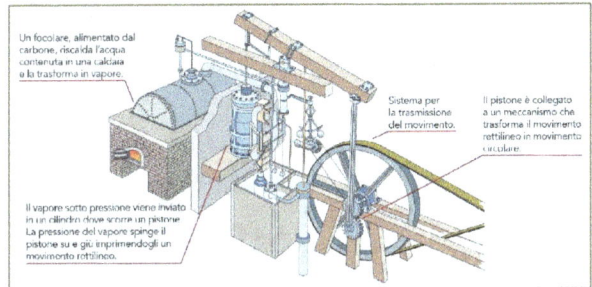

Elettricità e magnetismo

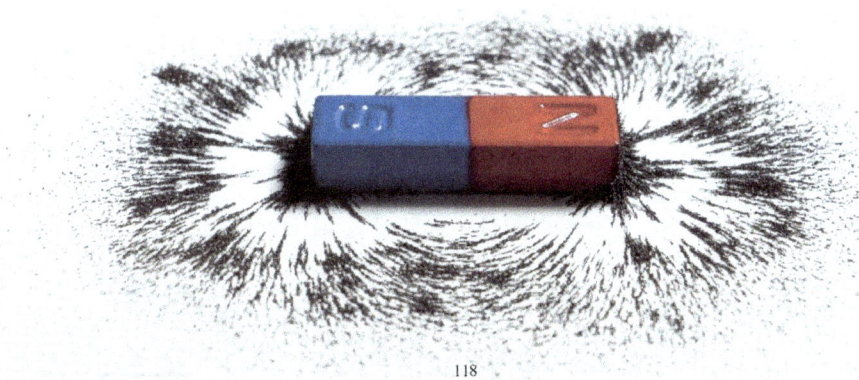

Che cos'è l'elettricità

Gli antichi Greci avevano notato che l'ambra, una resina fossile, quando veniva strofinata con un panno di lana, attirava polvere e piume. Questo fenomeno ha preso il nome di elettricità (da *elektron*, il nome greco dell'ambra). L'elettricità è una **proprietà della materia**.

Alcune sostanze come il vetro e la plastica, quando vengono strofinate, accumulano elettricità sulla loro superficie. Questo tipo di elettricità, che permane per un certo tempo, si chiama elettricità statica.

Se strofini con la lana due bacchette di plastica o di vetro e tenti di avvicinarle, queste si respingono. Invece una bacchetta di plastica e una di vetro si attraggono.

Questo succede perché **esistono due tipi di carica elettrica**: **positiva** e **negativa**. In alcune sostanze (come il vetro) la carica è positiva, in altre (come la plastica) è negativa. I corpi che hanno **carica dello stesso segno si respingono**, quelli che hanno **carica di segno opposto si attraggono**.

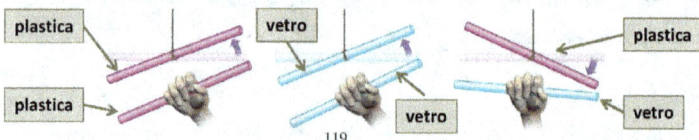

Che cos'è l'elettricità

Prendiamo una bacchetta di plastica e carichiamola elettricamente strofinandola con forza su un panno di lana.

Se l'avviciniamo ad alcuni pezzetti di carta, osserviamo che la bacchetta li attira.

Lo stesso fenomeno si verifica usando una bacchetta di vetro.

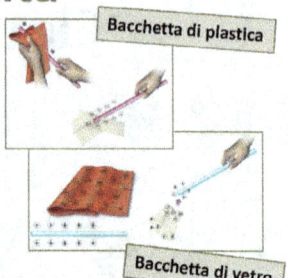

Un corpo carico elettricamente, avvicinato a un altro, produce una separazione di cariche: allontana quelle dello stesso segno e attira quelle di segno opposto.

Questo fenomeno si chiama induzione elettrostatica.

La quantità di elettricità presente in un corpo si chiama **carica elettrica** e la sua unità di misura è il **coulomb (C)**, dal nome dello scienziato Charles Augustin de Coulomb.

Conduttori e isolanti

In alcuni materiali, come i metalli, gli elettroni più lontani dal nucleo sono legati piuttosto debolmente ai loro atomi e sono liberi di muoversi.

Le sostanze e i corpi in cui **le cariche elettriche si possono muovere liberamente** si chiamano conduttori. Date le loro caratteristiche, **i metalli** sono tutti conduttori; i migliori conduttori sono l'argento, il rame e l'alluminio. Altri conduttori sono la grafite, le soluzioni e l'acqua stessa, che contiene sali disciolti.

In altri materiali, invece, gli elettroni sono fortemente legati ai loro atomi e non sono liberi di muoversi. Le sostanze e i corpi in cui **le cariche elettriche non si possono muovere liberamente** si chiamano isolanti. Esempi di materiali isolanti sono: la plastica, la porcellana, il legno, la gomma, il vetro, il cotone e la seta.

I fili elettrici sono di rame, uno dei migliori conduttori, rivestiti di uno strato di gomma o di plastica isolante.

La corrente elettrica

Le forze elettriche si comportano come le forze gravitazionali: quindi è possibile paragonare il comportamento delle cariche elettriche a quello delle masse dei corpi sulla Terra.

Un corpo che si trova a una certa altezza possiede una certa **energia potenziale**. Se viene lasciato cadere, trasforma la sua energia potenziale in **energia cinetica**. Durante il suo spostamento il corpo compie un **lavoro**.

La stessa cosa succede con le cariche elettriche. In un **conduttore ogni unità di carica possiede un'energia potenziale**, che viene anche chiamata potenziale elettrico. Tra due estremi di un conduttore si crea un "dislivello elettrico", chiamato differenza di potenziale (**d.d.p.**) o tensione. L'unità di misura della differenza di potenziale è il **volt** (**V**), dal nome del fisico italiano Alessandro Volta. Poiché il lavoro si misura in joule, mentre le cariche si misurano in coulomb, la **differenza di potenziale si misura in J/C**.

Tra due punti di un conduttore c'è la differenza di potenziale di 1 volt quando per spostare una carica di 1 coulomb da un punto all'altro bisogna compiere il lavoro di 1 joule.

$$1\,V = \frac{1\,J}{1\,C}$$

La corrente elettrica

Quando c'è una **differenza di potenziale tra due estremi di un conduttore**, ad esempio i due capi di un filo metallico, **gli elettroni si muovono da un capo all'altro. Il movimento degli elettroni è la** corrente elettrica; nel filo passa quindi corrente.

Si chiama intensità di corrente (**I**) la **quantità di carica elettrica che passa in una sezione di un filo elettrico in un secondo**.

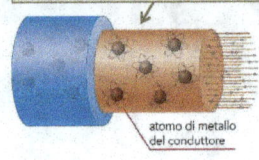

Gli elettroni più esterni degli atomi si liberano e si spostano lungo il conduttore: il loro movimento è la corrente elettrica.

L'intensità di corrente si misura in **ampere** (**A**), in onore del fisico e matematico francese André Marie Ampère.
In un filo elettrico passa la corrente di 1 ampere quando attraverso ogni sua sezione passa una carica di 1 coulomb al secondo.

$$1 A = \frac{1 C}{1 s}$$

Lo strumento che misura l'intensità di corrente è l'**amperometro**.

La resistenza e le leggi di Ohm

In un conduttore l'intensità della corrente elettrica dipende dagli ostacoli che gli elettroni incontrano sul loro cammino: rimbalzano continuamente urtando contro gli atomi che costituiscono il conduttore. Il movimento degli elettroni incontra cioè una certa resistenza che causa una diminuzione dell'intensità di corrente.

La resistenza elettrica (**R**) è **la capacità di un corpo di opporsi al passaggio della corrente elettrica**.

L'unità di misura della resistenza è l'**ohm** (simbolo Ω, lettera greca che si legge *omega*). Lo strumento che misura la resistenza è l'**ohmmetro**.
Il fisico Georg Simon Ohm scoprì **due leggi valide per tutti i conduttori**.

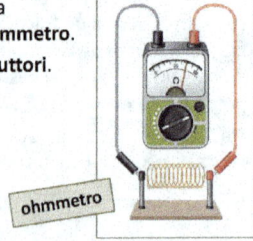

ohmmetro

La resistenza e le leggi di Ohm

PRIMA LEGGE DI OHM

Differenza di potenziale, intensità di corrente e resistenza sono grandezze legate tra loro.

L'intensità di corrente è direttamente proporzionale alla differenza di potenziale e inversamente proporzionale alla resistenza.

$$I = \frac{V}{R}$$

SECONDA LEGGE DI OHM

La resistenza dipende dalle caratteristiche del conduttore. Gli elettroni trovano meno resistenza in un filo corto che in uno lungo e si muovono con più facilità in un filo spesso perché hanno più spazio. Ogni materiale ha una resistenza particolare che si chiama **resistività** (simbolo ρ, lettera greca che si legge *ro*). I conduttori hanno bassa resistività, gli isolanti hanno resistività elevata.

La resistenza di un filo conduttore è direttamente proporzionale alla sua lunghezza, inversamente proporzionale alla sua sezione (cioè al suo spessore) e dipende dal materiale di cui è fatto.

$$R = \rho \times \frac{l}{S}$$

Gli effetti della corrente elettrica

L'EFFETTO TERMICO

La corrente elettrica è dovuta al movimento degli elettroni attraverso un conduttore, ad esempio un filo elettrico.

Al passaggio della corrente **il filo elettrico si riscalda perché gli elettroni incontrano la resistenza del conduttore e cedono energia sotto forma di calore**. Maggiore è la resistenza che incontrano, maggiore è l'energia che cedono.

Questo effetto si chiama **effetto termico**.

Molti elettrodomestici lo utilizzano per produrre calore: per esempio, l'asciugacapelli, il ferro da stiro, la lavatrice, il tostapane.

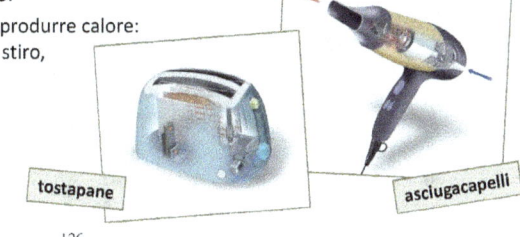

tostapane

asciugacapelli

Gli effetti della corrente elettrica

L'EFFETTO CHIMICO

Quando si fa passare la corrente attraverso alcuni tipi di soluzioni, si osserva che anch'esse conducono la corrente, anche se il meccanismo è differente da quello che si verifica in un filo metallico. Alcune sostanze, come gli acidi, le basi e i sali, sciolte in acqua si dissociano in **ioni positivi** e **ioni negativi**.

Se in una soluzione di cloruro di sodio (NaCl) introduciamo due barrette metalliche (**elettrodi**) collegate ai due poli di una pila, fra di essi si stabilisce una differenza di potenziale. Gli ioni positivi vengono attratti dall'elettrodo negativo (**catodo**), gli ioni negativi dall'elettrodo positivo (**anodo**); il flusso di ioni mantiene il passaggio della corrente elettrica.

Questo procedimento si chiama **elettrolisi** e può essere usato per separare due sostanze in una soluzione.

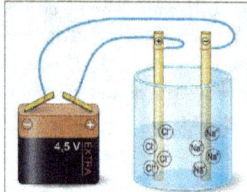

La pila

Il funzionamento della **pila** si basa sull'**effetto chimico della corrente elettrica**. In una pila, **due elettrodi**, uno positivo e l'altro negativo, vengono **immersi in una soluzione** e, sfruttando la **differenza di potenziale** che c'è nel liquido, generano **corrente elettrica**.

La **pila** fu inventata alla fine del Settecento da Alessandro Volta e fu il primo generatore di corrente della storia.

Le **pile moderne** sono costituite da celle, che utilizzano elettrodi di zinco e di carbone immersi in una pasta di cloruro d'ammonio o di cloruro di zinco. Dopo un certo periodo di tempo, però, la reazione elettrochimica si arresta, la pila si scarica e non si può più utilizzare.

Le **pile alcaline**, che hanno una durata maggiore, utilizzano una pasta a base di un metallo alcalino, come il potassio. Anche le **batterie delle automobili** funzionano con lo stesso principio ma, a differenza delle pile, si possono ricaricare facendovi passare corrente.

Pile alcaline

I circuiti elettrici

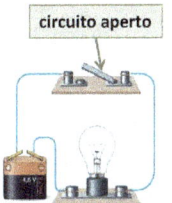
circuito aperto

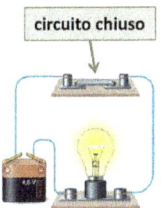
circuito chiuso

Un **circuito elettrico** è formato da un **generatore di corrente**, un **filo conduttore**, un **utilizzatore** (ad esempio una lampadina o un elettrodomestico, che hanno una certa **resistenza**) e un **interruttore** che apre e chiude il circuito. Quando il **circuito è chiuso passa corrente**, quando è **aperto la corrente non passa**.

L'utilizzatore ha in genere una resistenza abbastanza grande; in questo modo il circuito può essere attraversato da un'intensità di corrente non troppo alta, in modo che il calore non bruci il filo. Se due fili del circuito vengono a contatto prima che la corrente passi attraverso l'utilizzatore, il circuito si chiude, diventa più corto e la resistenza diminuisce. Essendo **costante la differenza di potenziale**, per la **prima legge di Ohm** una **diminuzione della resistenza corrisponde a un aumento dell'intensità della corrente**: il filo si riscalda fino a fondersi e il circuito si interrompe. Si verifica un **cortocircuito**.

Negli impianti domestici sono presenti alcuni dispositivi, i **salvavita**, che interrompono il circuito sia in caso di cortocircuito, sia in caso di sovraccarico degli utilizzatori.

I circuiti elettrici

CIRCUITI IN SERIE

Quando addobbi l'albero di Natale con le lampadine colorate, osservi che inserendo la spina tutte le luci si illuminano contemporaneamente. Un circuito in cui gli **utilizzatori** (in questo caso le lampadine) **sono collegati uno dopo l'altro** si dice collegato **in serie**.

CIRCUITI IN PARALLELO

Nelle abitazioni, invece, **ogni lampadina è collegata alla rete indipendentemente dalle altre**: questo tipo di collegamento si dice **in parallelo**.

Quando nel circuito in serie brucia una lampadina, anche tutte le altre lampadine si spengono perché non passa più corrente. Nel circuito in parallelo ciò non accade.

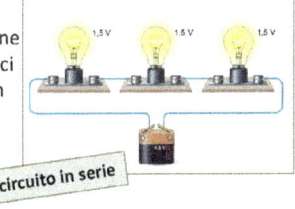
circuito in serie

circuito in parallelo

Il magnetismo

Se avvicini una calamita a un oggetto di ferro, questo viene attirato.
La proprietà che alcune sostanze hanno di attirare certi corpi metallici si chiama **magnetismo**.

Avvicinando due calamite, puoi vedere che due estremità si attraggono, mentre altre due si respingono (A). Le estremità della calamita sono chiamate **poli magnetici**: si distinguono in **polo Nord (N)** e **polo Sud (S)**.

Intorno a una calamita si crea un **campo magnetico**, cioè **uno spazio in cui agiscono le forze magnetiche**, che può essere visualizzato usando, ad esempio, limatura di ferro. Le **linee di forza** del campo magnetico si dispongono in **semicerchi concentrici che convergono verso i due poli** (B).

Forza elettrica e forza magnetica hanno molte proprietà in comune, ma a differenza delle cariche elettriche, che si possono separare, **i poli magnetici non si separano**. Se si spezza in due una calamita, non si trovano due poli separati ma due nuove calamite, ognuna con un polo Nord e un polo Sud (C).

Il magnetismo

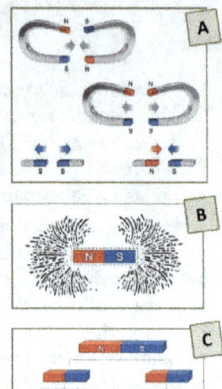

Alcune sostanze possiedono naturalmente proprietà magnetiche e perciò sono dette **magneti naturali**. È un magnete naturale la **magnetite**, un ossido di ferro. Altre sostanze possono acquistare proprietà magnetiche quando vengono sottoposte a determinati trattamenti e sono quindi dette **magneti artificiali**. Sono magneti artificiali alcuni metalli, come il ferro, il cobalto e il nichel, e molti loro composti.

Si possono **magnetizzare artificialmente** alcuni corpi:

- per **strofinio**, strofinando sul corpo, sempre nello stesso senso, una calamita;
- per **contatto**, mettendo la calamita a contatto del corpo per un certo tempo;
- per **induzione**, avvicinando la calamita al corpo.

Una volta magnetizzati, alcuni materiali, come l'acciaio, mantengono questa proprietà e quindi si parla di **magnetizzazione permanente**. Altri materiali, invece, come il ferro dolce, perdono la magnetizzazione dopo un certo periodo di tempo e quindi si parla di **magnetizzazione temporanea**. I magneti temporanei possono essere smagnetizzati per effetto del calore oppure se vengono colpiti ripetutamente con forza.

Il campo magnetico terrestre

La **Terra** si comporta come un'**enorme calamita** e possiede un **polo Nord** e un **polo Sud magnetici**.

Il **nucleo** interno della Terra è composto soprattutto da **ferro** e da **nichel**: si pensa che gli atomi di questi metalli, a causa della rotazione terrestre, si orientino per la maggior parte nella stessa direzione, conferendo **proprietà magnetiche all'intero pianeta**.

I **poli magnetici non coincidono con quelli geografici** ma ne distano di circa 1600 km. La retta che congiunge i poli magnetici forma con l'asse terrestre un angolo, l'**angolo di declinazione magnetica**.

Come succede per le calamite, anche **intorno alla Terra si crea un campo magnetico**: un corpo, libero di muoversi, ne viene influenzato e si dispone secondo il polo Nord e il polo Sud terrestri. Su questo principio si basa la **bussola**, costituita da un ago magnetico che, libero di ruotare attorno a un perno, si allinea lungo le linee del campo magnetico terrestre, indicando il polo Nord magnetico.

133

Magnetismo ed elettricità

LA CORRENTE ELETTRICA CREA UN CAMPO MAGNETICO

Il **passaggio di corrente elettrica** in un **filo elettrico** crea un debole **campo magnetico**. Accostando una bussola al filo si osserva che l'ago non si orienta in direzione dei poli magnetici terrestri, ma perpendicolarmente al filo stesso. Questo accade perché le linee di forza del campo magnetico sono perpendicolari alla corrente in ogni punto.

Il campo magnetico diventa ancora più intenso quando il filo elettrico viene avvolto a spirale, cioè si forma un **solenoide**. Maggiore è il numero delle spire del solenoide, maggiore è l'intensità del campo magnetico.

134

Magnetismo ed elettricità

L'ELETTROCALAMITA

Un filo elettrico in cui passa corrente, avvolto intorno a una bacchetta di ferro, la magnetizza e si ottiene un'**elettrocalamita**. L'effetto dura fino a quando passa la corrente elettrica.

Questo effetto si sfrutta tutte le volte che è necessario usare una "calamita temporanea", ad esempio nel funzionamento del campanello di casa.

Premendo l'interruttore, il circuito si chiude e passa la corrente elettrica. Quando l'elettrocalamita attiva il martelletto che batte sulla campana e se ne allontana, il circuito si interrompe. Una molla riporta il martelletto nella posizione di partenza, richiudendo il circuito. Il processo si ripete molte volte al secondo, così veloce che il suono sembra continuo.

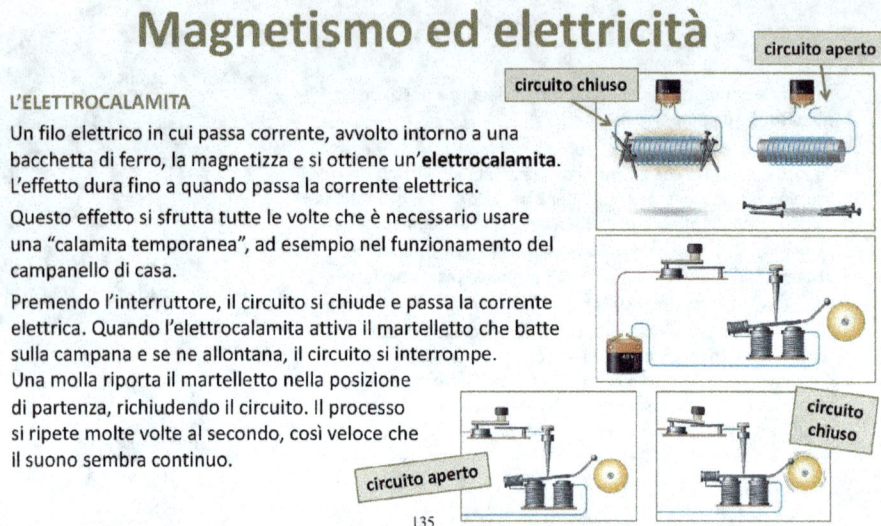

Magnetismo ed elettricità

UN CAMPO MAGNETICO GENERA CORRENTE ELETTRICA

Supponiamo di **avvolgere un solenoide attorno a una calamita** e di collegare una lampadina che evidenzi il passaggio di corrente.

Se manteniamo fermi sia il solenoide sia la calamita non si osserva passaggio di corrente.

Se invece **facciamo muovere il solenoide** rispetto alla calamita **oppure la calamita** rispetto al solenoide, **nel filo si genera corrente elettrica**.
La **variazione del campo magnetico della calamita** dovuta allo spostamento relativo dei due oggetti **provoca una differenza di potenziale nel filo elettrico**.

Questo fenomeno si chiama induzione elettromagnetica.

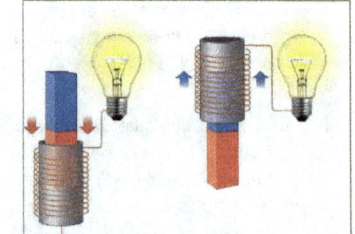

Le onde elettromagnetiche

I fenomeni elettrici e quelli magnetici sono strettamente correlati. Questa relazione fu studiata, nel XIX secolo, dal matematico e fisico scozzese James Clerk Maxwell.

Un campo elettrico che varia nel tempo genera un campo magnetico, anch'esso variabile. A sua volta, il campo magnetico variabile genera un campo elettrico variabile e così via.
Il **campo elettrico** e il **campo magnetico si generano a vicenda e variano nel tempo** (cioè oscillano) **in modo simile**.

Le oscillazioni contemporanee di questi due campi producono quelle che Maxwell chiamò onde elettromagnetiche perché hanno la forma di un'onda, o meglio, di una **sinusoide**, il cui punto più alto si chiama **cresta**, quello più basso **ventre**.

Queste onde si propagano alla **stessa velocità con cui si propaga la luce** (circa 300.000 km/s); Maxwell propose perciò l'ipotesi che la **luce** fosse **composta** da **onde elettromagnetiche**.

Negli anni seguenti le ipotesi di Maxwell furono confermate e si scoprì che molte altre radiazioni sono onde elettromagnetiche.

Le onde elettromagnetiche

Le onde elettromagnetiche sono caratterizzate da alcuni **parametri**:

- la lunghezza d'onda **λ** (si legge *lambda*) è la **distanza minima tra due creste o due ventri successivi**.
  La sua unità di misura è il metro;
- l'ampiezza **A** è **la distanza tra la cresta, o il ventre, e l'asse di propagazione dell'onda**. La sua unità di misura è il metro;
- la frequenza **v** (si legge *ni*) è il **numero di oscillazioni che l'onda compie in un secondo**. La sua unità di misura è l'hertz (Hz);
- il periodo **T** è l'**intervallo di tempo**, misurato in secondi, **in cui avviene un'oscillazione completa**;
- la velocità di propagazione **v** è la **velocità con cui l'oscillazione si sposta e assume valori diversi** a seconda del mezzo in cui l'onda si propaga.

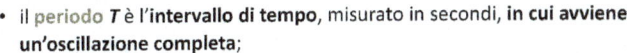

Le onde elettromagnetiche

Le onde elettromagnetiche hanno **proprietà diverse** a seconda della loro lunghezza d'onda (o frequenza).

L'insieme delle possibili onde elettromagnetiche forma lo spettro elettromagnetico.

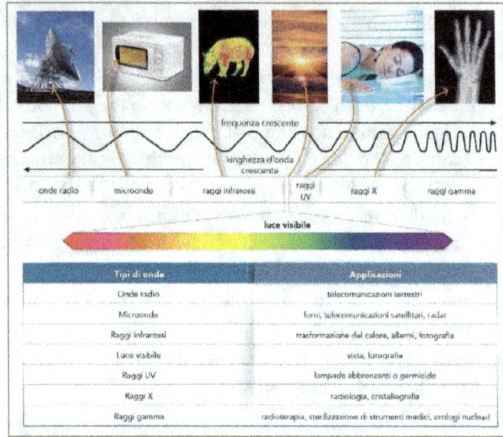

Il suono

Le onde meccaniche

Le onde del mare, i terremoti, le vibrazioni delle corde di una chitarra sono fenomeni diversi fra loro ma hanno una caratteristica comune: sono **oscillazioni** che si propagano in un mezzo come l'acqua, la terra, l'aria. Queste oscillazioni si chiamano **onde meccaniche**.

Le onde meccaniche partono da una sorgente e si trasmettono in un mezzo elastico come l'acqua o l'aria.

Per esempio, se gettiamo un sasso (**corpo sorgente**) nell'acqua di un lago (**mezzo elastico**), si formano delle onde di natura meccanica: le molecole dell'acqua iniziano a oscillare in senso verticale (dall'alto verso il basso), colpiscono le molecole vicine che oscillano a loro volta e trasmettono il movimento sempre più lontano.

Le onde meccaniche

Le onde meccaniche si trasmettono da un punto all'altro mediante le **vibrazioni** del mezzo che attraversano e possono essere longitudinali o trasversali.

Onda longitudinale: le particelle oscillano nella stessa direzione di propagazione dell'onda.

Onda trasversale: le particelle oscillano perpendicolarmente alla direzione di propagazione dell'onda.

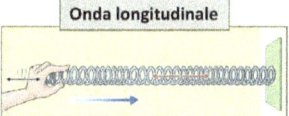
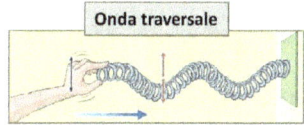

Le onde meccaniche non possono propagarsi nel vuoto come le onde elettromagnetiche.
Il punto più alto di un'onda meccanica si chiama **cresta**, il più basso **ventre**. Le caratteristiche delle oscillazioni di queste onde sono analoghe a quelle delle onde elettromagnetiche.

Che cos'è il suono

Il **suono** è **prodotto dalla vibrazione di un corpo elastico**: la corda di una chitarra, la pelle di un tamburo, la membrana di un altoparlante, le corde vocali.

Il corpo, che viene chiamato **sorgente sonora**, trasmette le vibrazioni all'aria circostante. Nell'aria si crea una serie di **compressioni** e **rarefazioni** che costituiscono le **onde sonore**: si tratta di **onde meccaniche sferiche longitudinali** che si propagano in tutte le direzioni.

Giunte al nostro orecchio, le onde sonore fanno **vibrare la membrana del timpano**, che trasmette le vibrazioni a una serie di organi interni, finché arrivano a particolari **recettori**. Le vibrazioni sono poi **trasformate in impulsi nervosi** e trasportate **dal nervo acustico al cervello**, che riconosce questi impulsi come suoni.

Le caratteristiche del suono

I suoni si differenziano tra loro per tre caratteristiche: **intensità**, **altezza**, **timbro**.

L'**intensità** è determinata dall'**ampiezza dell'onda sonora**.
Se batti lievemente sul tamburo ne esce un **suono debole**. Se batti con forza ne esce un **suono forte**. L'intensità del suono si misura in **decibel**.

L'**altezza** è determinata dalla **frequenza dell'onda sonora** e permette di distinguere se un suono è **acuto** o **grave**.
Percepiamo come acuti i suoni con frequenza maggiore, come gravi quelli con frequenza minore.
La **frequenza si misura in hertz** (Hz), dal nome del fisico Hertz.

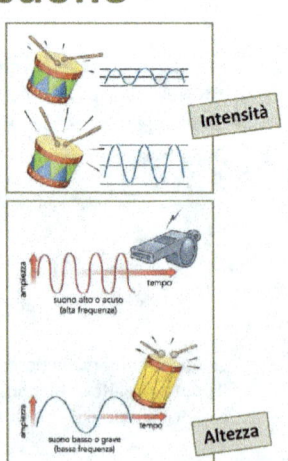

Le caratteristiche del suono

Il **timbro** è determinato dalla **forma dell'onda sonora**.

Se una tromba e un violino suonano la stessa nota con la stessa intensità, producono **onde sonore** che hanno uguale frequenza e ampiezza, ma **forme diverse**: possiamo così distinguere i due strumenti.

I **rumori** sono onde sonore causate da vibrazioni irregolari o disordinate.

Le onde sonore si propagano con una velocità **che varia a seconda della densità del mezzo che attraversano**: generalmente è tanto più elevata quanto più alta è la densità del mezzo.

La riflessione

Quando un'onda sonora incontra un **ostacolo rimbalza e torna indietro in tutte le direzioni**. Questo fenomeno si chiama riflessione.

La riflessione dipende dal **materiale** contro cui rimbalza: i materiali lisci e duri riflettono bene i suoni, i materiali morbidi li assorbono e li attutiscono e sono perciò detti **fonoassorbenti**.

L'orecchio umano è in grado di percepire come distinti due suoni intervallati da 1/10 di secondo, tempo in cui il suono percorre 34 metri.

Quando un suono incontra un ostacolo abbastanza vicino, come i muri di una stanza vuota, l'onda incidente e quella riflessa si sovrappongono all'orecchio e si ha l'effetto del **rimbombo** o **riverbero**.

Quando l'ostacolo si trova ad almeno 17 metri di distanza, come le pareti di una valle di montagna, l'onda riflessa percorre altri 17 metri per ritornare all'orecchio, che a quel punto percepisce due suoni uguali ma distinti tra loro. Questo fenomeno si chiama **eco**.

Ultrasuoni e infrasuoni

I suoni sono vibrazioni dell'aria, ma l'orecchio umano percepisce solo le onde sonore comprese in un determinato intervallo di frequenze.

Gli infrasuoni, che sono **onde sonore con frequenza molto bassa** (minore di 20 Hz), sono percepiti dall'orecchio umano come vibrazioni, ma non come suoni.

Gli ultrasuoni, che sono **onde sonore con frequenza molto alta** (maggiore di 20 000 Hz), non sono percepibili dall'orecchio umano.

Solo alcuni animali riescono a sentire gli ultrasuoni, come i pipistrelli che usano questa capacità per volare al buio: emettono ultrasuoni e, ascoltando le onde riflesse dagli ostacoli, riescono a valutarne la distanza ed evitarli.

La luce

Che cos'è la luce

La luce è un fenomeno così complesso che solo nel XX secolo è stato completamente compreso. La parte della fisica che studia la luce si chiama **ottica**.

La luce non è solo connessa con la vista, ma produce molti altri effetti. Prendendo il Sole sulla spiaggia ci accorgiamo che la luce del Sole trasmette calore e quindi energia. Poiché altre forme di energia (come l'energia elettromagnetica) sono descritte come onde, i fisici hanno descritto anche la luce come un'onda che si propaga nello spazio.

La teoria ondulatoria della luce afferma che **la luce è un'onda, caratterizzata da una lunghezza, un'ampiezza, una frequenza e una velocità di propagazione**.

Che cos'è la luce

La teoria ondulatoria della luce non ne spiega, però, tutte le proprietà.

La luce che arriva dal Sole percorre il vuoto dello spazio prima di arrivare sulla Terra. Questo significa che la luce non ha bisogno di un mezzo per propagarsi, ma che può farlo anche **attraverso il vuoto**.

Newton, osservando alcuni fenomeni legati alla luce, come la riflessione, la rifrazione e la percezione dei colori, formulò la teoria corpuscolare della luce.

Questa teoria afferma che la luce è **composta da corpuscoli, che si chiamano fotoni, emessi in tutte le direzioni e contenenti una certa energia**.

Oggi sappiamo che la luce in alcune circostanze si comporta come un'onda, in altre si comporta come un fascio di fotoni.

La propagazione della luce

Una **sorgente luminosa** è un **corpo che emette luce propria**. Se la sorgente luminosa appare piccola, ad esempio una lampadina, si chiama **sorgente luminosa puntiforme**.

Un **corpo illuminato** è un **corpo che non emette luce propria, ma diffonde la luce ricevuta dalle sorgenti luminose**. La Luna, per esempio, è visibile perché è un corpo illuminato dal Sole.

La luce si comporta diversamente a seconda dei corpi che colpisce.

Un **corpo trasparente**, come il vetro, **viene completamente attraversato dalla luce** e permette di vedere tutto quello che si trova dietro.

Un **corpo traslucido**, come la carta velina, **lascia passare la luce solo in parte** e permette di vedere tutto quello che si trova dietro, ma poco distintamente.

Un **corpo opaco**, come un muro, **non lascia passare alcun raggio di luce**.

La propagazione della luce

Se la luce colpisce un corpo opaco, una parte dei raggi viene trattenuta dal corpo (**assorbimento**) mentre il rimanente rimbalza all'indietro (**riflessione**), permettendo così di vedere il corpo.

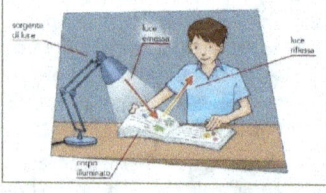

La **riflessione** della luce avviene **quando il corpo opaco ha una superficie liscia**. Il fascio di luce non è assorbito e **rimbalza completamente**, diventando visibile all'occhio umano.

La **diffusione** si ha invece **quando il corpo opaco ha una superficie ruvida e il fascio di luce rimbalza in direzioni diverse e si diffonde dappertutto**.

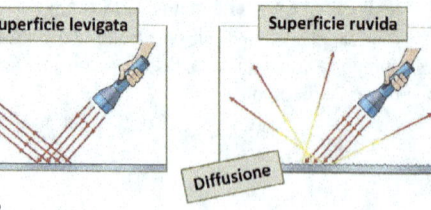

La propagazione della luce

La luce si propaga con una velocità che dipende dal mezzo in cui si muove: nel vuoto è di circa 300 000 km/s. La luce, inoltre, viaggia in linea retta e possiamo rendercene conto osservando la luce del Sole quando filtra attraverso una fessura della finestra o tra gli alberi di un bosco.

La propagazione rettilinea della luce provoca il fenomeno delle ombre.

- Quando un corpo opaco viene illuminato da una sorgente puntiforme, la parte rivolta verso la sorgente è illuminata, mentre la parte opposta è in ombra. Questo tipo di ombra si chiama **ombra portata**, i cui contorni netti corrispondono alla forma del corpo e si possono vedere bene ponendo uno schermo dietro il corpo.
- Se la sorgente luminosa non è puntiforme, l'ombra proiettata sullo schermo non è più netta come prima, ma è circondata da una zona meno scura e sfumata, detta **penombra**.

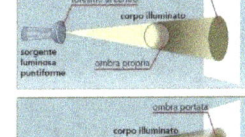

Quando la Luna si trova fra la Terra e il Sole, l'ombra della Luna cade sulla Terra, oscurando il Sole: si assiste al fenomeno dell'**eclissi di Sole**.

I colori

La luce del Sole è bianca e intensa di giorno, mentre al tramonto diventa più tenue e assume delle colorazioni rosate. Anche fra le luci artificiali ce ne sono di fredde (ad esempio la luce del neon) e di decisamente più calde (come la luce delle vecchie lampadine a incandescenza).

Già nel XVII secolo Isaac Newton osservò che quando la luce del Sole passa attraverso **un prisma di vetro viene scomposta in una serie di colori** che formano lo spettro della luce visibile. Questo fenomeno avviene anche quando si vede l'arcobaleno: ogni gocciolina di acqua sospesa nell'aria si comporta come un prisma e scompone la luce del Sole.

La **luce bianca**, dunque, è la **somma di tutti i colori**.
Il **nero**, invece, è dato dall'**assenza di colori** e quindi, poiché i colori sono luce, dall'**assenza di luce visibile**.

Osservando lo spettro noterai che i colori passano con continuità l'uno nell'altro; Newton ne individuò sette principali: **rosso, arancio, giallo, verde, azzurro, indaco** e **violetto**.

Spettro della luce visibile

I colori

Secondo la teoria ondulatoria, la frequenza della luce è una rappresentazione numerica del suo colore. Se ordiniamo i colori secondo la frequenza crescente delle onde luminose, e perciò secondo le lunghezze d'onda decrescenti, otteniamo tutto lo **spettro del visibile** dal rosso al violetto.

Oltre a quelle visibili, il Sole emette anche altre radiazioni: quelle con frequenza inferiore al rosso sono i **raggi infrarossi**, cioè le radiazioni termiche, mentre quelle con frequenza superiore al violetto sono i **raggi ultravioletti**.

Sono chiamati **colori primari o fondamentali** il **rosso**, il **verde** e il **blu**. Mescolando in varie proporzioni i raggi di luce dei colori fondamentali si possono vedere tutti gli altri colori.

Ma **perché vediamo le cose colorate**? Perché, ad esempio, le foglie sono verdi? Perché assorbono tutti i colori tranne il verde, che viene riflesso. Perciò ai nostri occhi giunge solo la luce di lunghezza d'onda corrispondente al verde.
Quello che noi percepiamo come colore di un oggetto è quindi **quella parte di luce visibile che viene riflessa dall'oggetto stesso.**

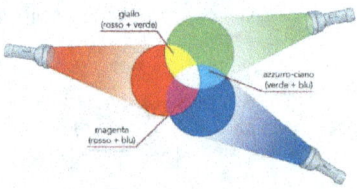

La riflessione

Quando un raggio di luce (**raggio incidente**) colpisce una superficie opaca e liscia come uno specchio, viene rinviato in una particolare direzione e prende il nome di **raggio riflesso**.

Gli angoli formati dai due raggi con la perpendicolare al punto in cui la luce incontra lo specchio si chiamano rispettivamente **angolo d'incidenza** e **angolo di riflessione**. Questi due angoli si trovano sullo stesso piano e sono uguali.

Se poniamo una scala di fronte a uno **specchio piano**, notiamo al suo interno l'immagine riflessa.
Questa **immagine virtuale** ha le stesse dimensioni, si trova alla stessa distanza dallo specchio, è perfettamente simmetrica rispetto all'oggetto reale e la parte destra è invertita con quella sinistra.

Raggio riflesso

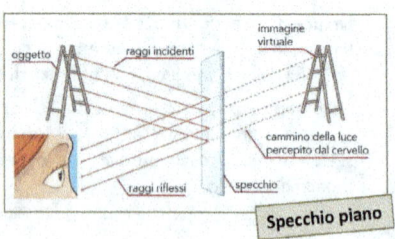

Specchio piano

La rifrazione

Quando un raggio luminoso passa da un mezzo trasparente a un altro subisce una **deviazione della traiettoria**: questo fenomeno fisico si chiama rifrazione.

Si può osservare, ad esempio, quando metti una cannuccia in un bicchiere pieno d'acqua: la cannuccia appare spezzata. Il fenomeno si verifica perché la luce, passando dall'aria all'acqua (che hanno densità diverse), cambia velocità e quindi anche l'angolo di inclinazione rispetto alla perpendicolare alla superficie dell'acqua.

Il raggio luminoso che arriva sulla superficie di separazione tra aria e acqua si chiama **raggio incidente**, il raggio deviato si chiama **raggio rifratto**.

Gli angoli che i due raggi formano con la perpendicolare alla superficie di separazione nel punto di incidenza si chiamano rispettivamente **angolo d'incidenza** e **angolo di rifrazione**.
I due angoli non sono uguali perché hanno un'inclinazione diversa.

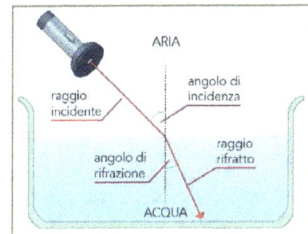

La rifrazione

LE LENTI

La rifrazione è alla base della fabbricazione delle lenti.
Le lenti sono **corpi di vetro** o di altro **materiale trasparente** con la **superficie curva**. Quando i **raggi luminosi** attraversano la lente **cambiano direzione a seconda della curvatura**. Questo fa sì che l'oggetto sembri più grande o più piccolo di quello che realmente è.

LE LENTI CONVERGENTI

Le lenti che hanno almeno una **superficie convessa, spesse al centro e sottili ai bordi**, sono **lenti convergenti**. Fanno cioè convergere la luce in un punto, detto **fuoco**, situato dietro la lente. La distanza tra il fuoco e il centro della lente si chiama **distanza focale**.

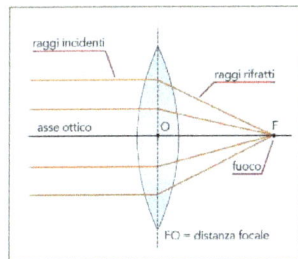

Se poniamo una sorgente luminosa davanti a una lente convergente e raccogliamo l'immagine prodotta al di là della lente su uno schermo, l'immagine sarà reale o virtuale, diritta o capovolta, ingrandita o rimpicciolita a seconda della posizione dell'oggetto rispetto ai punti caratteristici della lente.

La rifrazione

TIPI DI LENTI CONVERGENTI

- Quando l'oggetto osservato si trova **tra la lente e il fuoco**, a una **distanza minore della distanza focale**, si ottiene un'**immagine virtuale, diritta e ingrandita**. È l'immagine che si ottiene con una lente d'ingrandimento.
- Quando l'oggetto osservato si trova a una **distanza compresa tra il fuoco e il doppio della distanza focale**, si ottiene un'**immagine reale, capovolta e ingrandita**.
- Quando l'oggetto osservato si trova a una **distanza maggiore del doppio della distanza focale**, si ottiene un'**immagine reale, capovolta e rimpicciolita**.

Le lenti convergenti sono impiegate negli occhiali per correggere l'ipermetropia e la presbiopia, ma anche nella macchina fotografica.

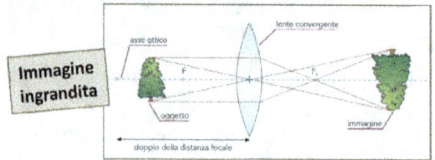
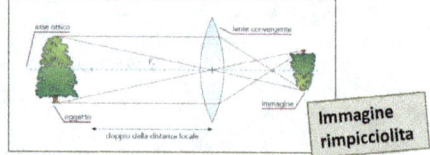

La rifrazione

LE LENTI DIVERGENTI

Le lenti che hanno almeno una **superficie concava, sottili al centro e spesse ai bordi**, sono **lenti divergenti**. Fanno, cioè, divergere i raggi luminosi, come se provenissero da un unico punto situato davanti alla lente stessa detto **fuoco virtuale**.

Con una lente divergente si ottengono **immagini virtuali, diritte e rimpicciolite**, qualunque sia la distanza tra l'oggetto e la lente.

Le lenti divergenti sono impiegate negli occhiali per correggere la miopia.

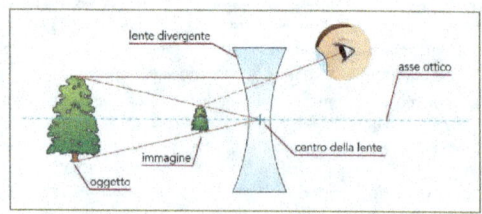

Il mondo dei viventi

Le caratteristiche degli esseri viventi

Gli esseri viventi sono organismi molto diversi tra loro ma presentano caratteristiche comuni:

- seguono un ciclo vitale

Tutti gli esseri viventi
- nascono
- si riproducono
- invecchiano
- muoiono

- hanno bisogno di cibo

Per vivere, gli esseri viventi **consumano energia** e per questo hanno bisogno di cibo.
- I **vegetali** utilizzano acqua, sali ed energia solare per produrre le sostanze organiche che li compongono sono organismi autotrofi.
- Gli **animali** si nutrono del corpo di altri esseri viventi (piante o animali) sono organismi eterotrofi.

Gli esseri viventi **trasformano il cibo**: parte viene utilizzato durante il processo di respirazione per liberare l'energia necessaria alle funzioni vitali, parte viene trasformato nelle sostanze organiche costitutive del loro corpo.

• reagiscono agli stimoli

Animali e piante sono **dotati di movimento proprio** e sono **in grado di reagire agli stimoli**.

Una reazione a uno stimolo è la risposta di un organismo vivente a una particolare caratteristica dell'ambiente in cui vive.

Un esempio di reazione a uno stimolo ambientale è il **fototropismo**: le piante crescono piegando il fusto e le foglie nella direzione dei raggi solari.

• si adattano all'ambiente

A seconda dell'ambiente in cui vivono, animali e piante modificano nel corso del tempo le loro caratteristiche: questo fenomeno prende il nome di **adattamento** ed è il risultato di un lungo processo di evoluzione.

L'adattamento all'ambiente genera la **varietà**.

Poiché gli ambienti della Terra sono tra loro molto diversi, di uno stesso animale esistono diversi "modelli".

La scoperta della cellula

Nel 1665 il fisico inglese **Robert Hooke** osserva con il microscopio che la corteccia di un albero di sughero è formata da tante cellette poste le une accanto alle altre: le **cellule**.

Nell'Ottocento gli scienziati tedeschi **Mathias Schleiden** e **Theodor Schwann**, formulano la **teoria cellulare**:

- la cellula è **la più piccola unità vivente**, capace di compiere tutte le funzioni vitali;
- tutti gli **organismi viventi sono formati da una o più cellule**;
- ogni cellula nasce da un'altra cellula, **si riproduce** e **muore**.

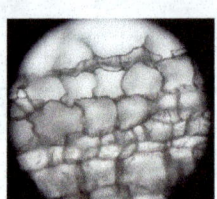

- Gli organismi si dividono in:

- unicellulari ⟶ formati da una sola cellula (batteri, protisti, alcuni microrganismi di acqua dolce)

 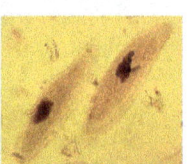

- pluricellulari ⟶ formati da più cellule che collaborano insieme (animali, piante, funghi)

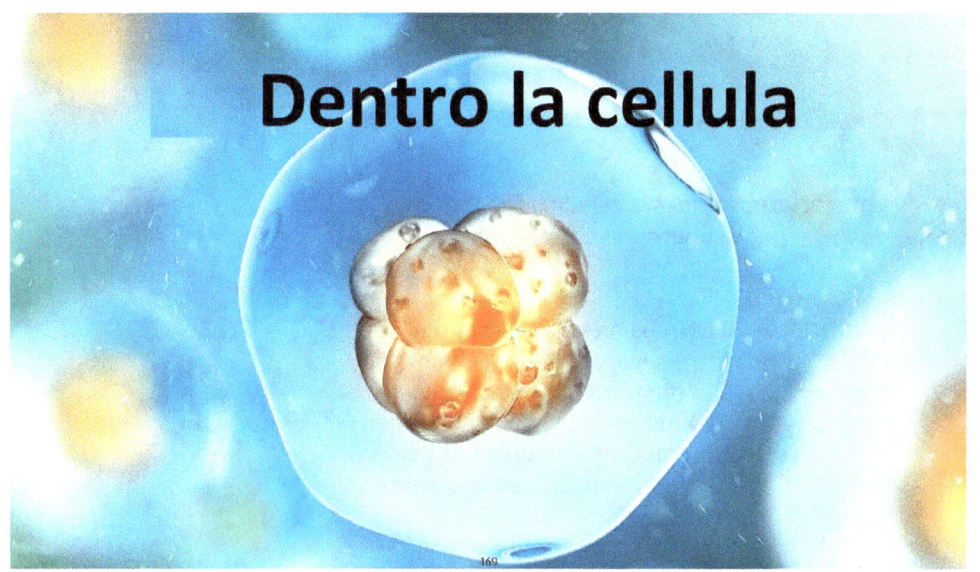

Come è fatta la cellula

Tutte le cellule hanno:

- una **membrana esterna** che separa l'ambiente interno da quello esterno, controllando l'entrata e l'uscita di sostanze.
- un **insieme di istruzioni**, cioè informazioni in codice sotto forma di molecole di **DNA** che servono per la struttura e il funzionamento della cellula;
- un **citoplasma**: sostanza gelatinosa interna alla cellula dove avvengono le reazioni chimiche.

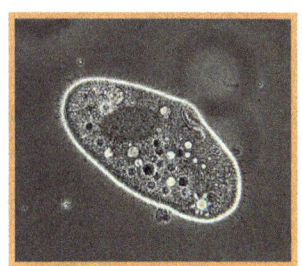

La cellula può essere:

- **procariote** in questa cellula il **DNA** è **libero nel citoplasma**.

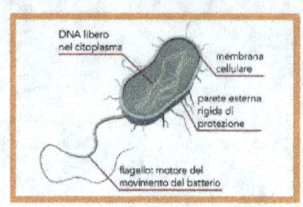

- **eucariote** il **DNA** è chiuso **dentro il nucleo** che è separato dal citoplasma da una membrana. Nel citoplasma si trovano compartimenti, organuli e membrane con differenti funzioni, specializzati in diverse reazioni chimiche.

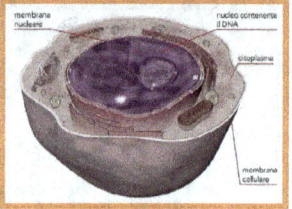

La cellula animale

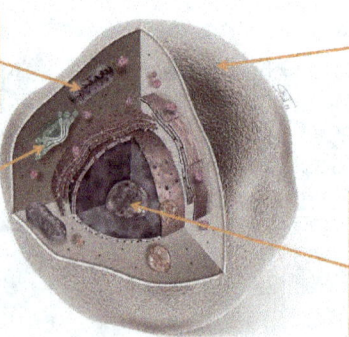

Citoplasma: qui si trovano gli organuli cellulari e avvengono la maggior parte delle attività cellulari.

Apparato di Golgi: stazione di rielaborazione e smistamento delle sostanze sintetizzate.

Membrana cellulare: regola il passaggio delle sostanze fra l'esterno e l'interno della cellula; solo alcune sostanze possono passare: è selettivamente permeabile.

Nucleo: centro di comando della cellula. È avvolto dalla membrana nucleare, da cui passano le sostanze fra il nucleo e il citoplasma. Dentro il nucleo c'è il nucleolo che contiene le istruzioni per il funzionamento della cellula (il DNA).

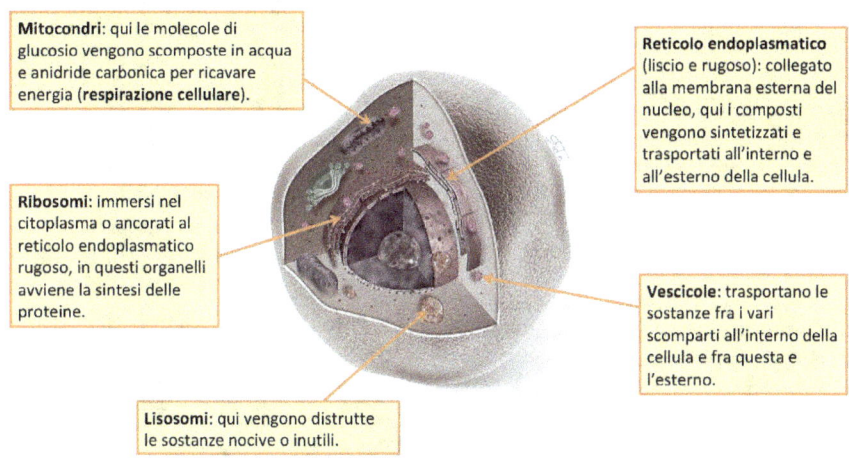

La cellula vegetale

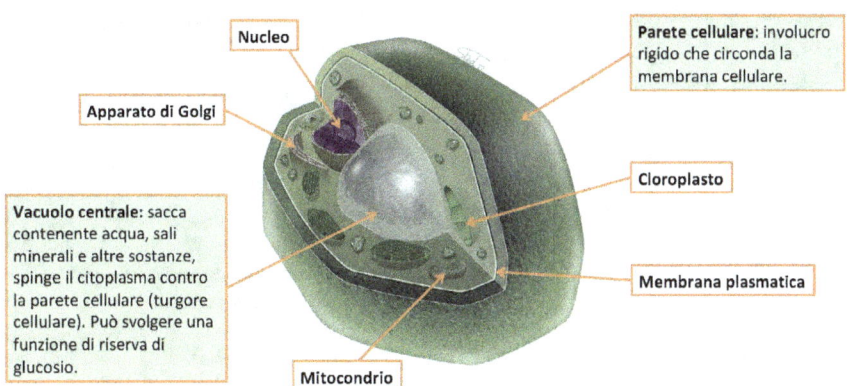

Le cellule delle parti verdi delle piante contengono i cloroplasti, che a loro volta contengono i **tilacoidi**, immersi in un liquido denso detto **stroma**. All'interno dei tilacoidi si trova la **clorofilla**, una sostanza di colore verde capace di assorbire l'energia del sole.

La luce solare, insieme all'acqua e all'anidride carbonica, viene utilizzata durante il processo di fotosintesi clorofilliana per fabbricare lo zucchero glucosio.

Il 70% della cellula è formato di **acqua**.

L'acqua è indispensabile per gli organismi viventi.

L'acqua entra ed esce dalle cellule attraverso la **membrana cellulare** che è semipermeabile.

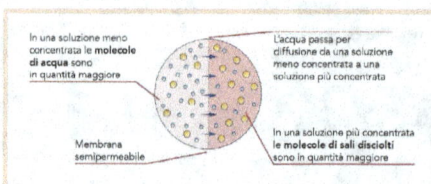

L'**osmosi** è una particolare diffusione attraverso una membrana semipermeabile.

Il DNA

- Il **DNA** si trova in tutte le cellule.
- Detiene il controllo di tutta l'attività cellulare.
- Quando le cellule stanno per riprodursi, il DNA si condensa in modo da formare delle strutture a forma di bastoncelli, i **cromosomi**. In ogni cellula eucariote i cromosomi sono in duplice copia e portano le stesse informazioni (**omologhi**).

- Ogni forma vivente ha un determinato numero di coppie di cromosomi, il **corredo cromosomico**.
- Un **gene** è un pezzo di DNA corrispondente a un "pacchetto di istruzioni".

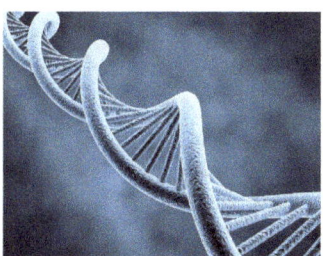
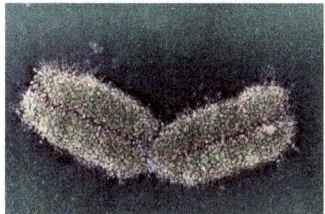

La riproduzione cellulare

Le cellule si riproducono per dare origine a nuove cellule.
Riproduzione, nascita e crescita dei viventi avvengono grazie alla riproduzione delle cellule.

Come si riproduce una cellula

Qualsiasi cellula per riprodursi raddoppia il suo DNA, lo divide in due parti uguali e forma due cellule figlie, identiche fra loro e alla cellula madre, con un patrimonio di istruzioni identico.

Riproduzione della cellula procariote

Il DNA forma un unico cromosoma che si duplica quando la cellula procariote sta per dividersi. Le due copie si allontanano, la membrana cellulare si divide, si formano due cellule figlie.

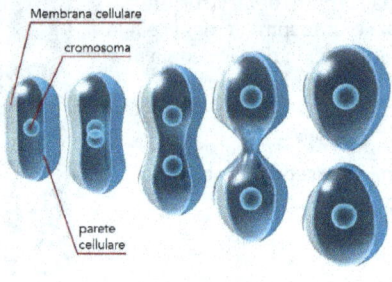

Riproduzione cellula eucariote

Prima della divisione la cellula produce citoplasma e organelli a sufficienza per ciascuna delle due cellule figlie.

Nella **mitosi** (divisione della cellula):

- il DNA all'interno del nucleo si duplica e si organizza formando coppie di cromosomi uguali;
- le coppie si dividono e ogni cromosoma di ciascuna coppia si porta alle due estremità opposte della cellula;
- intorno a ciascuno dei due gruppi di cromosomi si forma una nuova membrana nucleare;
- il citoplasma si divide in due parti uguali e si originano due nuove cellule, identiche tra di loro e alla cellula di partenza.

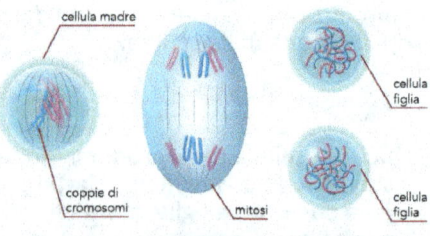

La riproduzione degli organismi viventi

I viventi si riproducono tramite:

- riproduzione **asessuata**
  figli identici al genitore (è il caso della scissione di batteri e protisti o della riproduzione di alcuni organismi pluricellulari).

- riproduzione **sessuata**
  ciascun individuo nasce dall'unione di due cellule sessuali o gameti.

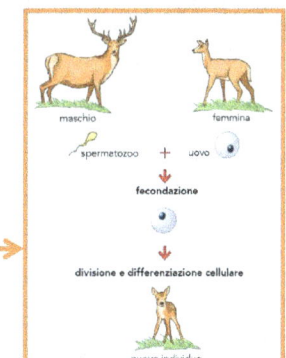

Dalla cellula all'organismo

Il catalogo della vita

La classificazione dei viventi

Sulla Terra è presente una grande **varietà** di organismi viventi.

Per poterli distinguere è necessario **classificarli** cioè ordinarli secondo **caratteristiche simili**.

La classificazione di Linneo

Nel XVIII secolo, con **Carlo Linneo** (1707-1778), nasce la scienza moderna di classificazione dei viventi (**tassonomia** o **sistematica**).

Linneo definisce la **specie** come base della sistematica:

- una specie è formata dagli organismi simili nel corpo e nel comportamento che si incrociano liberamente fra loro e hanno figli fertili.

Linneo introduce la **nomenclatura binomia**:

- una specie è definita con **due nomi** in corsivo:
  il primo con l'iniziale maiuscola, in genere un sostantivo;
  il secondo con l'iniziale minuscola, in genere un aggettivo.

Felis margarita   Felis catus

La classificazione sistematica di Linneo utilizza sette raggruppamenti detti **categorie sistematiche** che sono ordinate dalla più piccola alla più grande:

- **specie**,
- **genere**,
- **famiglia**,
- **ordine**,
- **classe**,
- **tipo** (o *phylum*),
- **regno**.

Per classificare i viventi si cercano somiglianze che indichino una parentela.

Le caratteristiche simili dovute a **legami di parentela** si chiamano **omologhe**.
Accade anche che organismi non imparentati possano somigliarsi perché si sono adattati a uno stesso ambiente.

Le caratteristiche simili sviluppate come risposta a stimoli di **adattamento ambientale** si chiamano caratteristiche **analoghe**.

I cinque regni dei viventi

Il regno delle monere

Le monere sono **organismi unicellulari procarioti**.
Si distinguono in:

ARCHEOBATTERI

- sono **unicellulari** formati da una sola cellula procariote;
- vivono negli **ambienti estremi**, inadatti ad altre forme di vita;
- sono **autotrofi**, ma non utilizzano la fotosintesi clorofilliana per ottenere i composti organici bensì diverse reazioni chimiche (**chemiosintesi**);
- alcuni utilizzano anidride carbonica e idrogeno per produrre **gas metano**, una molecola organica con un solo atomo di carbonio.

methanococcus

Gli archeobatteri prosperano nei *geyser* terrestri.

EUBATTERI

- sono i batteri veri e propri;
- sono **unicellulari procarioti**, invisibili a occhio nudo;
- possiedono una **parete cellulare**, che ricopre la membrana cellulare;
- non hanno nucleo e il cromosoma batterico è **un'unica molecola di DNA circolare**;
- possono essere statici oppure muoversi grazie a filamenti detti **ciglia** o **flagelli**;
- si riproducono per **scissione binaria**;
- a seconda della forma sono classificati in:
  - bacilli
  - cocchi
  - spirilli
  - vibrioni

Come si diffondono

Sono presenti nell'aria, nel suolo, nell'acqua, negli organismi viventi.
In ambienti sfavorevoli si chiudono dentro una **spora**.
In ambienti favorevoli riprendono l'attività vitale.
I batteri possono essere:
- **aerobi**   utilizzano l'ossigeno.
- **anaerobi**   crescono solo in assenza di ossigeno.

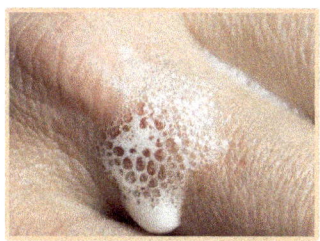

Per eliminare i batteri anaerobi da una ferita si usa l'acqua ossigenata.

Come si nutrono

I batteri possono essere:
- **eterotrofi**   si nutrono di sostanze prodotte da altri organismi e si suddividono in:
    - **decompositori** o **saprofiti**: si nutrono di organismi morti;
    - **simbionti**: vivono in associazione con altri organismi traendo un reciproco vantaggio (**simbiosi**).
    - **parassiti**: vivono a spese di un altro organismo vivente, chiamato ospite, danneggiandolo.
- **autotrofi**   producono da soli il proprio nutrimento, come i **cianobatteri** o **alghe azzurre**, organismi unicellulari procarioti che utilizzano la luce per la fotosintesi.

I virus

- Non si nutrono, non crescono, non respirano.
- Sono composti dalle stesse sostanze organiche dei viventi, un insieme di istruzioni genetiche (**DNA** o **RNA**) contenute dentro un involucro di proteine, detto **capside**.
- Muta nel tempo, evolve.
- In base al tipo di organismo ospite infettato, si distinguono in virus **animali**, virus **vegetali** e virus **batterici** o batteriofagi.
- Sono **parassiti intracellulari obbligati**, cioè si riproducono soltanto dentro la cellula di un altro organismo.

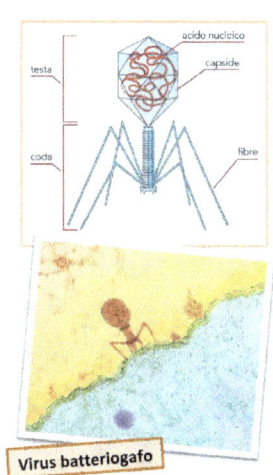

Virus batteriogafo

Come si riproducono

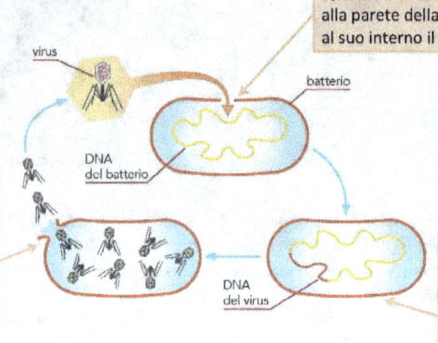

Quando il virus infetta un organismo aderisce alla parete della **cellula ospite** e inietta al suo interno il proprio **materiale genetico**.

Al termine del processo, la cellula infettata si rompe e vengono liberati i nuovi virus che vanno a infettare altre cellule ospiti. Ogni cellula ospite si trasforma così in una fabbrica di milioni di copie del virus infettante.

La cellula ospite interrompe parte delle sue attività cellulari e comincia a **riprodurre** il materiale genetico del virus dando origine a **molecole virali** che si uniscono tra di loro per formare nuovi virus.

Il regno dei protisti

In base a come si nutrono, i protisti si distinguono in:
eterotrofi (protozoi);
autotrofi (alghe unicellulari).

I protozoi

In base agli organi di movimento, si classificano in:

- **Flagellati** sono dotati di uno o più **flagelli**, prolungamenti lunghi e robusti con cui si muovono nell'acqua (dove vivono) e con cui catturano il cibo.
- **Rizopodi** sono dotati di prolungamenti del citoplasma detti **pseudopodi** con cui si muovono. Un esempio è l'ameba, protozoo di forma variabile.
- **Ciliati** sono dotati di **ciglia**, sottili filamenti che coprono il corpo e permettono di muoversi negli ambienti acquatici.
Un esempio è il paramecio: vive nelle acque dolci ed è caratterizzato da un corpo ovoidale.
- **Sporozoi** privi della capacità di movimento, sono **parassiti** di altri organismi. Nel ciclo biologico degli sporozoi si alternano forme di vita diverse, una delle quali è detta **spora**. Un esempio è il plasmodio della malaria.

Ameba

Foraminiferi

Le alghe unicellulari

- Sono **protisti autotrofi acquatici**;
- contengono **clorofilla** o altri pigmenti con cui compiono la **fotosintesi**;
- costituiscono una parte del **plancton**, nutrimento di molti animali acquatici.

Diatomee

Le diatomee
Alghe unicellulari di forme e diverse, vivono isolate o in colonie filamentose. Possiedono una specie di guscio siliceo, il **frustolo**, che si deposita sui fondali quando muoiono, formando uno strato di sedimenti chiamato **diatomite**.

I dinoflagellati
Alghe unicellulari che vivono nelle acque superficiali degli oceani, dotate di flagelli; alcune sono parassiti o simbionti. Alcune specie sono velenose. Sono in grado di emettere luce trasformando l'energia chimica in energia luminosa (**bioluminescenza**).

Le euglene
Modificano il loro modo di vita a seconda delle condizioni ambientali. Al buio sono **eterotrofe**, in presenza di luce sono **autotrofe** e compiono la fotosintesi. Possiedono una macula oculare che percepisce la luce. Vivono principalmente nelle acque dolci.

Il regno dei funghi

- Sono organismi **eucarioti unicellulari** o **pluricellulari**.
- Non sono piante (non hanno clorofilla).
- Non sono animali (sono eterotrofi ma non ingeriscono il cibo).
- Le specie sono numerose e tra loro molto differenti.

Come si nutrono

I funghi si nutrono a spese di altri organismi. Si distinguono in tre gruppi:
- **saprofiti**: si nutrono dei resti di animali e vegetali morti;
- **parassiti**: attaccano i tronchi delle piante, il corpo degli animali e dell'uomo, e provocano malattie (micosi);
- **simbionti**: vivono in simbiosi con alcune piante stabilendo con queste uno scambio di sostanze nutritive con vantaggio reciproco.

Funghi saprofiti

Funghi parassiti

Fungo simbionte

Come sono fatti

I funghi pluricellulari sono formati da un intreccio di filamenti (**micelio**); ogni filamento è un'**ifa**, formata da una fila di cellule posizionate una accanto all'altra. Le pareti cellulari contengono una sostanza che rende i funghi resistenti agli agenti esterni (la **chitina**).

Il micelio si sviluppa nella terra e produce il **corpo fruttifero**, la parte del fungo che esce dal terreno, di solito formata da **gambo** e **cappello**.

gambo con cappello cerebriforme

gambo con cappello sferico

gambo con cappello a stella

Come si riproducono

- Per **scissione**: divisione in due parti uguali della cellula madre.
- Per **gemmazione**: divisione della cellula in due parti di diverse dimensioni, una maggiore e una minore.
- Per **frammentazione**: distacco di alcune cellule di un'ifa che sono in grado di formare un nuovo micelio.
- Per mezzo di **spore**: prodotte nella parte inferiore del cappello, una volta mature si diffondono attraverso vento, acqua o insetti.
A contatto con il terreno danno origine a un nuovo micelio.

Spore liberate nell'ambiente

Come si classificano

La classificazione dei funghi si basa sulla **forma delle ife**.

- **Ficomiceti**   le spore si formano e maturano all'interno di strutture sferiche dette **sporangi**.
- **Ascomiceti**   le spore si sviluppano all'interno di particolari strutture denominate **aschi**, che proteggono le spore fino alla loro giusta maturazione.
- **Basidiomiceti**   le spore si formano e maturano all'esterno di strutture unicellulari chiamate **basidi**, che si trovano nella parte inferiore del cappello e presentano a un'estremità delle strette appendici dette **sterigmi** sulle quali sono generate e trattenute le spore.

sporangi

Funghi e simbiosi

La **micorriza** è un rapporto di simbiosi con reciproco vantaggio (**mutualismo**) tra funghi e alberi: le ife dei funghi si intrecciano intorno alle radici della pianta e crescono aumentando la superficie di assorbimento della radice. La pianta in cambio fornisce al fungo le sostanze contenute nella linfa.

I **licheni** sono invece il risultato di una simbiosi mutualistica tra un fungo e un'alga: il fungo fornisce acqua e sali minerali, l'alga provvede agli zuccheri tramite la fotosintesi.

Micorriza tra fungo e radice

Un caso di simbiosi con reciproco vantaggio tra funghi e animali è quello tra le **formiche tagliafoglie** *Atta* e un fungo. Le formiche raccolgono pezzi di foglie dagli alberi per alimentare il fungo con cui vivono in simbiosi; quest'ultimo offre alle formiche le sostanze nutritive di cui hanno bisogno.

La biologia delle piante

Che cos'è una pianta

Una pianta è un **organismo pluricellulare**, **autotrofo**, formato da cellule eucariote ricche di **clorofilla** e con le **pareti di cellulosa**.

Grazie alla clorofilla le piante svolgono la **fotosintesi**: catturano la luce solare e la trasformano in glucosio, uno zucchero necessario per la loro crescita.

Le piante sono vitali per quasi tutti gli organismi viventi: **producono ossigeno**, essenziale per la respirazione, e sono fonte di cibo per animali e esseri umani.

Come è fatta

- **Piante vascolari**
  hanno radici, fusto e foglie.
- **Piante non vascolari**
  non hanno radici, né fusto, né foglie (come il muschio).

La radice

- **Fissa la pianta** al terreno.
- **Assorbe** dal terreno **acqua** e **sali minerali**.
- Può **immagazzinare sostanze di riserva**.

Come è fatta (dall'alto verso il basso)

- **zona di assorbimento**: i peli radicali penetrando nel terreno, l'acqua passa dal terreno alle cellule per osmosi e raggiunge i vasi di trasporto;
- **zona di allungamento**: con l'apice radicale è responsabile della crescita della radice;
- **apice radicale**: penetra in profondità ed è formato da cellule che si riproducono rapidamente.

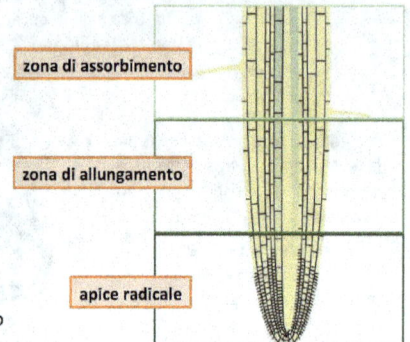

Sezione trasversale di una radice

- **epidermide**, provvista di peli radicali;
- **corteccia**, costituita da cellule con funzione di accumulo delle sostanze di riserva;
- **cilindro centrale**, costituito da cellule allungate, sovrapposte a formare due tipi differenti di vasi conduttori: i **vasi legnosi (xilema)** nei quali scorre la linfa grezza e i **vasi cribrosi (floema)** in cui scorre la linfa elaborata.

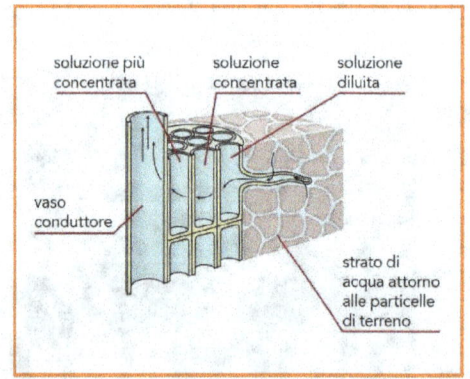

L'apparato radicale

È l'insieme delle singole radici di una pianta.

In base alla sua **struttura** la radice può essere:

- **a fittone**: grossa radice principale con numerose radici secondarie che ancora si dividono.
- **fascicolata**: la radice principale muore dopo la germinazione, le radici secondarie si sviluppano fino a raggiungere tutte la stessa lunghezza.
- **avventizia**: si forma alla base o lungo il fusto per ancorare la pianta a sostegni verticali.

In base alla sua **funzione** la radice può essere:

- **tuberosa**: l'asse principale costituisce un organo di accumulo di sostanze nutritizie.
- **aerea**: si sviluppa lungo il fusto con la funzione di assorbire acqua dall'aria.

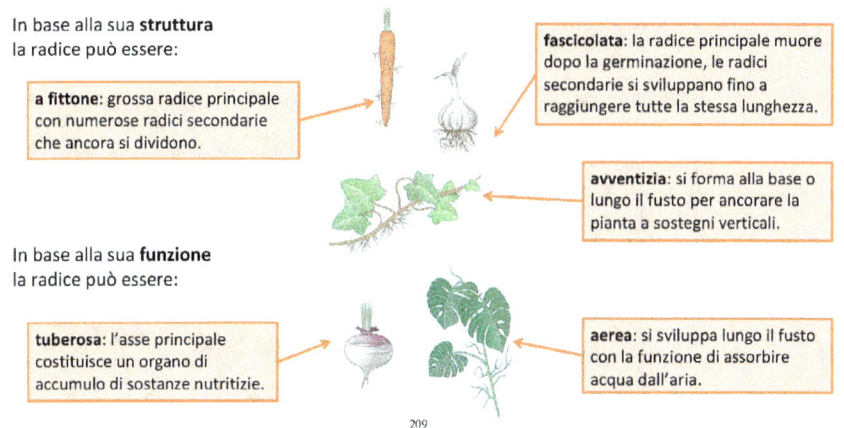

Il fusto

- **Collega** la radice con le foglie.
- **Sostiene** le foglie e tutte le altre strutture della pianta.
- Consente il **trasporto della linfa** mediante i vasi conduttori.

Come è fatto

- Le **gemme** sono le zone di accrescimento per il fusto, i rami e le foglie; qui le cellule si riproducono continuamente. Si distinguono in:
  - **gemme apicali** (all'estremità del fusto e dei rami);
  - **gemme ascellari** (sui rami, alla base delle foglie) da cui nascono rami, foglie, fiori.
- Il fusto è percorso da **vasi**:
  - **vasi legnosi** trasportano l'acqua e i sali minerali (**linfa grezza**) dalla radice alle foglie.

    L'insieme di questi vasi costituisce il **legno** o **xilema**.
  - **vasi cribrosi** trasportano le sostanze organiche (**linfa elaborata**) dalle foglie a tutta la pianta.

    L'insieme di questi vasi costituisce il **libro** o **floema**.

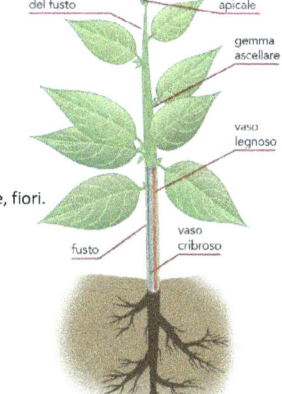

A seconda di quanti elementi conduttori e di sostegno sono presenti nel fusto, le piante si distinguono in:

- **piante legnose**;
- **piante erbacee**.

Le **piante erbacee** hanno un fusto poco lignificato.

I vasi legnosi e cribrosi corrono gli uni accanto agli altri in fasci sottili.

Le piante legnose hanno un fusto ricco di tessuti conduttori e di sostegno.

Struttura del fusto in piante con accrescimento secondario

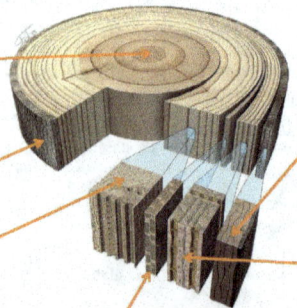

Midollo, tessuto di cellule a pareti sottili ricche di sostanze di riserva.

Sughero (comunemente chiamato **corteccia**), tessuto di cellule morte piene d'aria; protegge il fusto.

Legno (o xilema), costituito dall'insieme dei vasi legnosi.

Corteccia, insieme di diversi strati di cellule con funzione di riserva e protezione. Il più esterno è costituito da cellule capaci di riprodursi per formare nuovo sughero.

Libro (o floema), costituito dall'insieme dei vasi cribrosi.

Cambio vascolare, tessuto formato da cellule che si dividono e vanno a formare nuovi vasi legnosi verso l'interno e nuovi vasi del libro verso l'esterno.

La foglia

Le funzioni della foglia sono:
- la **fotosintesi clorofilliana**;
- la **respirazione**;
- la **traspirazione** con perdita di vapore acqueo.

Le foglie sono **lamine verdi** adatte alla cattura della luce e disposte sul fusto in modo da ricevere il massimo della luminosità senza farsi ombra a vicenda.

Come è fatta

Lamina: la parte più estesa della foglia, in cui si distinguono la pagina superiore caratterizzata da una colorazione verde intensa e la pagina inferiore di un verde più chiaro.

Picciolo: sorregge la foglia e la collega al ramo. Di solito cilindrico, al suo interno passano i vasi conduttori provenienti dal fusto. Le foglie prive di picciolo si chiamano **sessili**.

Nervature: servono da struttura di sostegno e da vasi di trasporto e distribuzione della linfa grezza e della linfa elaborata e sono formate dalla ramificazione dei vasi conduttori del picciolo.

Sezione di una foglia al microscopio

Epidermide superiore: un solo strato di cellule che vengono attraversate dalla luce.

Cuticola: strato protettivo impermeabile che riveste la pagina superiore della foglia.

Sistema dei vasi: **legnosi** per il trasporto di acqua e sali minerali dalla radice; **cribrosi** per la raccolta degli zuccheri fabbricati nella foglia; sono collegati attraverso il picciolo al sistema dei vasi del fusto.

Tessuto a palizzata: ricco di **cloroplasti**, qui avviene la maggior parte della fotosintesi.

Tessuto lacunoso: qui avvengono gli scambi gassosi.

Epidermide inferiore: qui si trovano gli **stomi**, aperture per lo scambio dei gas, regolati da due cellule guardiane che, se piene di acqua si distanziano originando l'apertura e quando contengono poca acqua si afflosciano e gli stomi si chiudono.

Stomi: aperti di giorno, quando c'è luce, per gli scambi gassosi della fotosintesi e chiusi di notte al buio.

stoma aperto

stoma chiuso

Le piante possono essere distinte in:

- **caducifoglie**
  perdono tutte le foglie prima dell'inverno così che il gelo non danneggi la pianta.

- **sempreverdi**
  hanno foglie coperte da spesse cuticole e sostanze cerose che sopportano bene il gelo e continuano la fotosintesi anche nella stagione invernale.

caducifoglie

sempreverdi

La fotosintesi clorofilliana

Nella **fotosintesi clorofilliana** le foglie esposte alla **luce**, in presenza di **anidride carbonica** e di **acqua**, producono **glucosio**; nel processo si libera **ossigeno**.

Il glucosio è uno zucchero semplice costituito da 6 atomi di carbonio. Nella molecola di glucosio il **carbonio** C è legato con **idrogeno** H ed **ossigeno** O: la sua formula è $C_6H_{12}O_6$.

Per costruire una molecola di glucosio occorrono 6 molecole di **anidride carbonica** (CO_2) e 6 molecole di **acqua** (H_2O).

L'anidride carbonica entra dagli stomi mentre l'acqua arriva dalla radice.

La reazione richiede **energia**, che viene fornita dal sole.

$$6\ CO_2 + 6\ H_2O + \text{energia solare} \longrightarrow C_6H_{12}O_6 + 6\ O_2$$

La fotosintesi clorofilliana avviene nei **cloroplasti**, che contengono la **clorofilla**. Questo pigmento verde cattura l'energia del sole e la rende disponibile per far avvenire la reazione.

Il **glucosio** prodotto serve per la costruzione delle altre molecole organiche della cellula vegetale (amido, cellulosa, proteine, grassi, acidi nucleici...).

Tutte le piante compiono la fotosintesi:

- nelle foglie delle **piante terrestri** l'acqua arriva dalle **radici**, mentre l'anidride carbonica e l'ossigeno entrano ed escono dagli **stomi**;
- negli **organismi autotrofi acquatici**, come le alghe, l'anidride carbonica e l'ossigeno passano direttamente dall'**acqua** alla pianta e viceversa.

La respirazione

La respirazione è il processo inverso della fotosintesi.

Nella respirazione il glucosio viene scomposto per ricavare l'energia necessaria alle reazioni chimiche cellulari.

L'equazione della respirazione è:

$$C_6H_{12}O_6 + 6\,O_2 \longrightarrow 6\,CO_2 + 6\,H_2O + energia$$

glucosio   ossigeno   anidride carbonica   acqua

Parte dell'energia viene liberata sotto forma di **calore**; parte viene racchiusa come energia chimica in molecole particolari chiamate **ATP** (**adenosintrifosfato**). Queste molecole intervengono nelle reazioni chimiche che richiedono energia.

La traspirazione

La **traspirazione** è la perdita di vapore acqueo.
Avviene attraverso gli stomi, dal fusto e dalle radici.
Il vento, il calore e la luce aumentano la traspirazione.
Invece in condizioni di aria molto umida la traspirazione diminuisce.

Nei vasi legnosi l'acqua forma, dalla radice alle foglie, una colonna di liquido, tenuta insieme dalla forza di coesione tra le molecole.
Nei tubi microscopici l'acqua sale per capillarità. Ma questo fenomeno da solo non basta; la chioma aspira acqua dalla radice in questo modo: quando una molecola di acqua evapora da una foglia, viene sostituita da una sottostante, che a sua volta ne richiama un'altra a sostituirla e tutta la colonna sale.

Dalle alghe ai fiori

La classificazione delle piante

Evoluzione delle piante

Nel corso del tempo, le piante si sono evolute dalle alghe verdi sino alle forme più complesse.

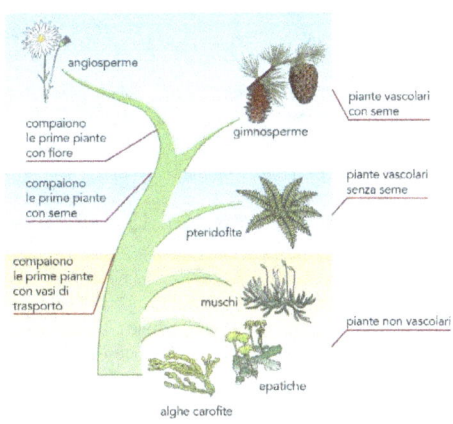

Le prime piante terrestri erano piante **non vascolari** (senza vasi di trasporto).
Dalle piante non vascolari originarono le **piante vascolari**, con la struttura radice-fusto-foglie (le prime furono le felci).
Da queste originarono le **piante con seme**.
Nella classificazione delle piante si considerano storia evolutiva e altre caratteristiche.

felci

Le piante non vascolari

Alghe pluricellulari

Sono le piante più antiche, costituite da un corpo detto **tallo**.
Si distinguono in:
- **alghe verdi** o **clorofite**: contengono clorofilla; immagazzinano le sostanze nutrienti prodotte dalla fotosintesi sotto forma di amido (assente nelle altre alghe). Si trovano in acque dolci e marine e sulla terra.
- **alghe brune** o **feofite**: sono formate da lamine filamentose ramificate simili a foglie; spesso fissate sul fondo, possono anche galleggiare in mare aperto. Contengono clorofilla e altri pigmenti, come la fucoxantina.
- **alghe rosse** o **rodofite**; si trovano sulle coste e sui fondali fino a grandi profondità, dove riescono a catturare la luce grazie a pigmenti di colore rosso, come la ficoeritrina. La riproduzione delle alghe avviene in due fasi: una asessuata (riproduzione per spore) e una sessuata (unione di gameti). Una generazione con riproduzione per spore si alterna a una con riproduzione per gameti.

alghe verdi

alghe brune

alghe rosse

Briofite

Comprendono i **muschi** e le **epatiche**.

- Sono piante molto piccole;
- vivono in luoghi umidi;
- non hanno vere radici: sono ancorate al terreno dal **rizoide**, un primitivo inizio di peli radicali;
- possiedono un fusticino eretto, il **cauloide**;
- hanno piccole squame verdi o **filloidi** al posto delle foglie;
- non hanno vasi di trasporto: l'acqua e i sali disciolti passano dall'ambiente all'interno della pianta e da una cellula all'altra per **diffusione** e per **capillarità**;
- la riproduzione avviene in due fasi, per **spore** e per **gameti**.

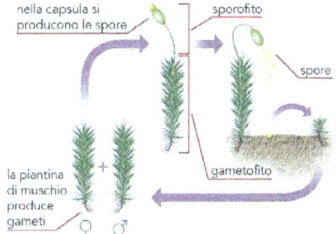

Le pteridofite

Sono piante vascolari senza seme, né fiore, né frutto; generalmente hanno il fusto a **rizoma**.

Sono suddivise in 3 gruppi:

- i **licopodi**, hanno il fusto strisciante lungo il terreno e rametti che si sollevano verso l'alto. Le foglie, simili a piccole squame, sono disposte una sull'altra;
- gli **equiseti**, hanno un fusto aereo che emerge dal fusto sotterraneo (rizoma) ed è cavo con ruvide foglie aghiformi;
- le **felci**, hanno un fusto sotterraneo da cui emergono grandi foglie chiamate fronde. La felce produce le spore nei **sori**, che si trovano sulla pagina inferiore delle fronde.

Le spermatofite

Nelle spermatofite la riproduzione è sessuata: il **gamete maschile** si trova dentro il **granulo di polline** e viaggia trasportato dal vento o dagli insetti. Il **gamete femminile** è sulla pianta madre dentro l'**ovulo**. L'embrione viene protetto all'interno del seme.

Le spermatofite si dividono in:
- **gimnosperme**;
- **angiosperme**.

Gimnosperme

Che cosa sono

- Piante a seme nudo.
- Presentano foglie generalmente piccole e sottili (aghiformi o squamiformi). Alcune piante possiedono altri tipi di foglie.
- La classe più importante è rappresentata dalle **conifere**, piante sempreverdi con foglie aghiformi coperte di spessa cuticola, adatte al freddo intenso. Possiedono un sistema di vasi per la **resina**, sostanza che uccide batteri e funghi.
Appartengono alle conifere: larice, cipresso, ginepro, cedro, tasso, pino, abete e sequoia.

Come si riproducono

I **coni maschili** producono il **polline** e i **coni femminili** (**pigne**), hanno **due ovuli** sulla superficie interna di ogni squama.

Il polline è trasportato dal vento (**impollinazione anemofila**); dopo la fecondazione, da un ovulo si forma un seme appoggiato alla squama, senza involucro. Le squame si aprono liberando i semi alati.

Il tasso e il ginepro, che non hanno pigne, hanno il seme circondato una struttura simile a una bacca, detta **pseudobacca**.

Le pseudobacche del tasso i cui semi sono molto velenosi.

Le pseudobacche del ginepro sono usate in cucina per aromatizzare i cibi.

Angiosperme

Sono le piante con il **fiore**, l'organo di riproduzione dove si trovano il **polline** e gli **ovuli**; il seme è chiuso dentro un frutto. Un fiore **perfetto** è sostenuto dal **peduncolo** (gambo), che si allarga a un'estremità a formare un **ricettacolo**, su cui si inseriscono le parti del fiore.

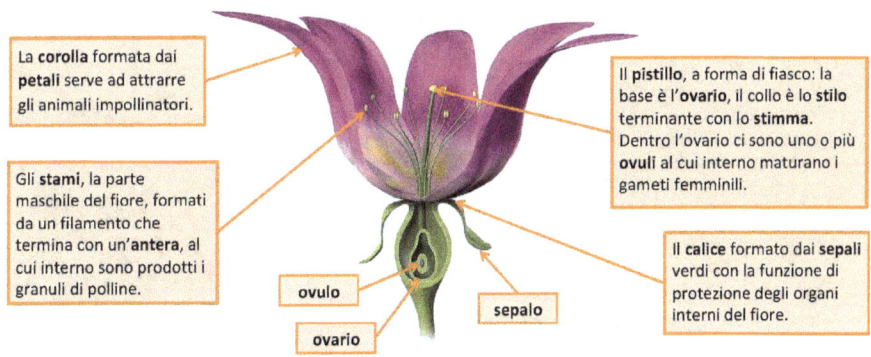

La **corolla** formata dai **petali** serve ad attrarre gli animali impollinatori.

Gli **stami**, la parte maschile del fiore, formati da un filamento che termina con un'**antera**, al cui interno sono prodotti i granuli di polline.

Il **pistillo**, a forma di fiasco: la base è l'**ovario**, il collo è lo **stilo** terminante con lo **stimma**. Dentro l'ovario ci sono uno o più **ovuli** al cui interno maturano i gameti femminili.

Il **calice** formato dai **sepali** verdi con la funzione di protezione degli organi interni del fiore.

ovulo
ovario
sepalo

Quando sepali e petali non si distinguono si parla di **tepali** (tulipani).

I fiori delle piante che si affidano al vento per il trasporto del polline non hanno la corolla.

I fiori **imperfetti** hanno solo gli stami, fiori maschili, oppure solo il pistillo, fiori femminili.

La specie è detta **monoica** se fiori maschili e femminili sono sulla stessa pianta (nocciolo) e **dioica** se sono su due piante diverse (palma).

tulipani

nocciolo in fiore

Come si riproducono – L'impollinazione

È il trasporto del polline all'ovulo tramite vari agenti esterni e avviene tra fiori che si trovano su piante diverse. Prende il nome di **fecondazione incrociata** e mescola i caratteri ereditari di individui diversi, anche se della stessa specie. Può avvenire con modalità diverse:

- **impollinazione entomofila**: gli **insetti** volando di fiore in fiore per succhiarne il nettare, depositano i granuli di polline, presenti sul loro corpo, nell'ovario del fiore sui cui si poggiano.
- **impollinazione anemofila**: il **vento** impollina fiori molto lontani poco vistosi, di solito imperfetti: quelli maschili sono adatti a produrre una grande quantità di polline, quelli femminili hanno stimmi grandi e piumosi per raccoglierlo al minimo soffio di vento;
- **impollinazione zoofila**: il trasporto del polline è affidato ad **animali che non sono insetti** (es. uccelli e pipistrelli);
- **impollinazione idrofila**: il polline viene trasportato dall'**acqua** (poco diffusa e limitata ad alcune piante acquatiche).

impollinazione zoofila

La fecondazione

Il granello di **polline** si posa sullo **stimma** ed emette un filamento, il **tubulopollinico**, che, crescendo dentro lo **stilo**, porta i gameti maschili fino all'ovulo, dove incontrano i gameti femminili. Dalla **fecondazione** si forma la prima cellula di un nuovo individuo, lo **zigote**, che dividendosi più volte porta allo sviluppo di un **embrione**.

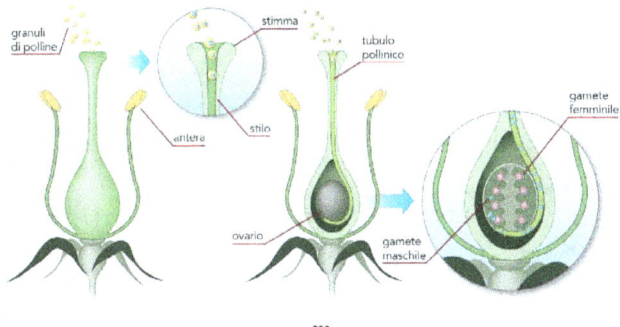

Dopo la fecondazione l'ovulo si trasforma in **seme**: protetto dal **tegumento**, all'interno accoglie l'**embrione** e le **sostanze di riserva** che si trovano nei **cotiledoni** (foglioline embrionali).
A seconda del numero di cotiledoni le angiosperme si dividono in:
- **monocotiledoni**: un solo cotiledone su cui poggia l'embrione;
- **dicotiledoni**: due cotiledoni con l'embrione in mezzo.

Il seme:
- **protegge**;
- funge da **riserva nutritiva**;
- **propaga la specie**.

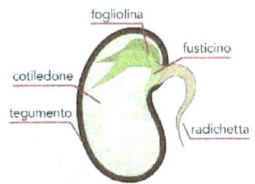
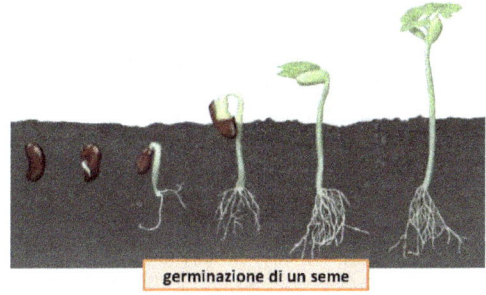

germinazione di un seme

Il frutto

L'ovario, arricchendosi di sostanze di riserva, cresce e si trasforma nel **frutto** (detto anche **pericarpo**).
I frutti si classificano:
- in base alla **consistenza** dei vari strati (frutti **carnosi** o **secchi**);
- in **veri frutti** (sola trasformazione dell'ovario) e **falsi frutti** (trasformazione dell'ovario e di altre parti del fiore);
- in **frutti semplici** (da un solo ovario) e **frutti composti** (più ovari).

Il frutto:
- **protegge** il seme;
- provvede alla **disseminazione**.

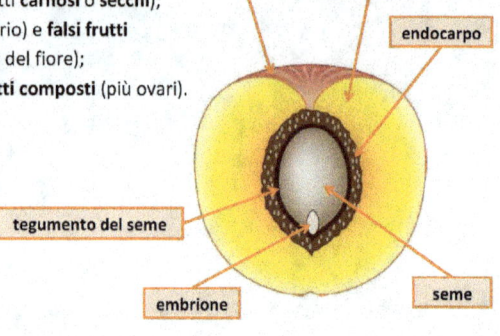

La disseminazione

È la **dispersione dei semi contenuti nel frutto**.
Semi e i frutti vengono trasportati:

- dal **vento**: semi piccoli e leggeri (orchidee), oppure con "ali" (samara dell'acero);
- dall'**acqua**: frutti come la noce di cocco, con involucro esterno fibroso pieno di aria che permette il galleggiamento e impedisce all'acqua di entrare e con polpa e latte all'interno che nutrono l'embrione;
- dagli **animali**: frutti con spine e uncini si attaccano alle penne o alla lana; frutti carnosi vengono inghiottiti dagli animali che ne disperdono i semi con le proprie feci.

samara dell'acero

gli uccelli mangiando i frutti disperdono i semi con le feci

Esploriamo il regno animale

Che cos'è un animale

- È un organismo **eucariote pluricellulare**, formato da cellule eucariote organizzate in **tessuti**, e questi in **organi**. Gli organi sono riuniti in **sistemi** (formati dagli stessi tessuti) o in **apparati** (formati da tessuti differenti).
- È **eterotrofo**, assume dall'esterno "cibo già pronto", ingerendo e digerendo sostanze organiche prodotte da altri organismi.
- È **aerobio**, ha bisogno di ossigeno per respirare.
- Si riproduce **per via sessuata**; fanno eccezione alcune specie che si riproducono per via **asessuata**.
- Ha uno **sviluppo embrionale**: inizia la propria vita da una cellula, lo **zigote**, che si forma quando uno spermatozoo feconda una cellula uovo, poi l'embrione si sviluppa, passa a due cellule, poi a quattro, otto, sedici, trentadue (prende il nome di **morula**) e così via, finché assume la forma di un sacchetto cavo, la **gastrula** (primo abbozzo dell'intestino); l'apertura, chiamata **blastoporo**, in alcuni animali darà origine alla bocca, in altri all'ano.
- È capace di **movimento**, ha sviluppato **muscoli** per muoversi, **organi di senso** per raccogliere informazioni sull'ambiente esterno e **sistemi nervosi** per coordinare queste attività e per imparare.

giraffe

ghepardo

Il corpo degli animali

Evolvendosi, gli animali hanno **trasformato la struttura** del proprio corpo per meglio adattarsi all'ambiente.

La simmetria

- La maggior parte degli animali fissi o fluttuanti nell'acqua hanno una **simmetria raggiata**: presentano parti uguali che si ripetono simmetricamente intorno a un asse centrale.

- Dagli animali a simmetria raggiata derivano gli animali a **simmetria bilaterale**: il corpo presenta una parte anteriore e una posteriore, una destra e una sinistra, ed esiste un solo piano che lo divide in due metà speculari; possono muoversi in una determinata direzione (la parte che avanza è quella con organi di senso e centri nervosi).

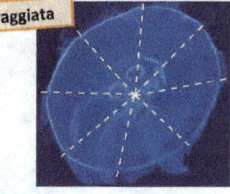
simmetria raggiata

simmetria bilaterale

La struttura dell'intestino

- Negli animali più semplici l'intestino è **a forma di sacco**; hanno una sola apertura per l'introduzione del cibo e per l'eliminazione delle scorie.

- Negli animali più complessi l'intestino è **un tubo** con due **aperture separate** (bocca e ano) e con **reparti specializzati** per diverse funzioni. La digestione è così più completa e gli animali hanno potuto sperimentare nuove fonti alimentari, essere più attivi e avere dimensioni più grandi.

spugna

anemone

rana

La cavità corporea

Acelomati

Gli animali più primitivi hanno gli organi ammassati nel corpo, fra l'intestino e la parete esterna.
Il corpo non ha una consistenza robusta, non può penetrare nel terreno e può solo strisciare su una superficie.

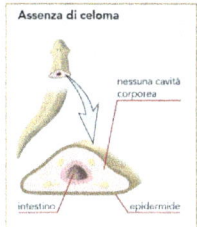

Assenza di celoma

Celomati

Gli animali più complessi hanno il **celoma**, una cavità piena di liquido fra l'intestino e la parete esterna muscolare del corpo, rivestita dal **peritoneo**. Il celoma protegge gli organi e il liquido dà consistenza al corpo: è uno **scheletro idraulico**. Gli animali con celoma possono scavare tane e rifugi e hanno organi e apparati più complessi.

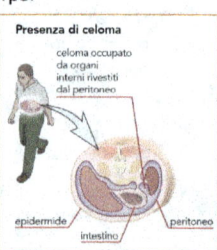

Presenza di celoma

La classificazione del regno animale

L'assenza o la presenza della colonna vertebrale permette di dividere gli animali in e grandi gruppi: gli **invertebrati** e i **vertebrati**.

INVERTEBRATI — senza la colonna vertebrale
- poriferi
- celenterati
- platelminti
- nematodi
- anellidi
- molluschi
- artropodi
- echinodermi

CORDATI — con la corda dorsale
- tunicati
- cefalocordati

VERTEBRATI — con la colonna vertebrale
- pesci
- anfibi
- rettili
- uccelli
- mammiferi

Le caratteristiche degli animali

I **sistemi** e gli **apparati** sono specializzati nello svolgimento delle **funzioni vitali**:

- **sistema muscolare** (movimento);
- **apparato scheletrico** (sostegno del corpo e protezione degli organi interni);
- **apparato respiratorio** (scambio dei gas tra interno ed esterno del corpo);
- **apparato digerente** (assunzione, digestione e assorbimento del cibo);
- **apparato circolatorio** (trasporto dell'ossigeno e delle sostanze necessarie alle cellule e rimozione delle sostanze di rifiuto);
- **apparato escretore** (filtrazione del sangue ed eliminazione delle scorie prodotte dal metabolismo);
- **sistema nervoso** (percezione, elaborazione e risposta agli stimoli ricevuti dagli organi di senso);
- **apparato riproduttore** (generazione di nuovi individui al fine di garantire il perpetuarsi della specie).

Sostegno e movimento

Per muoversi, un animale ha bisogno di:
- **muscoli** in grado di esercitare delle forze sul proprio corpo;
- uno **scheletro**, cioè una struttura rigida su cui i muscoli possano fare forza;
- **organi di propulsione** (zampe, pinne, ali).

Il movimento avviene grazie ai **muscoli** che si contraggono (si accorciano) e si rilassano (si allungano). Per muoversi, il corpo deve **imprimere una spinta** contro il terreno, l'acqua o l'aria.

Una spinta su un corpo molle lo deforma, ma non lo fa avanzare: perciò un animale ha bisogno di una struttura rigida, uno **scheletro**, su cui i muscoli possano fare forza.

fenicotteri

Si distinguono tre tipi di **strutture di sostegno**:
- **idroscheletro**, formato da un liquido, racchiuso in una cavità, sul quale i muscoli esercitano una pressione (lombrichi, meduse...);
- **esoscheletro**, rivestimento esterno, più o meno rigido (conchiglie dei molluschi, corazza degli artropodi); limita le dimensioni dell'animale.
- **endoscheletro**, struttura di sostegno interna, che consente al corpo di crescere (poriferi e vertebrati). L'insieme dei muscoli e dello scheletro costituisce l'**apparato locomotore**.

medusa

cavalletta

gatto

Respirazione

È il processo chimico che **fornisce energia** agli animali.

L'animale introduce nel suo organismo l'**ossigeno**, che viene trasportato a tutte le cellule. Qui le sostanze introdotte con il cibo vengono "bruciate" dall'ossigeno e trasformate in energia, anidride carbonica e acqua.

Gli animali più semplici respirano attraverso la superficie del corpo (**respirazione cutanea**).

Gli animali più complessi hanno un vero e proprio **apparato respiratorio** formato da **trachee** o da **polmoni** (animali terrestri) e da **branchie** (animali acquatici).

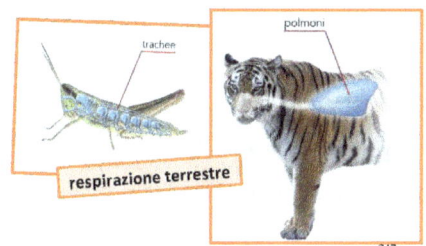
respirazione terrestre

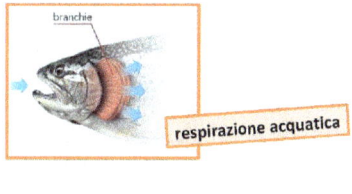
respirazione acquatica

Nutrizione

Gli animali sono **eterotrofi**. Durante la **digestione** trasformano gli alimenti in sostanze più semplici che vengono assimilate dalle cellule oppure espulse dal corpo.

Gli invertebrati più semplici hanno una sola apertura per ingestione ed espulsione; quelli più complessi hanno un tubo digerente con due aperture (bocca e ano).

I vertebrati hanno un apparato digerente formato da: bocca, esofago, stomaco, intestino, ano.

In base al cibo che mangiano, distinguiamo gli organismi in:

- **erbivori** (si nutrono di vegetali);
- **carnivori** (si nutrono di altri animali);
- **onnivori** (si nutrono di vegetali e di altri animali);
- **detritivori** (si nutrono di detriti o di corpi morti in decomposizione).

panda è erbivoro

leone è carnivoro

Ogni essere vivente, perché le cellule ricevano nutrimento e ossigeno e per liberarsi delle scorie, necessita di un **sistema di trasporto**, il **sistema circolatorio**, formato da **sangue**, **vasi** e **cuore**:

- un liquido (l'**emolinfa** negli invertebrati e il **sangue** nei vertebrati) scorre in una **rete di vasi** in cui sono disciolti ossigeno, anidride carbonica, sostanze di nutrimento e di rifiuto;
- una pompa, il **cuore**, spinge il sangue o l'emolinfa nelle arterie che partono dal cuore e nelle vene che arrivano al cuore.

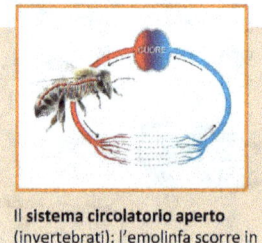

Il **sistema circolatorio aperto** (invertebrati): l'emolinfa scorre in parte nei vasi e in parte nel corpo.

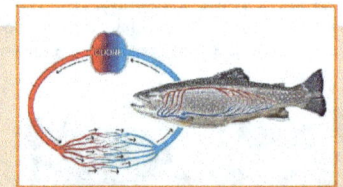

Il **sistema circolatorio chiuso** (vertebrati): il sangue scorre dentro vasi chiusi e raggiunge tutte le parti dell'organismo.

Escrezione

Fra le scorie c'è l'**anidride carbonica** (eliminata durante la respirazione) e ci sono diverse **sostanze tossiche** per l'organismo, contenenti **azoto** (ammoniaca, acido urico, urea).

Con l'**escrezione**, gli animali eliminano questi prodotti di rifiuto e regolano la quantità d'acqua presente nell'organismo.

Negli animali più semplici l'escrezione avviene attraverso la superficie corporea oppure attraverso la **cloaca** (apertura comune con gli apparati digerente e riproduttore).

I vertebrati hanno un **apparato escretore**, formato dai **reni** (che filtrano e depurano il sangue) e dalle **vie urinarie**.

Sensibilità e coordinamento

Mediante **recettori** (cellule specializzate nel ricevere gli stimoli) o veri e propri **organi di senso** (formati da più recettori), gli animali percepiscono **informazioni** provenienti dall'ambiente esterno.

Gli organi di senso reagiscono agli stimoli generando un **impulso nervoso** che inviano al **cervello**.

Le reazioni agli stimoli sono regolate dal **sistema nervoso** che **raccoglie** e valuta **le informazioni** che provengono dall'esterno e dall'interno del corpo e **coordina le risposte**.

Negli animali più semplici i **recettori**, diffusi in tutto il corpo, formano una rete nervosa.

Negli animali più evoluti i recettori sono raggruppati in parti ben precise del corpo e formano gli **organi di senso**.

Il cane usa il suo olfatto per stanare la preda.

La volpe usa la sua abilità di movimento per cacciare.

Riproduzione

Con la riproduzione si determina la **continuità delle specie**. È di due tipi:

- **asessuata**, avviene negli animali più semplici e origina individui **identici** tra loro e identici al genitore.
  Le due forme più diffuse sono:
  - **gemmazione**, produzione di piccoli gruppi di cellule (gemme) che, una volta adulte, possono restare attaccate al corpo del genitore o separarsi e condurre vita propria.
  - **rigenerazione**, suddivisione di un individuo in due o più frammenti, ognuno dei quali è in grado di riformare le parti mancanti.

L'idra si riproduce per gemmazione.

- **sessuata**, avviene con la **fecondazione**: due cellule riproduttive chiamate **gameti**, un gamete maschile (spermatozoo) e un gamete femminile (cellula uovo), si fondono.
- Nella **fecondazione esterna** gli spermatozoi fecondano le cellule uovo all'esterno del corpo dell'animale.
- Nella **fecondazione interna** gli spermatozoi fecondano le cellule uovo all'interno del corpo della femmina.
- L'**autofecondazione** avviene negli animali **ermafroditi** (che possiedono gli organi riproduttivi di entrambi i sessi): si uniscono i gameti sessualmente differenti prodotti da uno stesso individuo. Nella maggior parte delle specie ermafrodite, avviene una **fecondazione** incrociata: gli spermatozoi di un individuo fecondano le cellule uovo dell'altro individuo.

fecondazione esterna

fecondazione incrociata

In seguito alla fecondazione si forma lo **zigote** che si divide più volte per **mitosi** e origina l'embrione.
Il suo sviluppo può avvenire all'**interno** o all'**esterno** del corpo dell'animale:

- **ovipari**: l'**uovo** viene deposto **al di fuori del corpo** della madre e contiene le sostanze nutrienti per lo sviluppo dell'embrione fino alla schiusa (uccelli, alcuni pesci, rettili);
- **ovovivipari**: l'**uovo** rimane **nel corpo** della madre e al suo interno si sviluppa il nuovo individuo. Quando l'uovo viene deposto i piccoli escono subito (insetti), oppure l'uovo si schiude nel corpo e la madre mette al mondo piccoli vivi (vipera);
- **vivipari**: lo **sviluppo dell'embrione** avviene **all'interno del corpo** della madre che al termine della gravidanza dà alla luce un piccolo completamente formato (gatti, cani, leoni, orsi...).

ovipari

ovovivipari

vivipari

Gli animali invertebrati

I tipi primitivi

Poriferi

Comunemente chiamati **spugne**, sono gli invertebrati più semplici:

- sono formati da diversi tipi di cellule specializzate;
- non hanno tessuti, né organi, né simmetria;
- Vivono soprattutto sui fondali marini.

Come sono fatti

Hanno la forma di un sacchetto con una grossa apertura, chiamata **osculo**, in alto.

Lo strato esterno è formato da cellule piatte e attraversato da pori contenuti in cellule ad anello, i **porociti**.

Lo strato intermedio è rinforzato da **spicole**, strutture di sostegno simili a spine, calcaree o silicee.

Lo strato che riveste la cavità interna è tappezzato da **coanociti**, cellule con flagelli. Muovendosi creano una corrente: l'acqua entra dai pori apportando ossigeno e particelle alimentari ed esce dall'osculo allontanando le sostanze di rifiuto.

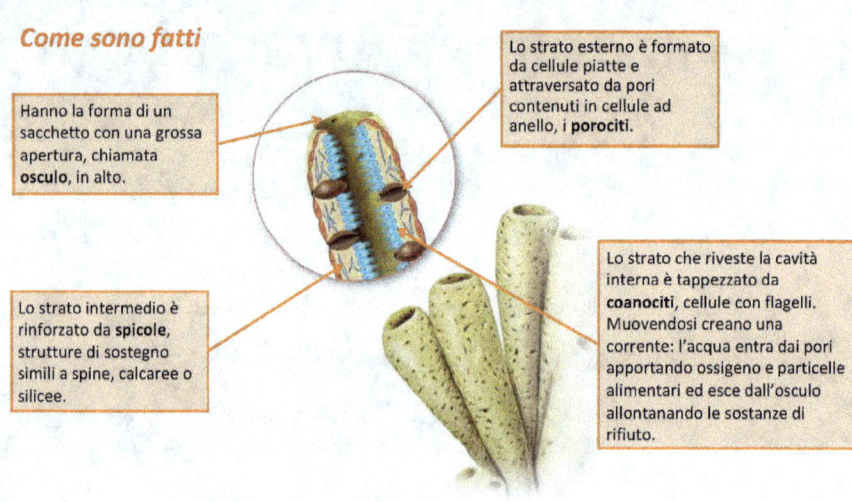

Come si riproducono

- per via **sessuata** danno origine a **larve** che si fissano sul fondo.
- per via **asessuata** formano **gemme** che si staccano dando vita a nuovi individui.

Le spugne possono **rigenerarsi**: da un frammento dell'animale si sviluppa un organismo completo.

Celenterati

- meduse
- polipi
- coralli
- idre
- anemoni di mare

Come sono fatti

Il corpo ha **simmetria raggiata** e la forma di un sacco vuoto, il **celenteron**.
Hanno una sola apertura, la **bocca**, con cui ingeriscono il cibo ed espellono rifiuti.
Attorno ci sono i **tentacoli**, con cui catturano il cibo (piccoli animali).
La parete esterna e i tentacoli presentano **cnidoblasti**, cellule piene di una sostanza irritante, per difesa e attacco.
Hanno uno **scheletro idraulico** e una **rete di neuroni** diffusa in tutto il corpo.

Polipi e meduse

I polipi
- hanno **forma cilindrica**;
- vivono **fissi sul fondo** marino;
- si riproducono per **gemmazione**: un piccolo polipo si forma dal corpo del genitore, si stacca e forma un organismo separato.

Le meduse
- hanno struttura simile a un **ombrello**;
- si spostano verso l'alto o si fanno trasportare dalla corrente;
- si riproducono per via **sessuata**.

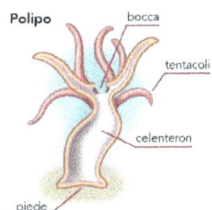

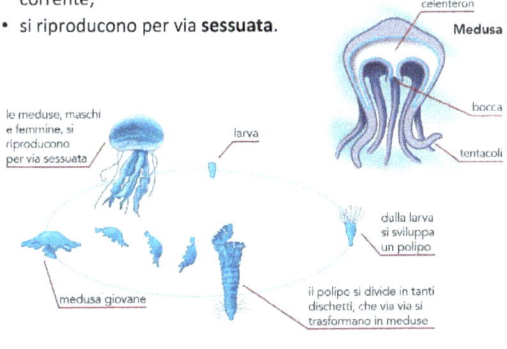

Platelminti (vermi piatti)

- **planaria** delle acque dolci;
- alcuni parassiti dell'uomo (**tenia** e **fasciola epatica**).

La planaria

Ha una **testa** con due **macchie oculari** sensibili alla luce e un primitivo **sistema nervoso** che percorre tutto il corpo.

Respira attraverso la pelle grazie alla sua forma appiattita.

Ha un sistema digerente con una sola apertura, una **faringe** che estrae dalla parte ventrale.

I vermi piatti si riproducono per via **sessuata**, mediante **uova**.
Alcuni sono **ermafroditi**, (possiedono gli organi maschili e quelli femminili).
Alcune specie possono rigenerarsi.

Nematodi (vermi cilindrici)

- Hanno forma allungata e sottile.
- Si nutrono di materiale in decomposizione, oppure sono parassiti.
- Hanno un **sistema nervoso**, un **sistema escretore**, un **sistema muscolare**.
- Si riproducono per via **sessuata**.

Hanno uno **scheletro idraulico** (**pseudoceloma**) che permette loro di penetrare nel terreno o all'interno del corpo di un ospite.

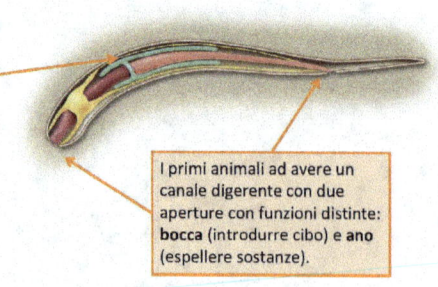

I primi animali ad avere un canale digerente con due aperture con funzioni distinte: **bocca** (introdurre cibo) e **ano** (espellere sostanze).

Le forme più complesse

Anellidi

- I primi con il **celoma**, un vero e proprio **scheletro idraulico**.
- Vivono sulla terra (**lombrichi** e **sanguisughe**) e in acqua.
- Si riproducono per via **sessuata**. Molti sono **ermafroditi**.

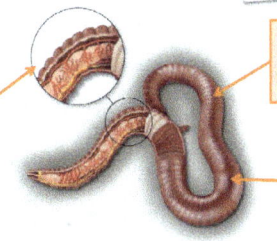

I **setti** dividono la cavità del **celoma** in tante **camere piene di liquido** che si riempiono o vuotano in modo indipendente: il lombrico si assottiglia e si allunga, oppure si accorcia e si allarga e può penetrare nel terreno.

Il corpo è formato da segmenti a forma di anello (**metameri**), separati da una parete, il **setto**.

Le specie terrestri hanno la pelle ricoperta dalla **cuticola** e hanno **respirazione cutanea**; le specie acquatiche respirano con le **branchie**.

Molluschi

- Hanno un **corpo molle** protetto da una **conchiglia** che cresce con l'animale.
- Vivono in **acqua marina e dolce**; alcuni si sono adattati alla **terraferma** (chiocciola).
- Si riproducono per via **sessuata**, per mezzo di **uova**.

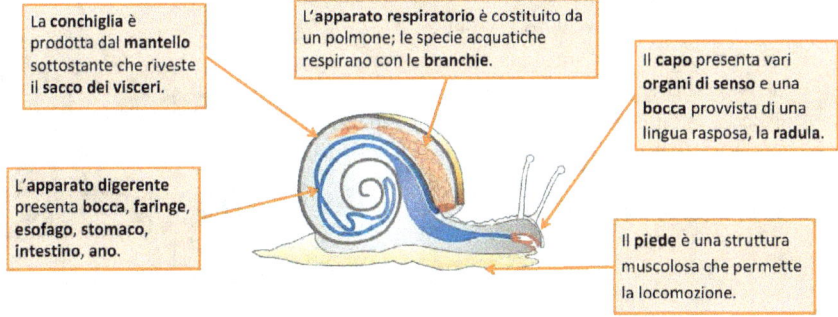

La **conchiglia** è prodotta dal **mantello** sottostante che riveste il **sacco dei visceri**.

L'**apparato respiratorio** è costituito da un polmone; le specie acquatiche respirano con le **branchie**.

Il **capo** presenta vari **organi di senso** e una **bocca** provvista di una lingua raspossa, la **radula**.

L'**apparato digerente** presenta bocca, faringe, esofago, stomaco, intestino, ano.

Il **piede** è una struttura muscolosa che permette la locomozione.

I molluschi si classificano in **tre classi** principali.

Bivalvi
- Acquatici;
- possiedono una **conchiglia** formata da due **valve** unite da una specie di cerniera azionata da potenti muscoli;
- sono **filtratori**: filtrano l'acqua dalle branchie e trattengono i nutrienti;
- vivono sui fondali e il **piede** serve loro per penetrare nella sabbia;
- alcuni si muovono "sbattendo" le valve.

Gasteropodi
- Sia acquatici sia terrestri;
- hanno una conchiglia avvolta **a spirale**, rudimentale nella lumaca, assente nei (acquatici);
- il piede secerne **muco** e facilita lo strisciare;
- la bocca è provvista di **radula** che raschia e tritura il cibo;
- sono **ermafroditi** ma effettuano una **fecondazione incrociata** (due individui si scambiano i gameti).

Cefalopodi
- Marini;
- il **nautilus** ha una conchiglia esterna; la **seppia** e il **calamaro** ne hanno una interna ridotta; il **polpo** non ce l'ha;
- il piede è suddiviso in **tentacoli** con **ventose**;
- la bocca ha un robusto **becco**;
- hanno un **sistema circolatorio chiuso**;
- hanno **organi di senso** e **sistema nervoso** complessi e sviluppati;
- si muovono **"a propulsione"** spinti dai getti d'acqua espulsi dal corpo.

Artropodi

- Artropode significa **"zampa articolata"**: le zampe sono formate da diverse parti.
- Derivano dagli anellidi e hanno il corpo suddiviso in **metameri** fusi tra loro a formare il capo, il torace e l'addome.
- Sono coperti dall'**esoscheletro**, una corazza di **chitina** (sostanza dura), che sostiene e protegge il corpo; non cresce insieme all'animale che, attraverso la **muta**, lo sostituisce periodicamente.
- I **muscoli** sono situati internamente alla corazza.
- Nel capo si trovano gli **organi di senso**: gli occhi, le antenne e la bocca munita di appendici.
- Il torace è suddiviso in segmenti, ognuno dei quali ha un paio di zampe.
- Si riproducono per via **sessuata**.

Miriapodi

Comprendono i **centopiedi** e i **millepiedi**; sono animali terrestri che vivono in **ambienti umidi** ricchi di sostanze organiche in decomposizione.

Sul capo sono presenti un paio di **antenne**, **occhi** semplici e un complesso **apparato boccale**.

Il corpo è allungato e cilindrico. Si distinguono **capo** e **tronco**.

I metameri del tronco portano ciascuno un paio di **zampe** (centopiedi) o due paia di zampe (millepiedi).

Crostacei

Gamberi, granchi, aragoste... quasi sempre marini o di acqua dolce, respirano con le branchie; più raramente sono terrestri.

Il corpo è distinto in:

- **cefalotorace** (capo e torace fusi insieme), regione anteriore rigida;
- **addome**, regione posteriore articolata.

Il cefalotorace presenta due paia di **antenne**, un paio di **occhi composti** (formati da più occhi semplici), un paio di **mandibole** e due paia di **mascelle**, un paio di **zampe** robuste che terminano con due pinze, le **chele**.

Il **carapace**, un ispessimento dell'esoscheletro a livello del cefalotorace, protegge le parti molli del corpo.

Le **zampe addominali**, corte e appiattite, garantiscono un continuo movimento dell'acqua verso le branchie.

Aracnidi

Comprendono i **ragni**, gli **scorpioni**, gli **acari** e le **zecche**.

Molti possiedono **ghiandole velenifere**.

I **ragni** sono dotati di **ghiandole serigene** che emettono una sostanza liquida che, indurendosi a contatto dell'aria, forma
i fili con cui vengono costruite le ragnatele.

Le **zecche** sono aracnidi **parassiti**: si nutrono del sangue di altri animali.

Anche gli **acari** possono essere parassiti dell'uomo: si insinuano sotto la pelle provocando la scabbia, che causa forte prurito.

scorpione

zecca

Aracnidi

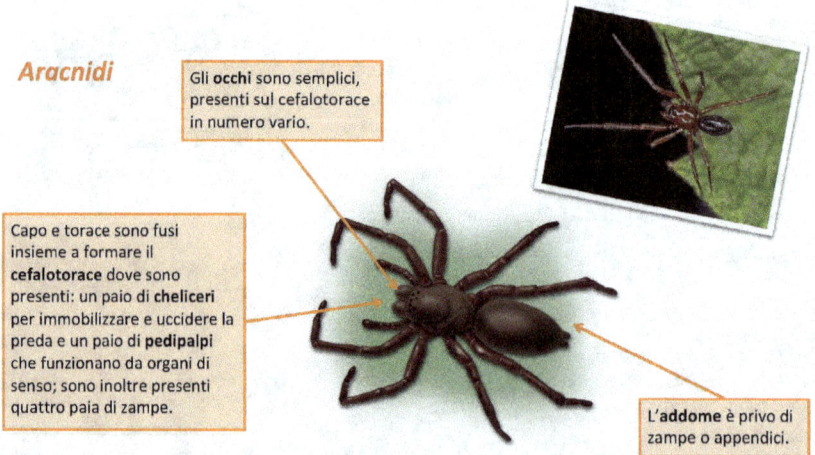

Gli **occhi** sono semplici, presenti sul cefalotorace in numero vario.

Capo e torace sono fusi insieme a formare il **cefalotorace** dove sono presenti: un paio di **cheliceri** per immobilizzare e uccidere la preda e un paio di **pedipalpi** che funzionano da organi di senso; sono inoltre presenti quattro paia di zampe.

L'**addome** è privo di zampe o appendici.

Insetti

Comprendono **api**, **libellule**, **mosche**, **formiche** e **farfalle**.

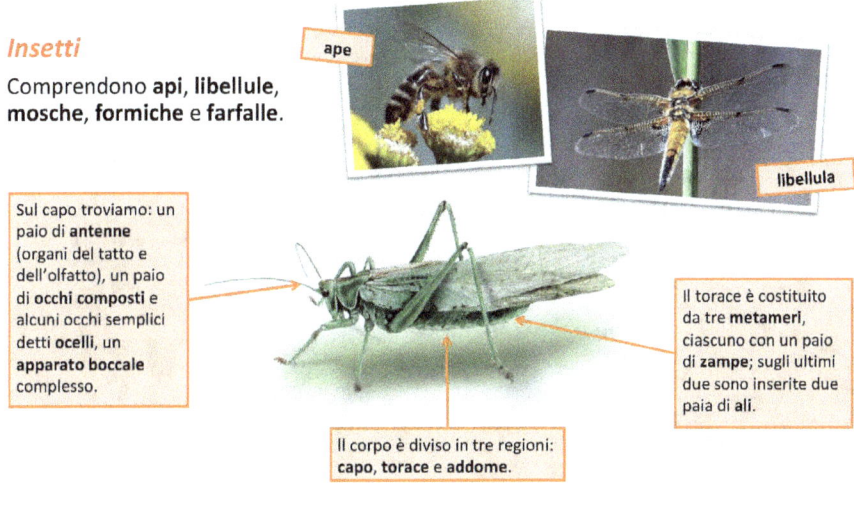

Sul capo troviamo: un paio di **antenne** (organi del tatto e dell'olfatto), un paio di **occhi composti** e alcuni occhi semplici detti **ocelli**, un **apparato boccale** complesso.

Il torace è costituito da tre **metameri**, ciascuno con un paio di **zampe**; sugli ultimi due sono inserite due paia di **ali**.

Il corpo è diviso in tre regioni: **capo**, **torace** e **addome**.

Si riproducono per via **sessuata**; dall'uovo esce la **larva** che diventa insetto adulto compiendo una **metamorfosi** (serie di trasformazioni).

- Se la larva è simile all'insetto adulto, la metamorfosi si dice incompleta (grilli, termiti, locuste, scarafaggi, pidocchi, libellule).

- Se la larva è molto diversa dall'insetto adulto, la metamorfosi si dice completa (coleotteri, farfalle, zanzare, mosche, api, vespe, formiche).

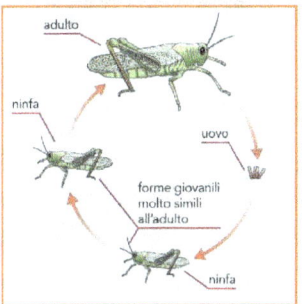

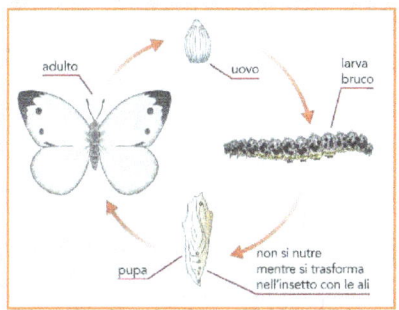

Echinodermi

Comprendono i **ricci di mare**, le **stelle di mare**, le **oloturie**.

Il corpo adulto è formato da cinque parti simmetriche (**simmetria radiale a 5 raggi**); le larve hanno **simmetria bilaterale**.

L'**apparato acquifero** è formato da un canale circolare attorno alla bocca da cui si diramano i canali radiali (cinque canali pieni di liquido). Da questi fuoriescono delle appendici munite di ventose, i **pedicelli ambulacrali**, utilizzate per il movimento e la respirazione.

La **bocca** è in posizione ventrale e l'**ano** in posizione dorsale.

Il **dermascheletro** è un vero e proprio scheletro interno formato da **piastre calcaree**.

Sulle piastre dei ricci di mare si inseriscono gli **aculei**, organi di sostegno e di difesa.

Gli **organi** e gli **apparati** seguono la disposizione radiale.

Echinodermi

Si riproducono per via **sessuata**, mediante uova con **sessi separati**.

La stella marina ha la capacità di riprodursi per **rigenerazione**.

riccio

Le stelle marine sono **carnivore**: si nutrono di molluschi bivalvi, crostacei, pesci.

Gli animali vertebrati

I cordati

Comprendono:
- **tunicati**;
- **cefalocordati**;
- **vertebrati**.

Sono caratterizzati da:
- una struttura di sostegno interna, lunga e flessibile, posta in posizione dorsale, la **corda dorsale**;
- un **cordone nervoso dorsale**;
- **fenditure branchiali** per respirare;
- una **coda**.

Tunicati e i cefalocordati sono considerati organismi di passaggio nell'evoluzione dagli invertebrati ai vertebrati.

Tunicati

Sono animali marini dotati di corda dorsale e di coda nello stadio di larva. Gli animali adulti hanno il corpo rivestito da una **tunica** (che può essere rigida o trasparente), vivono generalmente in colonie e si nutrono filtrando l'acqua.

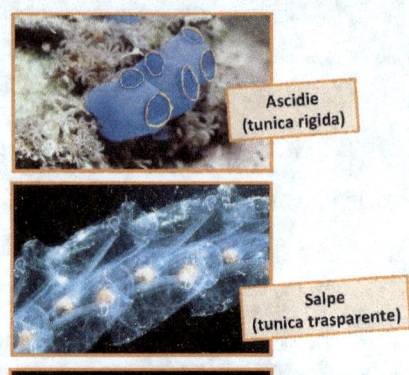

Ascidie (tunica rigida)

Salpe (tunica trasparente)

Cefalocordati

Conservano la corda dorsale per tutta la vita; hanno organi e apparati simili a quelli dei vertebrati. Anch'essi animali marini e hanno forma allungata.

L'anfiosso è lungo pochi centimetri, vive sui fondali sabbiosi nutrendosi delle particelle organiche in sospensione.

Vertebrati

Durante lo sviluppo embrionale hanno la corda dorsale che viene poi sostituita dalla **colonna vertebrale**. Nei vertebrati terrestri le fessure branchiali dell'embrione si trasformano in seguito nei **polmoni**.

I vertebrati comprendono **cinque classi**:

- pesci;
- anfibi;
- rettili;
- uccelli;
- mammiferi.

pesce

mammifero

anfibi

Come sono fatti

Balenottera azzurra

- La **colonna vertebrale** è formata da metameri, le **vertebre**, che si estendono dalla testa alla coda; è l'asse portante dello scheletro interno al corpo, l'**endoscheletro**, formato da tessuto cartilagineo e osseo. L'endoscheletro sostiene il corpo e protegge alcuni organi interni; cresce con l'animale e può raggiungere dimensioni anche molto grandi. Alla colonna vertebrale, flessibile per la presenza di **dischetti elastici** fra una vertebra e l'altra, sono collegati gli **arti** (pinne, zampe, ali).
- Nella colonna vertebrale si trova il **midollo spinale**, un cordone nervoso che nella parte anteriore si sviluppa a formare il **cervello**.
- I vertebrati hanno un **sistema circolatorio chiuso**.
- I pesci e le larve degli anfibi respirano con le **branchie**; gli anfibi adulti, i rettili, gli uccelli e i mammiferi respirano con i **polmoni**.
- L'**apparato digerente** è formato da numerosi organi (faringe, esofago, stomaco, intestino) e ghiandole (fegato e pancreas).
- Hanno un **apparato escretore** con due reni per filtrare il sangue.
- La riproduzione è **sessuata** e a **sessi separati**; la fecondazione può essere esterna o interna. Possono essere ovipari, ovovivipari o vivipari.

Pesci

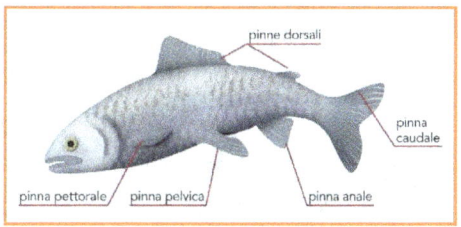
Razze

In base alla costituzione dello scheletro i pesci si distinguono in:
- **pesci cartilaginei**, con scheletro di cartilagine (squali e razze);
- **pesci ossei**, con scheletro osseo (acciughe, tonni, salmoni, trote...).

Hanno forma **idrodinamica**; per nuotare si danno la spinta con **due pinne pettorali** e **due pelviche**, mantengono la stabilità con la **pinna dorsale** e quella **anale**, utilizzano la **pinna caudale** come timone per la direzione.

Sono **eterotermi**: la temperatura del loro corpo cambia in rapporto a quella esterna.

pinne dorsali · pinna caudale · pinna pettorale · pinna pelvica · pinna anale

Hanno un **apparato circolatorio chiuso**, circolazione semplice e completa.

Nel **cervello** sono molto sviluppate le aree della **vista** e dell'**olfatto**. Il principale organo di senso è la **linea laterale**, un sistema di canali che va dal capo alla coda e percepisce le variazioni di pressione dell'acqua permettendo al pesce di rilevare ostacoli o pericoli.

La riproduzione è **sessuata**, con **fecondazione esterna**; negli **ovipari** la femmina depone l'uovo che viene fecondato dal maschio.

La maggior parte degli squali e alcuni pesci cartilaginei sono **ovovivipari** con **fecondazione interna**; alcune altre specie di squali sono **vivipari**.

Lo squalo bianco è ovoviviparo.

Pesci cartilaginei

Hanno **scheletro cartilagineo** e sono coperti di **scaglie dentellate**.

Gli organi della respirazione sono le **branchie** che si aprono tramite **spiracoli** (fessure poste vicino agli occhi): i pesci sono costretti a nuotare continuamente per creare una corrente d'acqua che vi passi attraverso.

La **bocca** è in posizione **ventrale**. Sono **predatori**, eccetto alcuni, come lo squalo balena, che si nutrono di plancton.

La **pinna caudale** è **asimmetrica** (divisa in due parti disuguali).

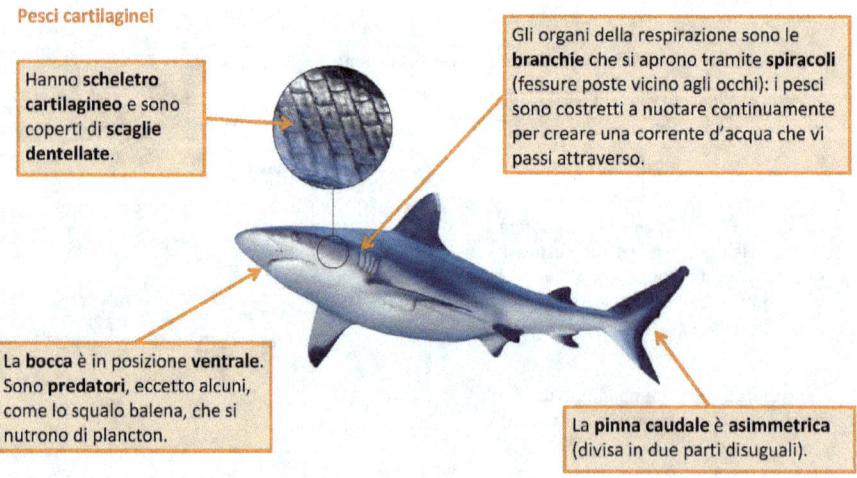

Pesci ossei

Le **branchie** terminano nella camera branchiale chiusa dall'**opercolo** che si alza e si abbassa creando una corrente che permette lo scambio di ossigeno e anidride carbonica.

Hanno lo **scheletro osseo** e sono coperti di **scaglie** disposte una sull'altra.

La bocca è in **posizione frontale**.

La **pinna caudale** è **simmetrica**.

La **vescica natatoria**, contenente ossigeno e altri gas, migliora il galleggiamento. Se contiene più gas, permette di nuotare in superficie; se contiene meno gas, di stare in zone più profonde. Permette di rimanere a una certa profondità.

Presentano un **apparato digerente** completo.

Anfibi

Anfibio significa "doppia vita": vivono prima nell'**acqua**, come girini, vivono poi sulla **terraferma**, da adulti. Sono **eterotermi**.

Comprendono tre ordini:

- **apodi**: dal corpo vermiforme e cilindrico e senza zampe;
- **anuri**: privi di coda con zampe posteriori sono più sviluppate di quelle anteriori e adatte per il salto;
- **urodeli**: mantengono la coda per tutta la vita.

La cecilia è un apode

La rana è un anure

La salamandra è un urodele

Come sono fatti

Respirazione per mezzo di **branchie** (larva) e di **polmoni** (adulto) e attraverso la **pelle** (respirazione cutanea).

Circolazione doppia (il sangue passa due volte dal cuore) e **incompleta** (il sangue ossigenato e il sangue ricco di anidride carbonica si mescolano parzialmente).

L'apparato digerente termina con una **cloaca**.

Pelle priva di rivestimenti ma umida ed elastica grazie alle **ghiandole**.

Sistema scheletrico tipico dei vertebrati. **Zampe posteriori** adatte per il salto con **dita palmate** (collegate tra loro da una membrana, per facilitare il nuoto).

Come si riproducono

La riproduzione è **sessuata**, a **sessi separati** e con **fecondazione esterna**. Sono **ovipari** e lo sviluppo embrionale avviene nell'ambiente acquatico. Dall'uovo fecondato si sviluppa il **girino** che vive nell'acqua e respira con le branchie.

La trasformazione in un individuo adulto avviene attraverso un processo di **metamorfosi** molto complesso: la coda viene riassorbita, le branchie sono sostituite da polmoni e si formano quattro zampe. La dieta cambia da erbivora a carnivora.

girini — girino in fase di trasformazione

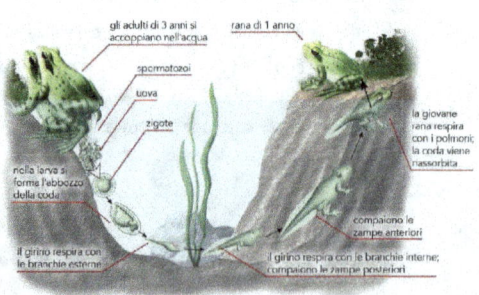

Rettili

I principali ordini dei rettili sono:

- **cheloni**: corpo rivestito da una corazza formata da uno **scudo dorsale**, o **carapace**, e da un **piastrone ventrale** (tartarughe e testuggini);
- **loricati**: corpo rivestito da **placche ossee** (coccodrilli, alligatori e caimani);
- **squamati**: corpo rivestito da **squame cornee epidermiche**; comprendono due sottordini:
    - **sauri**, con 4 arti (lucertole),
    - **ofidi**, privi di arti (serpenti).

tartarughe

serpente

lucertola

coccodrillo

Come sono fatti

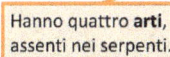

Sistema nervoso più evoluto di quello degli anfibi; hanno un **cervello** più grande.

Respirazione per mezzo di **polmoni**, molto più sviluppati rispetto a quelli degli anfibi.

Il corpo è ricoperto da **squame cornee o ossee** che proteggono dalla disidratazione. Molti rettili, crescendo, cambiano la pelle (**muta**).

Circolazione doppia incompleta: il cuore ha due atri e un ventricolo in cui il sangue ossigenato e il sangue ricco di anidride carbonica si mescolano parzialmente. Nei coccodrilli i ventricoli sono due e completamente separati (circolazione completa).

Hanno quattro **arti**, assenti nei serpenti.

Sono **eterotermi**. Hanno vista acuta e olfatto sviluppato. Sono **carnivori** (tranne le tartarughe): le prede vengono ingoiate intere e digerite a lungo nello stomaco. Alcuni serpenti hanno denti collegati a **ghiandole velenifere**.

Come si riproducono

La riproduzione è **sessuata**, hanno **sessi separati** e **fecondazione interna**. La maggior parte è **ovipara**, ma esistono specie **vivipare** o **ovovivipare**. Depongono **uova amniotiche**, rivestite di un guscio impermeabile che protegge l'embrione dalla perdita d'acqua.

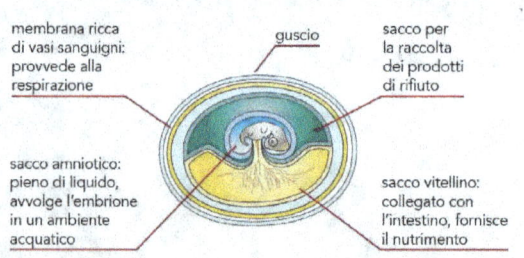

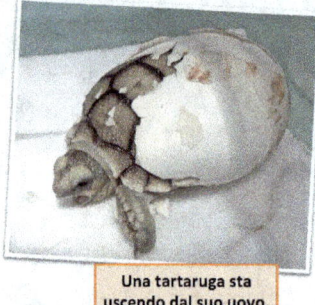

Una tartaruga sta uscendo dal suo uovo.

Uccelli

Discendono dai rettili. Hanno un **corpo leggero**, di forma **aerodinamica** (adatta al volo).

Come sono fatti

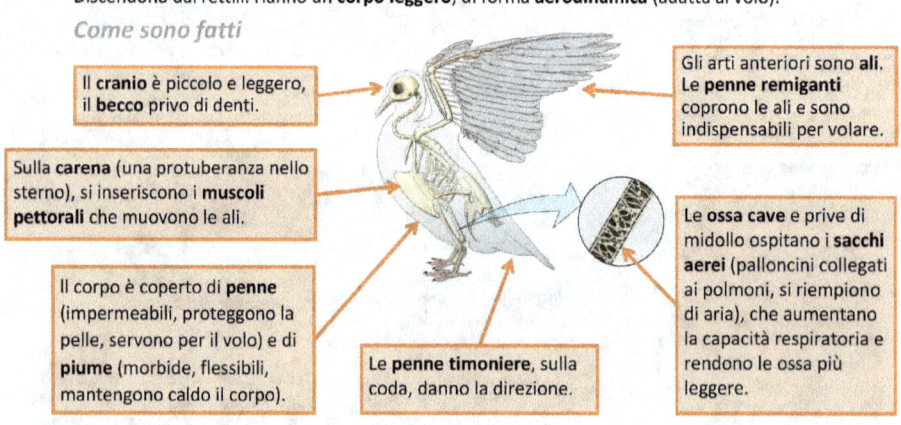

- Il **cranio** è piccolo e leggero, il **becco** privo di denti.
- Sulla **carena** (una protuberanza nello sterno), si inseriscono i **muscoli pettorali** che muovono le ali.
- Il corpo è coperto di **penne** (impermeabili, proteggono la pelle, servono per il volo) e di **piume** (morbide, flessibili, mantengono caldo il corpo).
- Le **penne timoniere**, sulla coda, danno la direzione.
- Gli arti anteriori sono **ali**. Le **penne remiganti** coprono le ali e sono indispensabili per volare.
- Le **ossa cave** e prive di midollo ospitano i **sacchi aerei** (palloncini collegati ai polmoni, si riempiono di aria), che aumentano la capacità respiratoria e rendono le ossa più leggere.

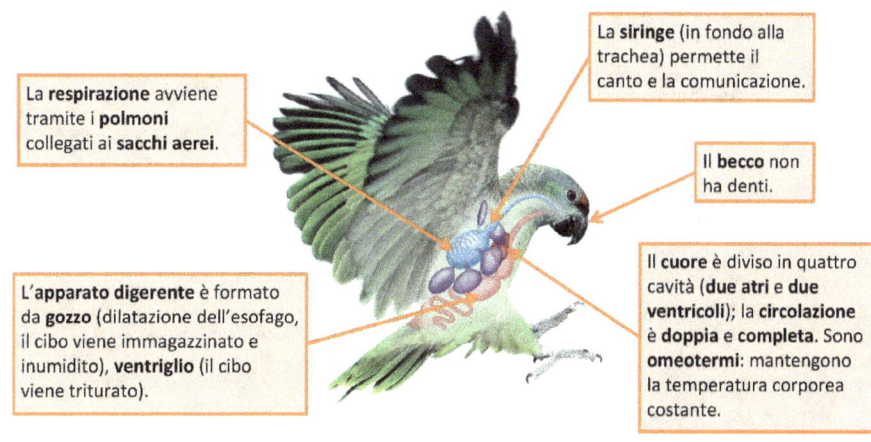

La **respirazione** avviene tramite i **polmoni** collegati ai **sacchi aerei**.

La **siringe** (in fondo alla trachea) permette il canto e la comunicazione.

Il **becco** non ha denti.

L'**apparato digerente** è formato da **gozzo** (dilatazione dell'esofago, il cibo viene immagazzinato e inumidito), **ventriglio** (il cibo viene triturato).

Il **cuore** è diviso in quattro cavità (**due atri** e **due ventricoli**); la **circolazione** è **doppia** e **completa**. Sono **omeotermi**: mantengono la temperatura corporea costante.

Come si riproducono

Sono **ovipari** e si riproducono con **fecondazione interna**:
- depongono **uova** con guscio calcareo;
- le **covano**;
- prestano ai piccoli **cure parentali**: i piccoli, non autonomi alla nascita, hanno bisogno di nutrimento e di protezione dai predatori e i genitori li curano fino a quando non diventano indipendenti.

Gli uccelli sono i primi animali in cui compaiono le cure parentali.

Mammiferi

Le femmine hanno **ghiandole mammarie** che producono latte per nutrire i piccoli. In base al tipo di sviluppo embrionale, si dividono in **tre sottoclassi**:

- **monotremi**: **ovipari**, depongono le uova ma **allattano** i piccoli (ornitorinco ed echidna);
- **marsupiali**: **vivipari** ma i piccoli nascono immaturi e completano lo sviluppo nella **tasca del marsupio** (opossum, koala e canguro);
- **placentati**: **vivipari**, l'embrione si sviluppa completamente nel corpo della madre, dove è nutrito attraverso la **placenta**.
Sono suddivisi in ordini:
  - **sdentati** (formichiere, armadillo);
  - **insettivori** (riccio, talpa);
  - **chirotteri** (pipistrello);
  - **roditori** (castoro, scoiattolo, topo, istrice);
  - **cetacei** (balena, delfino, orca);
  - **carnivori** (cane, volpe, leone, gatto, leopardo, foca, tricheco);
  - **artiodattili** (cervo, cammello, giraffa, renna, ippopotamo, maiale, capra, pecora, mucca);
  - **proboscidati** (elefante);
  - **primati** (scimmia, essere umano).

canguri

Come sono fatti

- Sono **omeotermi** e hanno il corpo protetto da **peli**.
- Hanno diversi tipi di pelo: la balena quasi non ne ha, ma è munita di uno strato di **grasso**. In alcuni casi i peli sono diventati strumenti di difesa (**aculei** dei ricci e degli istrici).
- La **pelle** è costituita da più **strati** ed è ricca di **ghiandole**:
  - **sebacee**, producono il sebo per mantenere elastica la pelle;
  - **sudoripare**, producono il sudore con funzione termoregolatrice (per raffreddare il corpo);
  - **escretorie**, per eliminare le sostanze di rifiuto.

megattera

riccio

Lo **scheletro** è costituito da una **colonna vertebrale** composta da un numero variabile di vertebre; gli **arti** possono avere strutture diverse a seconda dell'ambiente.

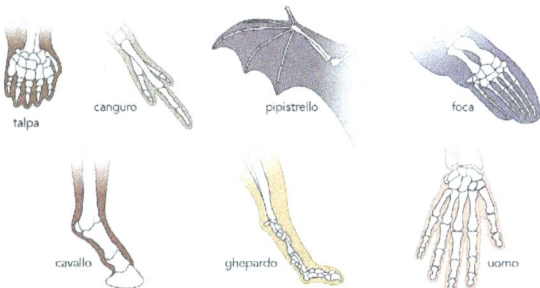

I **denti** sono diversi a seconda delle abitudini alimentari e delle funzioni: gli **incisivi** tagliano il cibo, i **canini** lo strappano e lo lacerano, i **premolari** e i **molari** lo triturano e lo sminuzzano.

Il **sistema nervoso** è costituito dall'**encefalo**, collegato al midollo spinale da cui si diramano i **nervi** che arrivano a tutto il corpo. Gli organi di senso possono essere più o meno sviluppati.

La **respirazione** avviene attraverso i **polmoni**.

Il **muscolo diaframma** separa la cavità toracica (dove si sono cuore e polmoni) dalla cavità addominale (che contiene l'intestino).

La **circolazione** è **doppia** e **completa**. L'**apparato circolatorio** è costituito da un **cuore** diviso in quattro cavità e da **vasi arteriosi** e **venosi**.

L'**apparato digerente** varia a seconda delle abitudini alimentari (erbivori, carnivori, onnivori).

L'embrione si sviluppa all'interno del corpo materno, nell'**utero** (organo dell'apparato riproduttore femminile).

Come si riproducono

Sono quasi tutti **vivipari** e si riproducono con **fecondazione interna**.

L'**apparato riproduttivo** è diverso tra maschi e femmine. I maschi producono gameti di continuo, le femmine periodicamente, seguendo cicli di differente durata a seconda della specie.

La **gestazione** o **gravidanza** (periodo di sviluppo dell'embrione) cambia da specie a specie.

I piccoli vengono nutriti nelle prime fasi della vita con il latte secreto dalle **ghiandole mammarie**.

Dopo la nascita, le **cure parentali** possono essere più o meno lunghe.

Un panda e un dromedario accudiscono i loro piccoli.

Ecologia ed ecosistemi

Organismi ed ambiente

Ecologia: parte della biologia che studia le relazioni degli organismi fra loro e con l'ambiente.
Ecosistema: sistema naturale creato dall'insieme delle **relazioni** che connettono gli organismi viventi fra loro e con l'ambiente fisico. Un ecosistema è costituito da:

- una parte **abiotica**, non vivente, costituita dai fattori chimici e fisici che influenzano la vita, lo sviluppo e la crescita (clima, composizione del terreno, luce, temperatura, aria, ecc.). Il **biotopo** è l'insieme degli elementi che costituiscono l'ambiente fisico.

- una parte **biotica**, vivente, costituita dagli organismi che in quell'ambiente entrano in relazione tra loro. La **biocenosi** è l'insieme degli esseri viventi in un ecosistema.

Il bosco è un esempio di ecosistema così come lo è l'albero con i suoi abitanti.

La parte abiotica

Il **suolo**, a seconda della sua composizione, ospita diversi tipi di vegetali:
- le piante **acidofile** vivono bene in terreni acidi, altri tipi di pianta nei terreni basici;
- le **alofile** resistono in terreni ricchi di sale (mangrovia).

La **temperatura** influenza vegetali e animali:
- le piante, per difendersi dal freddo, assumono portamento **strisciante** (approfittando del calore del suolo) o hanno **foglie piccole** o coperte da un **peluria**; per difendersi dal caldo hanno foglie protette da spesse **cuticole**;
- gli animali, per difendersi dal freddo, **migrano** in zone più calde o si proteggono con folte **pellicce** o riducono le funzioni vitali con il **letargo** (mammiferi), con l'**ibernazione** (rettili e anfibi); per difendersi dal caldo **disperdono il calore** dalla superficie corporea.

Nei **climi aridi**, dove scarseggia l'acqua, alcune piante trasformano il fusto in **riserva** (cactus); gli animali costituiscono riserve di acqua e grasso all'interno dell'organismo (cammelli e dromedari).

mangrovie

cactus

deserto

La parte biotica

Habitat: particolare tipo di ambiente in cui vive ciascun individuo animale o vegetale all'interno di un ecosistema.

Nicchia ecologica: l'insieme di ciò che occorre a un organismo per vivere e riprodursi e l'insieme delle relazioni che intreccia con gli altri organismi del suo habitat. Ne fanno parte anche il clima e altri fattori ambientali.

In un habitat, individui della stessa **specie** occupano la stessa nicchia ecologica e formano una **popolazione**. Le diverse popolazioni in relazione fra loro formano una **comunità biologica** o **biocenosi**. L'insieme di **biotopo** (componente abiotica) e **biocenosi** (componente biotica) un ecosistema. L'insieme di tutti gli ecosistemi presenti sulla Terra forma la **biosfera**.

I pinguini reali che vivono in Antartide formano una popolazione.

Le acacie, le erbe e le diverse specie animali della savana formano una biocenosi.

Equilibrio e dinamica degli ecosistemi

Gli ecosistemi **evolvono**: gli ambienti vengono colonizzati prima da **specie pioniere** (con limitate esigenze), cui si associano poi organismi più esigenti; via via si aggiungono poi altre specie e l'ecosistema evolve. Il processo dura centinaia di anni; quando le modificazioni si interrompono l'ecosistema ha raggiunto un **equilibrio stabile**.

Il processo graduale di evoluzione di un ecosistema si chiama **successione ecologica**.

Lo stato di equilibrio di un ecosistema si chiama **climax**.

Se l'ambiente cambia per modificazioni naturali o artificiali, l'ecosistema può variare la propria struttura fino a ritrovare un nuovo equilibrio.

L'insieme di un biotopo (acqua salata, rocce) e di una biocenosi (stelle marine, pesci, coralli, alghe) forma l'ecosistema del fondale marino.

Le catene alimentari

Le relazioni che uniscono tutti gli abitanti di un ecosistema in un unico insieme sono le **relazioni alimentari**: un organismo è il cibo di un altro.

Le **catene alimentari** sono sequenze di più organismi che sono mangiati uno dall'altro. Ogni organismo è un anello della catena alimentare e la posizione in cui si trova tale anello è detta **livello trofico**.

In un bosco di latifoglie, la primula è mangiata dalla lumaca, la lumaca dal rospo, il rospo dalla volpe e così via.

Le ghiande della quercia sono mangiate dal topo campagnolo, il topo campagnolo è mangiato dal gufo.

Le more sono mangiate dal topo, il topo dalla biscia, la biscia dal tasso.

Produttori e consumatori

Le piante sono organismi autotrofi, gli animali eterotrofi. In una catena alimentare le piante sono **produttori** e gli animali **consumatori**.

- Il primo livello trofico è sempre occupato da un **produttore**, gli anelli successivi da consumatori.
- Il **consumatore di primo ordine** è un **erbivoro** e occupa il secondo livello trofico.
- Il **consumatore di secondo ordine** è un **carnivoro**, si nutre di un erbivoro e occupa il terzo livello trofico.
- I **carnivori** che si nutrono di altri animali carnivori sono **consumatori di terzo, quarto ordine** e occupano rispettivamente il quarto e il quinto livello trofico.

Necrofagi, coprofagi e decompositori

Le carcasse degli animali sono fonte di cibo per i **necrofagi** (corvi, larve mosche della carne).

Le feci danno nutrimento agli insetti **coprofagi** (scarabei).

Batteri e funghi, nel bosco di caducifoglie, si nutrono della lettiera, lo strato di foglie cadute in autunno e tronchi abbattuti: smontano le molecole organiche di glucidi, lipidi e protidi, rimettendo in circolo le sostanze inorganiche di cui sono fatte. Sono i **decompositori**, che si nutrono di detriti.

I **detritivori** (formiche, lombrichi, millepiedi, porcellini di terra) si nutrono di decompositori.

Scarabei coprofagi. Vai al video: https://youtu.be/aZMBw5Fdaxw

funghi

Porcellini di terra

Rete di relazioni alimentari

Uno stesso organismo può entrare nella dieta di molti animali.

In un ecosistema ogni organismo entra a far parte di più catene alimentari che si intrecciano fra loro: si parla di **rete alimentare**.
Più consumatori attingono a una stessa fonte di cibo e sono quindi in **competizione**.

La biosfera

Perché la vita possa svilupparsi è necessaria la presenza di:
- **acqua** allo stato liquido, perché è il costituente maggiore delle cellule;
- una **fonte di energia**, la luce solare o composti chimici capaci di fornire energia agli organismi che compiono la chemiosintesi;
- **ossigeno**;
- un **clima né troppo freddo né troppo caldo**;
- **ambiente né troppo ricco di acidi, né troppo basico**.

La vita si trova sulla superficie terrestre soltanto in determinate regioni che nell'insieme costituiscono la **biosfera**.

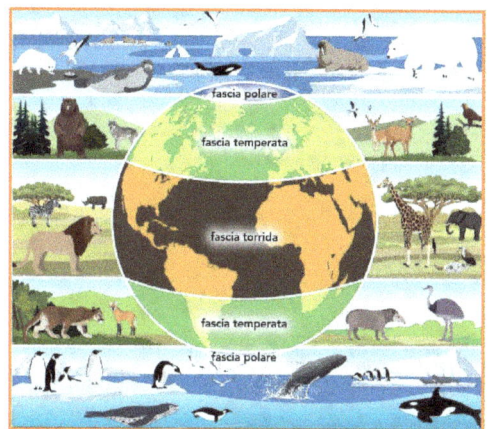

I biomi

Nella biosfera la luce, la temperatura e l'acqua sono distribuite in modo non uniforme, per cui si distinguono **diverse zone climatiche** con i **principali ambienti terrestri**.
Si chiama **bioma** un insieme di comunità animali e vegetali caratterizzato da un determinato tipo di clima e di vegetazione dominante. Gli animali e i vegetali che vivono in regioni geografiche distanti tra loro, ma con condizioni climatiche simili, mostrano gli stessi tipi di adattamento.
Si distinguono due grandi gruppi:
i **biomi terrestri** e i **biomi acquatici**.
I principali **biomi terrestri** sono:

- il bioma polare,
- la tundra,
- la taiga (foresta di aghifoglie),
- la foresta temperata a caducifoglie,
- la macchia mediterranea,
- il deserto,
- la prateria,
- la savana,
- la foresta pluviale tropicale.

La vegetazione della foresta amazzonica in America meridionale è simile a quella della foresta pluviale in Africa.

Prede e predatori

I **predatori** uccidono e si nutrono di **prede**. Le due popolazioni crescono e diminuiscono collegate l'una all'altra in un ciclo. Le prede cercano di **difendersi** e i predatori hanno **strategie di attacco**. La **selezione naturale** governa il conflitto: vincono i più adatti.

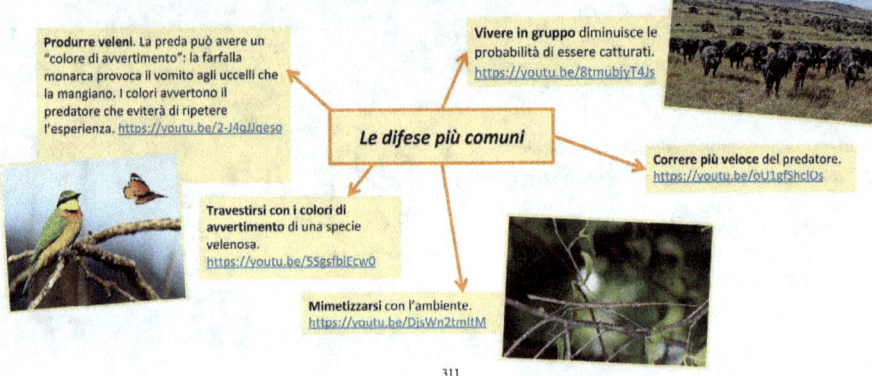

- **Produrre veleni.** La preda può avere un "colore di avvertimento": la farfalla monarca provoca il vomito agli uccelli che la mangiano. I colori avvertono il predatore che eviterà di ripetere l'esperienza. https://youtu.be/2-J4qJJqeso
- **Vivere in gruppo** diminuisce le probabilità di essere catturati. https://youtu.be/8tmubiyT4Js
- **Le difese più comuni**
- **Correre più veloce** del predatore. https://youtu.be/oU1gfShclOs
- **Travestirsi con i colori di avvertimento** di una specie velenosa. https://youtu.be/5SgsfblEcw0
- **Mimetizzarsi** con l'ambiente. https://youtu.be/DisWn2tmItM

- **Cacciare in gruppo** permette di catturare grosse prede. https://youtu.be/Mf9T1OYmWJo
- **Correre più veloce** della preda. https://youtu.be/CYiShD6X1DM
- **Le armi dei predatori**
- **Mimetizzarsi** con lo sfondo. https://youtu.be/9RvD24d28Ql

Associazioni di consumatori

Per attaccare una possibile fonte di cibo, un consumatore può insediarsi dentro un altro organismo, stabilendo un **rapporto di simbiosi**, cioè di "**convivenza**".
Si possono verificare tre situazioni:

- **mutualismo**: entrambi traggono vantaggio dallo stare insieme;
- **commensalismo**: uno trae vantaggio e l'altro è indifferente (un organismo si nutre con gli scarti di cibo di un altro; la volpe usa la tana abbandonata del tasso...);
- **parassitismo**: uno trae vantaggio (parassita) e l'altro danno (ospite).

Le volpi usano le tane abbandonate dai tassi.

Esempio di parassitismo: la zecca.

Relazioni in una comunità

Competizione

In un ecosistema, gli individui di una comunità sono in competizione per conquistare le risorse.

La competizione fra gli individui della **stessa specie** si chiama **competizione intraspecifica**.

I maschi competono per le femmine, gli uccelli per il posto dove fare il nido, in un prato i papaveri competono fra loro e con le piante di altre specie per lo spazio dove crescere.

La competizione fra gli organismi di **specie diverse** si chiama **competizione interspecifica**.

Gli alberi di un bosco o di una foresta competono per la luce. Gli erbivori di una prateria competono per l'erba.

Nella savana gli erbivori risolvono la competizione per lo stesso cibo nutrendosi ad altezze diverse del manto d'erba.

Materia ed energia nell'ecosistema

In un ecosistema c'è un **flusso di materia** dai produttori ai consumatori, ai decompositori.

Nel passaggio tra un consumatore e l'altro una parte di cibo viene "persa" sotto forma di rifiuti (feci), una parte viene consumata per ricavare energia e solo la parte rimanente viene utilizzata per costruire parti del corpo.

All'inizio della catena la quantità di cibo disponibile prodotta dai vegetali è abbondante, ma diminuisce più la catena dei consumatori si allunga.

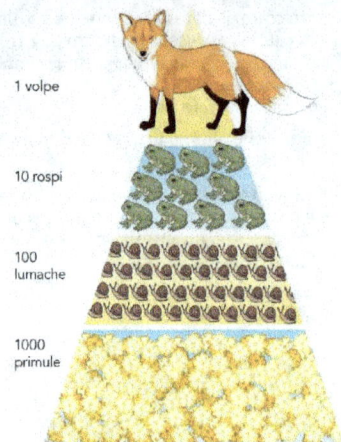

Il motore di un ecosistema è l'**energia solare**: convertita dai produttori in cibo, è trasferita agli erbivori e poi ai carnivori.

Un ecosistema è attraversato da un **flusso di energia**.

L'energia diminuisce da un livello trofico al successivo: parte viene spesa nella respirazione e serve per le attività vitali e il movimento; parte viene persa con le feci. La parte che è investita per crescere è quella che passa sotto forma di cibo al livello successivo.

In media solo il 10% dell'energia di un livello trofico viene trasferita a quello successivo.

Il flusso di energia si può rappresentare mediante la piramide della biomassa (peso di materia vivente in ciascun livello trofico).

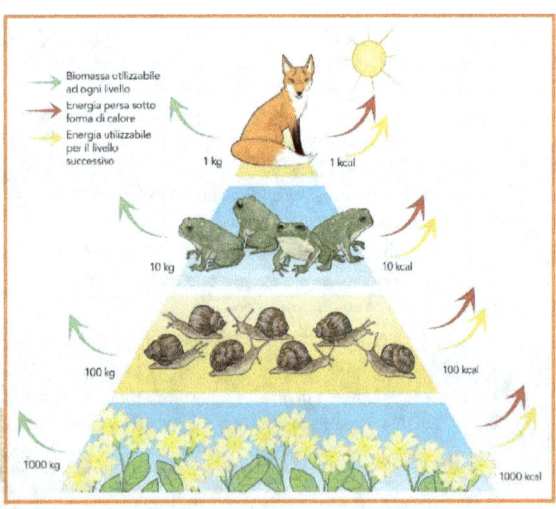

I biomi acquatici comprendono:

- i **biomi di acqua dolce** (divisi in ambienti di acque correnti e di acque ferme),
- i **biomi marini**.

La distribuzione dei biomi sulla superficie della Terra è determinata da diversi elementi climatici a loro volta influenzati da latitudine, altitudine, distanza dal mare, ecc.

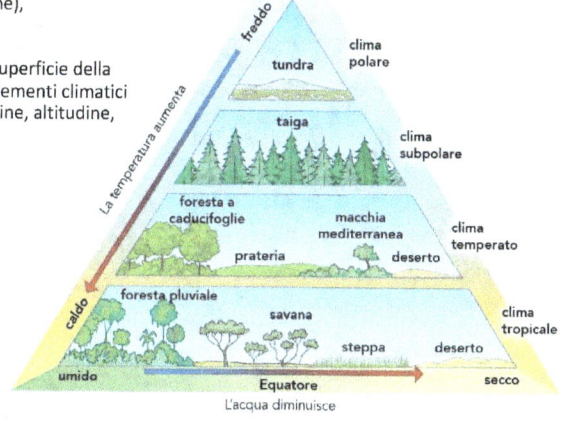

Il bioma polare

Si trova nelle regioni polari, è occupato da ghiacciai, le precipitazioni sono scarse e nevose, il clima freddissimo e secco, la temperatura è sempre minore di 0 °C. Le specie animali (orsi polari, foche, trichechi e pinguini) si nutrono di organismi marini.

Foca con un cucciolo

Lemming

Buoi muschiati

La tundra

Si estende nelle zone intorno ai poli. Durante l'inverno la luce è quasi assente, d'estate il Sole rimane per diversi giorni sopra l'orizzonte. Sul permafrost (terreno sempre gelato) crescono solo muschi, licheni e piante con radici poco sviluppate a fusto basso o strisciante sul terreno. Nella breve estate si sviluppano grandi quantità di insetti che si nutrono di sangue (ematofagi). Gli animali sono coperti da folta pelliccia: renne, caribù, buoi muschiati, lepri artiche, lupi artici, volpi artiche, civette delle nevi, orsi polari, roditori fra cui i lemming.

Castori

La taiga, foresta di aghifoglie
Si trova a sud della tundra nell'emisfero boreale in regioni ricche di laghi e acquitrini; presenta inverni lunghi e rigidi ed estati fresche e piovose. È dominata da poche specie di conifere (abeti, larici, pini). Gli animali tipici sono: topi, ricci, alci, cervi, castori, volpi, martore, lupi, linci, l'orso nero e l'orso grigio.

La foresta temperata a caducifoglie
Caratteristica del clima temperato con l'alternarsi di quattro stagioni. Le piante hanno foglie larghe e sottili che perdono d'inverno (faggi, querce, olmi, frassini, castagni, noci). Le foglie cadute in autunno formano lo strato della lettiera.
Gli animali sono: topi campagnoli, scoiattoli, ghiri, lupi, volpi, cinghiali, faine, gufi, civette, uccelli canori.

Cinghiali

La macchia mediterranea
Si estende nella zona temperata nelle regioni a clima mediterraneo, con inverno mite e piovoso e una primavera-estate calda e asciutta. Le piante sono alberi bassi e arbusti spinosi adatti alla siccità (leccio, corbezzolo, ulivo, quercia da sughero, pino, ginepro, alloro e arbusti di cisto, rosmarino, erica, mirto). Gli animali sono lucertole, conigli, cinghiali, istrici, falchi pellegrini, grifoni.

Moscardino

Istrice

Volpe del deserto

Il deserto
In zone in cui cadono meno di 25 cm di pioggia all'anno e vi è una forte escursione termica. Piante e animali hanno adattamenti per conservare l'acqua. Le piante hanno foglie ridotte a spine e fusti carnosi. Gli animali sono: scorpioni, lucertole e serpenti, roditori, come il ratto canguro, volpi del deserto, sciacalli e piccoli rapaci notturni.

La prateria

Si trova in regioni piane o lievemente ondulate, con una stagione delle piogge e una secca (grande prateria nordamericana, pampa dell'Argentina, steppa dell'Europa e dell'Asia). La vegetazione dominante è costituita da piante erbacee. La fauna è rappresentata da grandi erbivori come cavalli, bisonti, bufali, antilopi, da predatori come il coyote, da roditori e uccelli.

Coyote

Cane della prateria

Iene

Gnu

La savana

È presente nelle zone tropicali. Il clima è caratterizzato dall'alternanza di una stagione secca e prolungata e di una stagione con piogge abbondanti. È composta da graminacee, alberi di acacia, cespugli spinosi e baobab. È il regno dei grandi erbivori: zebre, giraffe, elefanti, antilopi, gazzelle, gnu, bufali, e dei grandi cacciatori: leoni, licaoni, iene, ghepardi, leopardi.

La foresta pluviale tropicale

Si trova nella zona equatoriale, delimitata dai due tropici, dove c'è la massima piovosità della Terra, con più di 200 cm all'anno. La temperatura è alta e costante tutto l'anno, e il giorno e la notte hanno la stessa durata. Vi si sviluppa una foresta dalla vegetazione lussureggiante. Le cime degli alberi si dispongono a diversi livelli di altezza: le più alte sono alberi di 50 m. Sui rami delle piante più alte si insediano altre piante, chiamate **epifite**, orchidee e bromeliacee. Le liane si attorcigliano ai tronchi degli alberi più alti per arrivare alla cima. Questo intrico di vegetazione è ricco di nicchie ecologiche.
Gli invertebrati sono: formiche, termiti, scorpioni, scolopendre, ragni, lombrichi, nematodi; i vertebrati sono: rane, serpenti, mammiferi (fra cui le scimmie) e uccelli (fra cui i pappagalli).
È il bioma più ricco di specie del mondo. Si ritiene ospiti la metà delle specie che vivono sulla terra.

Scimmia cappuccina

Rana

Pappagallo

Foresta con piante epifite

Biomi di acqua dolce corrente

Presentano tre zone diverse:
- **zona torrentizia**, il tratto iniziale del fiume in cui le acque scorrono in modo impetuoso (trota, salmone, storione, crostacei, insetti, muschi);
- **zona di deposito**, i fiumi scorrono in valli pianeggianti (tinca, carpa, pesce persico, anfibi, insetti, uccelli acquatici);
- **zona di foce**, l'acqua dolce si mescola con quella salata del mare, creando zone di acqua salmastra (orata, anguilla, spigola).

Martin pescatore

Anguilla

Germano reale

Ninfee

Biomi di acqua dolce ferma

- **Laghi**, con stratificazione delle acque dovuta a differenze di temperatura, e quindi di densità. Nella zona con acque poco profonde troviamo canne, giunchi, ninfee, molluschi, vermi, crostacei, libellule, zanzare, rane, bisce, lontre, castori, germani, anatre e aironi. Nella zona con acque profonde carpa, luccio, tinca, trota, pesce persico;
- **Stagni**, specchi d'acqua ferma con fondale poco profondo (canna, papiro, ninfee, libellule, zanzare, rane, bisce, uccelli acquatici);
- **Paludi**, terre sommerse da acqua dolce almeno per una parte dell'anno.

Bioma marino

Gli organismi sono:
- **plancton**: organismi piccolissimi che si lasciano trascinare dalle correnti e dal moto ondoso (alghe unicellulari, protozoi, meduse, piccoli crostacei);
- **necton**: nuotano attivamente;
- **benthos**: vivono sul fondo marino e sulle rocce; alcuni sono fissi, altri si muovono sui fondali, altri ancora si spostano tra le rocce.

Zona intercotidale: tra la terraferma e le acque profonde (alghe pluricellulari, anemoni di mare, molluschi, crostacei).

Zona pelagica: comprende le acque di mare aperto degli oceani (plancton e necton).

Zona bentonica: comprende tutti i fondi marini, coperti di sedimenti. È abitata da organismi del benthos.

Il comportamento animale

Il comportamento è un adattamento

L'**etologia** (parte della biologia che studia il comportamento animale) nasce nel XX secolo grazie a **Karl von Frisch**, **Konrad Lorenz** e **Niko Tinbergen**.

> Il **comportamento** è l'insieme delle risposte di un animale a stimoli sia interni al suo corpo sia esterni, provenienti dall'ambiente in cui vive.

Può essere studiato:
- descrivendo come l'animale si comporta in una determinata situazione;
- cercando di capire perché si comporta in quel modo.

Il **metodo comparato** (confrontare un comportamento con quello di altre specie), su cui si basa la moderna **eco-etologia**, evidenzia che il comportamento di ogni specie è **adatto all'ambiente**: **specie imparentate** possono avere **comportamenti differenti** perché si sono adattate ad ambienti diversi; **specie non imparentate** possono avere **comportamenti simili** perché si sono adattate ad ambienti analoghi.

Comportamento innato e comportamento appreso

I comportamenti **innati** (o dettati dall'istinto) sono **ereditati geneticamente** e fanno parte delle **caratteristiche** di una specie.

Sono comportamenti **stereotipati**, cioè seguono sempre lo stesso schema.

Il ragno costruisce la tela per comportamento innato.

I **comportamenti appresi** si basano sull'apprendimento. L'**apprendimento** comporta **fare esperienze**, risolvere un problema per **tentativi**; avere **memoria** e qualcuno che **insegni** come si fa.

Il topolino si adatta e apprende in base al cibo che trova.

L'istinto si apprende

Istinto e **apprendimento** sono intrecciati fra loro:
- i gatti cacciano per istinto ma, se non hanno avuto lezioni di caccia dalla madre nella prima infanzia, non sanno come cavarsela;
- il canto degli uccelli è un istinto ma i maschi sono stonati se non hanno ascoltato in un certo periodo dell'infanzia il canto di un maschio adulto della loro specie.

La **capacità di imparare** è una caratteristica della specie: dipende dalla **struttura del sistema nervoso**.

I giovani orsi apprendono attraverso il gioco.

Prima lezione: mamma gatta mangia il topo davanti ai gattini.

Seconda lezione: mamma gatta invita i gattini a giocare con il topo e a partecipare al pasto.

Terza lezione: mamma gatta porta ai gattini una preda viva, spronandoli alla caccia.

Le forme di apprendimento
- **Apprendimento per abitudine**: se la ripetizione di un preciso stimolo (es. un rumore) non porta né vantaggio né danno, l'animale cambia il suo comportamento istintivo (es. non reagisce più al rumore).
- **Apprendimento per impressione o *imprinting***: avviene solo in uno specifico periodo della loro vita, in genere nei primi momenti di vita, ed è caratteristico della specie.
- **Apprendimento per tentativi ed errori**: attraverso tentativi ed esperienze sia positive sia negative, l'animale impara a raggiungere un certo risultato o a evitare situazioni difficili. Si basa sulla memoria: l'esperienza viene ricordata.
- **Apprendimento per condizionamento**: gli animali sanno associare uno stimolo non significativo a uno stimolo significativo (che provoca una risposta involontaria o **riflesso**). Se i due stimoli si presentano ripetutamente uno dopo l'altro, dopo un certo tempo il solo stimolo non significativo produrrà una risposta: un **riflesso condizionato**.
- **Apprendimento per imitazione**: individui di uno stesso gruppo imitano i comportamenti che si dimostrano vantaggiosi.
- **Apprendimento per intuizione**: gli animali più evoluti sono in grado di risolvere un problema di cui non hanno esperienza mediante l'intuito e utilizzando le risorse dell'ambiente.

La comunicazione

Nella comunicazione un **segnale** viene trasferito da un individuo che lo **emette** a un altro che lo **riceve**. I segnali:
- possono essere sonori (**comunicazione acustica**), luminosi (**comunicazione visiva**), chimici (**comunicazione chimica**), legati al tatto (**comunicazione tattile**);
- viaggiano in un **mezzo** (aria, acqua, suolo);
- emetterli richiede energia ed è rischioso, a causa dei predatori.
  I segnali sonori e quelli visivi sono i più rischiosi, i segnali chimici i più sicuri.

Lo stesso animale può utilizzare più canali di comunicazione.

Il cane usa diversi tipi di comunicazione in base alla situazione in cui si trova.

La comunicazione acustica

La comunicazione acustica è l'emissione di **segnali sonori** che viaggiano nell'**aria** e nell'**acqua** anche a grandi distanze.

A seconda dell'**intensità** (più forte, più piano) e della **frequenza** (alto, basso, acuto, grave) le informazioni variano.

Usano la comunicazione acustica i mammiferi e gli uccelli, gli anfibi, alcuni pesci e alcuni insetti (cicale e grilli).

Il linguaggio più complicato è quello umano, seguìto subito dopo dal canto della balena megattera.

Il maschio di gorilla di montagna proclama con urla di essere "il capo", il dominante nel gruppo.

Le marmotte comunicano tra loro con fischi acuti per segnalare il pericolo.

Le **megattere** emettono suoni modulati che possono essere percepiti a chilometri di distanza. Ogni popolazione ha una propria canzone, cui ciascun individuo porta le sue variazioni. La canzone cambia di anno in anno.

La comunicazione visiva

Si basa su **segnali luminosi** (emissione di luce, colori del corpo, gesti). Richiede uno spazio aperto.

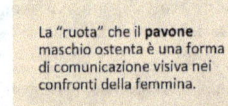

La "ruota" che il **pavone** maschio ostenta è una forma di comunicazione visiva nei confronti della femmina.

I maschi di molte specie si propongono alle femmine esibendo colori sgargianti o mettendo in scena cerimonie di corteggiamento.

Le **lucciole** comunicano con l'emissione di lampi luminosi intermittenti di durata diversa. Ogni specie di lucciole ha un proprio linguaggio di punti e linee luminosi, come un alfabeto Morse.

La comunicazione chimica

È basata sull'**emissione di sostanze chimiche**, alcune delle quali sono chiamate feromoni, percepibili come odori.
Un segnale chimico:
- non arriva a grandi distanze;
- persiste nel tempo;
- supera gli ostacoli;
- può essere disperso dal vento o dalla pioggia;
- non può essere modulato.

Usano la comunicazione chimica molti animali acquatici, gli insetti, tutti i vertebrati.
Con un odore si può segnalare il possesso di un territorio, un pericolo, attrarre un partner sessuale, riconoscersi fra parenti.

Piccoli di pinguino con le madri.

La comunicazione tattile

Avviene attraverso il **contatto diretto** tra gli individui.
È particolarmente importante per gli animali che vivono in **gruppo**: rinsalda i legami di **parentela** e di **amicizia**.
Se due scimpanzé vogliono fare pace si toccano la mano.
I cani della prateria si scambiano informazioni con un contatto dei denti incisivi.

In molte specie di scimmie parenti e amici si spulciano a vicenda.

Due cani della prateria

Il territorio

È la zona che ciascun animale difende. Può essere l'area in cui:
- si procurano il cibo (**territorio alimentare**);
- hanno il nido o la tana o avvengono il corteggiamento e le "nozze" (**territorio riproduttivo**).

Gli animali che segnalano i confini in modi riconoscibili dagli intrusi della loro stessa specie, tollerando gli individui delle altre specie, sono detti **animali territoriali**.
I **segnali** possono essere:
- **olfattivi** in alcuni punti strategici;
- **sonori** (canto) o **visivi** (colore);
- **combattimenti simbolici** (atteggiamento che fa scappare l'intruso).

Combattimento simbolico fra tigri bianche.

Perpetuare la specie

Il corteggiamento

Le **cerimonie di corteggiamento** sono comportamenti innati e rituali che permettono a maschio e femmina di riconoscersi come individui della **stessa specie**.
La femmina opera la **selezione sessuale** in base a:
- bellezza del piumaggio (pavoni e uccelli del paradiso);
- abilità nel canto (uccelli canori);
- costruzione del nido (uccelli tessitori);
- prove di forza (cervi).

Nella regione australiana i **maschi degli uccelli giardinieri**, che non hanno un piumaggio sgargiante, costruiscono con rami e altro materiale elaborate pergole o capanne, decorandole con oggetti colorati (fiori, conchiglie e manufatti umani). Non sono nidi, ma hanno la funzione di attirare la femmina per l'accoppiamento.

Selezione in base a prove di forza.

Sistemi nuziali

- **Monogamia**: la femmina non può allevare il piccolo da sola perciò maschio e femmina formano una coppia (uccelli e qualche mammifero).
- **Poligamia**: in una stagione riproduttiva, il maschio può accoppiarsi con più femmine o la femmina con più maschi.

Le cure parentali

La **prole atta** (in grado di cavarsela da sola) viene subito abbandonata dai genitori.

La **prole inetta** (incapace di essere indipendente) ha bisogno delle **cure parentali** (nutrimento, protezione dai predatori) per arrivare allo sviluppo completo.

La prole sollecita le cure con **segnali irresistibili** agli adulti della sua specie (genitori o meno) in modo che se ne prendano cura.

Uno struzzo con i suoi piccoli.

Il nido di una bigia padovana, una specie di passero.

La vita sociale

Gruppo di oche durante la migrazione.

Alcuni animali vivono **in gruppo** con altri individui della stessa specie. Le associazioni per difesa possono essere casuali e di breve durata, o durare per un certo periodo e coinvolgere molti esemplari (migrazione negli insetti, mandrie di erbivori, uccelli coloniali al momento della riproduzione per difendere il nido e la prole).

La gerarchia

Nei gruppi esiste una **gerarchia** con differenze di **rango**: i **subordinati** di rango inferiore si sottomettono al **dominante**. Gli individui di rango più elevato hanno la precedenza su cibo, posto dove dormire, accoppiamento. I dominanti **guidano il gruppo** e affrontano per primi un predatore o una preda.

Nello sciacallo della gualdrappa i figli della cucciolata precedente rimangono con i genitori come aiutanti per allevare i fratelli più piccoli.

La parentela

Ogni membro di un gruppo ha **geni in comune** con i cuccioli che sono suoi discendenti per le generazioni future. A volte solo alcuni nel gruppo si riproducono mentre gli altri sono **aiutanti del nido**.

Le mandrie di **elefanti** sono gruppi di femmine parenti che allevano insieme i cuccioli, guidate da una matriarca.

Il branco di **leoni** è un harem di 6-8 femmine parenti, i loro cuccioli, e due o tre maschi che difendono il territorio e dipendono dalle femmine per il cibo.

Nel branco di **lupi** solo il maschio e la femmina dominanti si riproducono; i subordinati collaborano nella caccia.

Quando il gruppo è una società

Un gruppo è una **società** quando:
- la madre, i figli adulti e i giovani **vivono insieme**;
- più individui **cooperano** nell'allevamento dei più piccoli;
- alcuni individui sono **sterili**.

Sono società quelle degli **insetti**, in particolare le formiche, api, vespe (imenotteri), termiti (isotteri), afidi (omotteri).
Nei vertebrati vi è un unico caso, quello dell'**eterocefalo glabro**, un roditore senza peli dell'Africa orientale.

Le formiche collaborano per muoversi alla ricerca di cibo.

Api operaie con l'ape regina.

Origine ed evoluzione degli esseri viventi

L'origine della vita

La vita è presumibilmente comparsa sulla Terra circa **3,8 miliardi di anni fa**, in seguito a processi ancora non ben definiti.

L'atmosfera, a causa dei gas emessi dai molti vulcani terresti e sottomarini, era formata principalmente da azoto, anidride carbonica, vapore acqueo (in quantità minore, anche da ossidi di zolfo, idrogeno solforato e idrogeno libero).

Il clima era molto caldo, umido, con tempeste e uragani; i raggi ultravioletti non erano schermati dal guscio di ozono.

Fra i gas dell'atmosfera avvenivano **reazioni chimiche** che portavano alla formazione di composti organici (amminoacidi, acidi grassi, basi azotate, idrocarburi...). In alcuni ambienti i composti organici si addensavano formando il **brodo primordiale** dove avvenivano nuove reazioni: gli amminoacidi formavano proteine, le basi azotate si univano in primitive molecole di acidi nucleici come l'acido ribonucleico (RNA). Molecole di lipidi (o grassi) unite fra loro formavano sulla superficie dell'acqua bolle in cui rimanevano intrappolate sostanze diverse che reagivano fra loro.

Esempi di ambienti simili a quelli nei quali può essere nata la vita: una pozza di fango termale, una sorgente calda di geyser e una pozza di acqua marina.

L.U.C.A. e i primi batteri autotrofi

L.U.C.A. (Last Unknown Common Ancestor) fu probabilmente il primo **archeobatterio**: adatto ad ambienti estremi con temperature molto elevate e sviluppatosi nell'ambiente acquatico.

Si presume che i primi batteri fossero eterotrofi e si nutrissero delle molecole organiche del brodo primordiale. Apparvero poi i batteri autotrofi.

Grazie a fossili risalenti a 3,5 miliardi di anni fa sappiamo che esistevano comunità di batteri autotrofi ed eterotrofi organizzate in ecosistemi (**stromatoliti**).

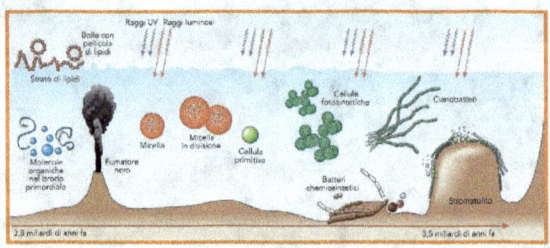

Gli eucarioti

Si ipotizza che la cellula eucariote sia nata da un **processo di associazione** tra differenti organismi unicellulari batterici. Queste cellule mettono a punto **mitosi** e **meiosi**. Compare poi la **riproduzione sessuata**.

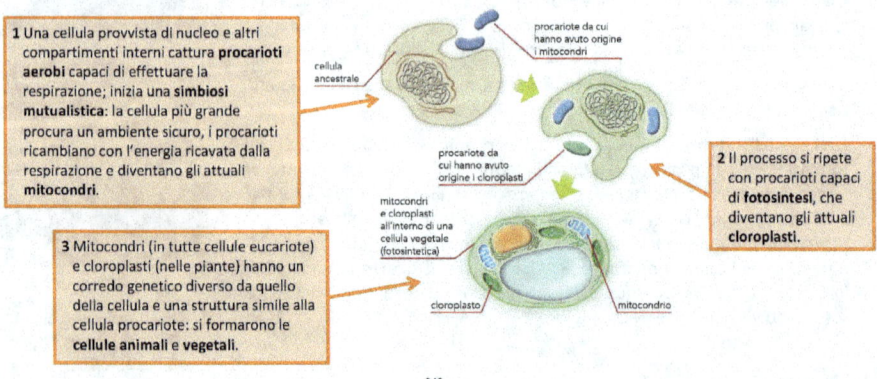

1 Una cellula provvista di nucleo e altri compartimenti interni cattura **procarioti aerobi** capaci di effettuare la respirazione; inizia una **simbiosi mutualistica**: la cellula più grande procura un ambiente sicuro, i procarioti ricambiano con l'energia ricavata dalla respirazione e diventano gli attuali **mitocondri**.

2 Il processo si ripete con procarioti capaci di **fotosintesi**, che diventano gli attuali **cloroplasti**.

3 Mitocondri (in tutte cellule eucariote) e cloroplasti (nelle piante) hanno un corredo genetico diverso da quello della cellula e una struttura simile alla cellula procariote: si formarono le **cellule animali** e **vegetali**.

I pluricellulari

Si ipotizza che i primi organismi pluricellulari (formati da più cellule specializzate) si originarono dalla mancata separazione, dopo la mitosi, di cellule eucariote che rimasero unite e, con divisioni successive, formarono una **colonia** di molti individui. In alcune colonie le cellule, coordinate come un unico individuo, si specializzarono in funzioni diverse.

I fossili delle prime forme pluricellulari risalgono a 620 milioni di anni fa: sono organismi con il corpo molle e piatto.

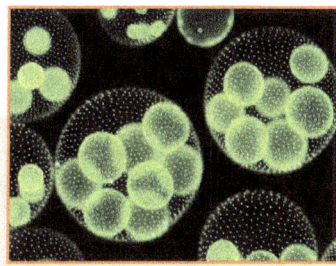

fossile

I primi organismi pluricellulari assomigliavano forse alle attuali colonie dell'**alga verde Volvox**: la colonia agisce come un solo organismo, le cellule battono i flagelli in modo coordinato facendo muovere la sfera nella direzione della luce; alcune cellule sono specializzate nella riproduzione.

Paleozoico (541 - 252 milioni di anni fa)

Le terre offrono **nuovi ambienti**: la **fotosintesi** è presente da 2 miliardi di anni e l'**ossigeno** prodotto dalle alghe verdi si è diffuso nell'acqua e nell'atmosfera; si forma lo **strato di ozono** che protegge dai raggi ultravioletti; l'anidride carbonica è diminuita. Le **alghe verdi carofite** colonizzano le rive e inizia l'evoluzione delle **piante terrestri**; fra gli animali, i primi sono **scorpioni**, **ragni** e **millepiedi**. Dai **crossopterigi** (gruppo di pesci ossei con le pinne sostenute da ossa e muscoli) evolvono gli **anfibi**. Le **felci** e gli **equiseti** hanno dimensioni di alberi di 30 m e formano foreste popolate da **insetti** giganteschi. Alla fine dell'era il clima inaridisce: dalle felci con seme evolvono **conifere primitive**; da un gruppo di anfibi i primi **rettili**.

L'era paleozoica si chiude 252 milioni di anni fa con la più grande **estinzione di massa** di tutta la storia della vita, causata dalla formazione del supercontinente Pangea che provoca estese glaciazioni, variazioni del livello marino, eruzioni vulcaniche.

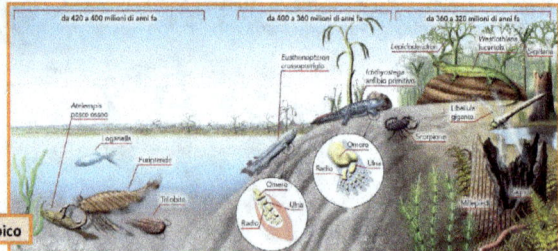

Mesozoico (252 - 66 milioni di anni fa)

Dominano i **rettili**, con la pelle protetta da squame, un'urina molto concentrata per risparmiare acqua e un uovo amniotico. In mare ci sono gli ittiosauri, simili agli attuali delfini; nei cieli gli pterosauri; nei fiumi, enormi coccodrilli. I dinosauri dominano sulle terre emerse per 150 milioni di anni, abitando foreste di conifere, steppe, deserti, rive di fiumi e laghi. All'inizio del Mesozoico compaiono i **mammiferi** che derivano dai **terapsidi**, un gruppo di rettili a sangue caldo coperto di peli: sono pochi, piccoli, insettivori, depongono uova, poi evolvono i marsupiali e i placentati. Alla fine del **Giurassico** appaiono i primi **uccelli**, evoluti dai **dromeosauri**, dinosauri carnivori coperti di penne e a sangue caldo. Dominano le **gimnosperme** con sequoie e Cycas; nel Cretacico compaiono le piante con fiore.

Alla fine del Mesozoico si forma l'oceano Atlantico e, nell'attuale Golfo del Messico, cade un enorme meteorite: scompaiono tutti i dinosauri, gli ittiosauri, gli pterosauri, gran parte dei rettili, molti animali marini; sopravvivono i mammiferi, gli uccelli, le tartarughe, le lucertole, i serpenti e i coccodrilli.

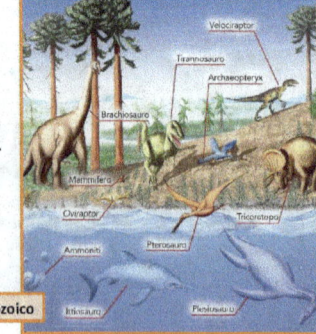

Cenozoico (66 milioni di anni fa - oggi)

Paleogene - Neogene (66 - 2,6 milioni di anni fa): dominano mammiferi e uccelli. I mammiferi hanno una dentatura differenziata (varietà nell'alimentazione), pelo e grasso sottocutaneo (calore del corpo), un cervello molto sviluppato, partoriscono figli vivi e allattano i piccoli. Nella maggior parte dei continenti si affermano i placentati. Gli uccelli hanno un cervello sviluppato e un corpo a sangue caldo. Le angiosperme e le gimnosperme hanno un grande sviluppo. In Africa, alla fine del Neogene, fra i primati incomincia a differenziarsi il ramo degli **Australopiteci**.

Paleogene

Quaternario (2,6 milioni di anni fa - oggi): il periodo dell'uomo. In Europa si alternano cinque glaciazioni, l'ultima alla fine dell'epoca Pleistocene (2,6 milioni - 11 700 anni fa). Compaiono gruppi di cacciatori di *Homo sapiens*: si estinguono molte specie (mammut, tigre dai denti a sciabola); si sviluppa l'agricoltura, nasce l'industria.

Quaternario

Il mistero dei misteri

Come ebbero origine le migliaia di specie che popolano la Terra?

- Il filosofo greco Aristotele (384-322 a.C.) elaborò la **teoria della fissità delle specie**: gli esseri viventi occupano ciascuno un proprio posto nella scala della natura (i più semplici nei livelli più bassi, l'uomo nel gradino più elevato, gli altri nei posti intermedi) ed esistono così da sempre.

- Con la diffusione del Cristianesimo si consolidò l'ipotesi del **creazionismo**: tutti gli esseri viventi hanno avuto origine nello stesso luogo nel momento della Creazione (6000 anni fa, secondo il calcolo di un ecclesiastico) e sono rimasti sempre gli stessi. Ma in terre lontane si scoprirono esemplari di piante e animali diversi da quelli conosciuti e nelle rocce si scoprirono i fossili di antichi organismi diversi da quelli attuali, come se le forme viventi si fossero trasformate nel tempo.

- **Georges Cuvier** (1769-1832) avanzò l'ipotesi del **catastrofismo**: tutti gli esseri viventi furono originati con la Creazione, ma in seguito al succedersi di catastrofi, molte forme viventi sono scomparse, sostituite da altre venute da lontano.

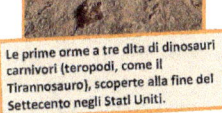
Le prime orme a tre dita di dinosauri carnivori (teropodi, come il Tirannosauro), scoperte alla fine del Settecento negli Stati Uniti.

Lamarck: gli organismi evolvono

Nel 1809, Jean Baptiste **Lamarck** (1744-1829) formula l'ipotesi che le specie attuali derivino **per evoluzione** da altre vissute nel passato: i primi esseri viventi hanno origine dalla materia inerte; da questi evolvono organismi sempre più complessi.
La **teoria di Lamarck** si basa su queste affermazioni:
- ogni essere vivente **modifica alcune parti del corpo** nella struttura e nelle funzioni **per essere adatto all'ambiente**;
- **l'uso continuo di un organo lo modifica, e così pure il non uso**;
- queste modifiche sono **caratteri acquisiti** che un individuo trasmette ai propri figli.

Le giraffe avevano il collo corto.

Lo hanno allungato per raggiungere i rami più alti.

Il carattere "collo lungo" è stato trasmesso ai figli.

Darwin e l'evoluzione dei viventi

Charles **Darwin** (1809-1882), in un viaggio di esplorazione scientifica sulla nave *Beagle*, raccoglie esemplari di animali e di piante sconosciuti. Nota che negli **stessi ambienti** gli organismi di continenti diversi hanno **adattamenti simili**. L'**ipotesi dell'attualismo** (la Terra è stata trasformata, in milioni di anni, da venti, piogge, terremoti, vulcani) poteva forse essere applicata ai fenomeni biologici del passato?
I fossili dimostravano che alcuni organismi scomparsi assomigliavano a quelli attuali, come se gli esseri viventi fossero cambiati per **trasformazioni graduali**.

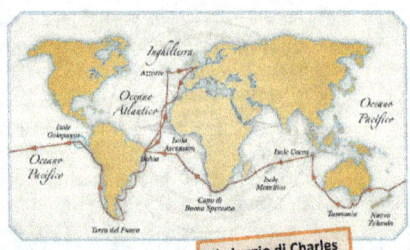

Il viaggio di Charles Darwin intorno al mondo.

Le basi della teoria
- Gli esseri viventi mettono al mondo **più figli di quanti possono sopravvivere**. Che cosa determina chi sopravvive e chi no?
- Gli individui di una stessa specie presentano **variazioni ereditabili**.
- Gli organismi di una specie sono in **competizione** fra loro nella lotta per la vita.

La selezione naturale
La natura favorisce con la selezione la riproduzione degli individui con **speciali caratteristiche, i più adatti all'ambiente**: Darwin chiamò questo processo **selezione naturale**.

Adattamento all'ambiente
Gli individui dotati delle caratteristiche più compatibili con l'ambiente hanno maggiori probabilità di sopravvivere e di riprodursi: gli **individui adatti** all'ambiente diventano la **maggioranza**, mentre gli **individui con caratteri svantaggiosi** sono **rari o scompaiono**.

L'evoluzione
Se in un ambiente avvengono grandi cambiamenti può succedere che:
- nessun individuo è adatto alle nuove condizioni e **la specie si estingue**;
- qualche individuo con nuove caratteristiche vantaggiose rimane in vita, trasmette le caratteristiche ai figli e questi a loro volta alle successive generazioni: si ha l'origine di una forma di vita diversa. Piccolissimi cambiamenti in migliaia, milioni di anni, portano a modifiche profonde: **le forme di vita evolvono**.

La **teoria dell'evoluzione per selezione naturale** di Darwin afferma che dai primi esseri viventi discendono tutti gli organismi che popolarono la Terra nel passato fino agli attuali. Per questo gli esseri viventi hanno **caratteristiche comuni**.

L'origine delle specie per selezione naturale

Secondo la teoria di Darwin una nuova specie si origina da una specie progenitrice per cambiamenti graduali in un tempo lunghissimo quando:
- una **barriera geografica** separa una popolazione dal resto dei compagni e non avvengono più contatti fra questi due gruppi;
- nel nuovo ambiente sono disponibili **fonti di cibo** e **posti dove vivere diversi** da quelli originali e non ci sono competitori;
- nella popolazione isolata c'è una **variabilità** e alcuni individui hanno caratteristiche adatte per il nuovo ambiente;
- i più **adatti** diventano la maggioranza;
- le differenze accumulate in un tempo lunghissimo sono tali che questi individui non sono più in grado di incrociarsi e di avere figli fecondi con quelli della popolazione originaria: formano una **nuova specie**.

L'oceano Pacifico ha isolato i **fringuelli sulle isole Galapagos** dalla specie continentale a cui appartenevano.

Le prove dell'evoluzione

- I **fossili** dimostrano che in 3,8 miliardi di anni si è passati dai primi esseri viventi a forme via via più complesse;
- i **fossili viventi** (specie attuali "sopravvissute") hanno mantenuto le caratteristiche di organismi estinti di cui rimangono solo i fossili;
- le **strutture omologhe** mettono in evidenza le origini comuni di gruppi di organismi;
- le **strutture vestigiali** (il sopravvivere di organi ormai privi di funzione);
- la **coevoluzione**, come tra fiori e insetti impollinatori, dimostra che sono evoluti insieme influenzandosi a vicenda;
- le **somiglianze nel DNA** rivelano i legami di parentela fra le specie;
- la **selezione naturale** sempre in atto.

In alto il fossile di un limulo che viveva 140 milioni di anni fa e in basso la forma attuale di questo crostaceo.

Il processo evolutivo dei primati

Circa 200 milioni di anni fa sulla Terra comparvero i primi mammiferi che si diffusero dopo la scomparsa dei dinosauri; alcuni si adattarono a vivere sugli alberi e diedero origine ai primati (proscimmie attuali, scimmie, ominidi).
Agli ominidi appartengono gli Australopiteci, i rappresentanti del genere *Homo* e gli *Homo sapiens*.

Le caratteristiche dei primati
- La **mano prensile**, con il pollice opponibile, che si chiude in senso contrario alle altre dita, offre una presa più sicura e può anche afferrare materiali;
- gli **occhi in posizione frontale** permettono una visione stereoscopica tridimensionale;
- la **buona visione** dei colori e una visione nitida servono a distinguere i frutti commestibili;
- la **dimensione della corteccia cerebrale**, in cui si trovano le aree associative e di coordinazione, è aumentata.

Gli **ominidi** hanno inoltre:
- **andatura bipede**, la capacità di camminare sugli arti inferiori;
- braccia più corte e **gambe** più **lunghe e robuste**;
- **muscoli glutei** più sviluppati, forma del bacino e inserzione del femore diversi;
- la **colonna vertebrale** attaccata al cranio nella parte mediana, con muscoli del collo meno sviluppati;
- **alluce corto** che forma una buona base d'appoggio insieme alle altre dita.

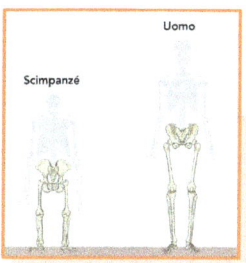

Scimpanzé e uomo: nell'uomo, che ha andatura bipede, sono differenti la forma del bacino, l'angolo con cui il femore si attacca alle anche, la lunghezza degli arti e la forma del piede.

Gli Australopiteci

La differenziazione della specie umana (ominazione) è avvenuta in Africa, in seguito a un cambiamento climatico che portò alla trasformazione di parte delle foreste africane in savana.

La stazione eretta
A partire dai primi decenni del XX secolo, in Sudafrica e nell'Africa orientale furono trovati scheletri e impronte di bipedi con caratteristiche simili a quelle delle scimmie. Il passaggio alla stazione eretta ha dato l'impulso all'evoluzione della specie umana: permetteva di compiere tragitti più lunghi sul terreno, lasciando gli arti superiori liberi per l'utilizzo di utensili; consentiva di individuare in lontananza gli eventuali pericoli.

Il pollice opponibile
I resti fossili ritrovati vennero riuniti nel genere ***Australopithecus***. Il cervello aveva all'incirca le stesse dimensioni di quello dello scimpanzé ma la dentatura era priva dei robusti e affilati canini; il pollice era più lungo e permetteva l'uso di armi e utensili (pezzi di legno, ossa, pietre). Dai 4 ai 2 milioni di anni fa vissero almeno tre specie diverse di Australopiteci: ***Africanus***, ***Robustus*** e ***Boisei***.

Ricostruzione del volto di Lucy, *Australopithecus afarensis* il cui scheletro è stato rinvenuto tra il 1974 e il 1978 in Etiopia.

Il genere *Homo*

Nel 1959 vennero ritrovati i primi resti di un individuo con un cervello più grande di quello degli australopitechi: nella parte sinistra sembra fosse presente l'area del linguaggio. Quest'ominide si fabbricava **utensili** scheggiando le pietre: fu chiamato ***Homo habilis***.

Non sappiamo se cacciasse ma di certo gli utensili gli servivano per scuoiare la carne e per tagliarla. Con quest'ominide ha inizio l'**evoluzione culturale**.

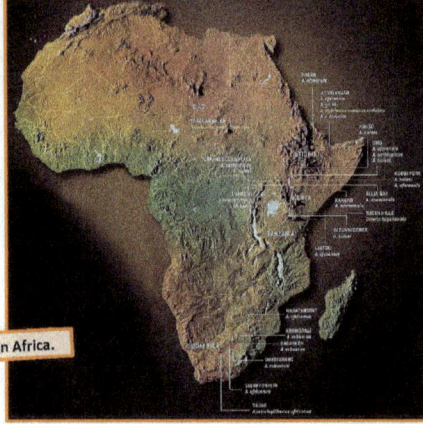

I ritrovamenti degli ominidi in Africa.

L'*Homo erectus*

Poco meno di 2 milioni di anni fa, comparve l'*Homo erectus*, ominide con un cervello ancora più grande, una maggiore statura e una postura molto simile alla nostra. Fu il primo ad abitare nelle caverne; usava utensili più raffinati; gli si attribuisce la **scoperta del fuoco**.

Alcuni studiosi lo ritengono il progenitore da cui discendiamo; altri sostengono che dall'Africa si sia diffusa nel resto del mondo per poi estinguersi e lasciare il posto ad altre specie di *Homo*.

Selci scheggiate su entrambi i lati.

L'*Homo neanderthalensis*

L'uomo di Neanderthal visse in Europa e in Asia da 130 000 fino a 30 000 anni fa, epoca in cui avvenne una glaciazione: i ghiacciai coprirono gran parte delle terre emerse. La struttura corporea dell'uomo di Neanderthal era adatta alla rigidità del clima; avevano un cervello più grande del nostro, una struttura sociale, un linguaggio; hanno lasciato resti di oggetti ornamentali. Praticavano il culto dei morti, associato forse a primitive forme di religiosità. Alla fine del periodo glaciale, sono scomparsi forse perché meno adatti rispetto all'uomo nuovo che stava colonizzando il loro territorio.

Ricostruzione dell'uomo di Neanderthal.

L'uomo moderno

Secondo alcuni studiosi l'*Homo sapiens*, potrebbe discendere da una delle specie europee di Homo; secondo altri sarebbe una specie evoluta in Africa intorno a 200 000 anni fa e in seguito migrata nel resto del mondo.
I primi uomini moderni che abitarono l'Europa a partire da 35 000 anni fa sono gli uomini di **Cro Magnon**: vivevano nelle **caverne**, costruivano **strumenti raffinati** (aghi, ami da pesca, arpioni di osso e di avorio), avevano un'**organizzazione sociale** (esisteva forse una divisione dei ruoli: gli uomini si dedicano alla caccia, le donne si occupano dei bambini e della raccolta del cibo), un **linguaggio articolato**, erano **cacciatori-raccoglitori**.

Degli uomini di Cro Magnon ci restano straordinarie opere d'arte, graffite oppure disegnate con il carboncino e spesso dipinte con terre colorate sulle pareti delle caverne.

Le pitture rupestri delle grotte di Lascaux in Francia.

Le pitture rupestri presenti nelle grotte di Altamira in Spagna.

Le pitture rupestri presenti nella grotta Chauvet in Francia.

La nascita della civiltà

Tra gli 11 000 e i 9000 anni fa alcuni gruppi di uomini diventano agricoltori e allevatori provocando enormi cambiamenti:
- diventano **stanziali**;
- per difendersi e collaborare si riuniscono in **villaggi**;
- crescendo i villaggi diventano **città**;
- grazie allo scambio di merci si sviluppano **lingue comuni**;
- nasce la **scrittura**.

Questo tipo di vita si diffonde in tutto il mondo dando origine alle diverse civiltà.

Una tavoletta in caratteri cuneiformi: con l'invenzione della scrittura la preistoria diventa storia.

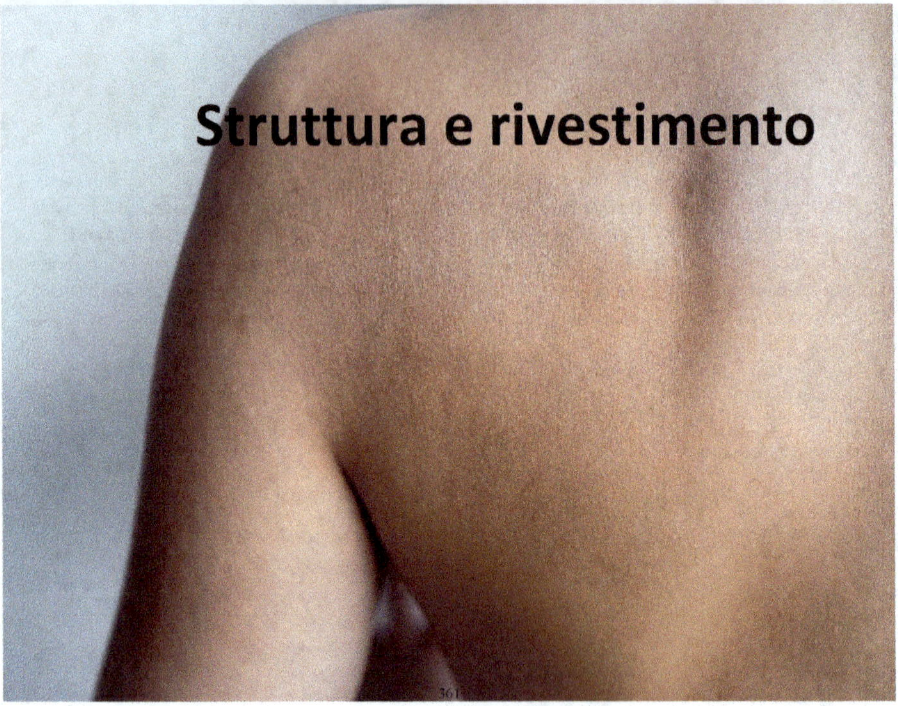

Struttura e rivestimento

La struttura del corpo umano

Il nostro corpo è formato da:

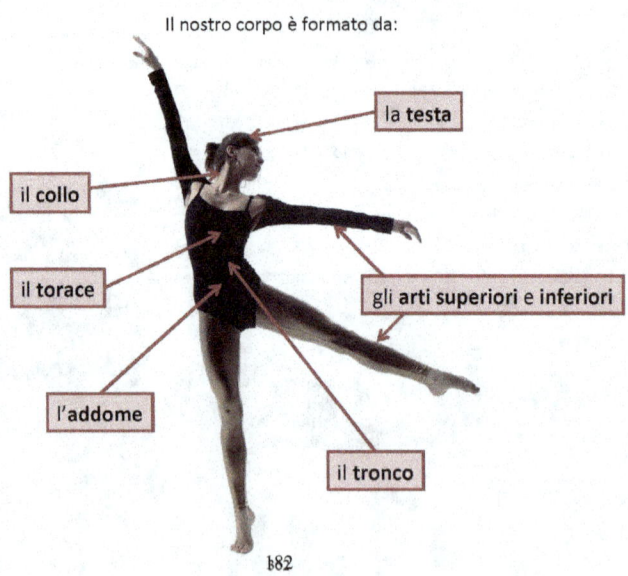

- la testa
- il collo
- il torace
- gli arti superiori e inferiori
- l'addome
- il tronco

Dalle cellule ai tessuti

L'essere umano, come tutti gli organismi viventi, è composto da **cellule**.
Nel nostro corpo le cellule si distinguono in tanti tipi, differenti fra di loro per **struttura** e per **funzione**.
Cellule dello stesso tipo si uniscono per formare un **tessuto**.

I tipi di tessuti

- I **tessuti epiteliali** sono formati da cellule ravvicinate, che formano uno strato compatto. Sono epiteliali i **tessuti di rivestimento**, come la pelle e le mucose, e il **tessuto ghiandolare**.

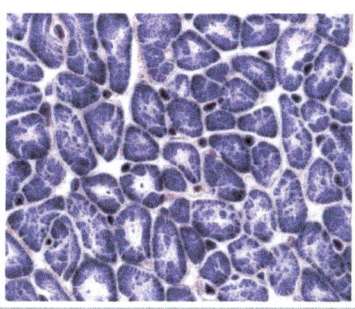

tessuto di rivestimento

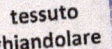
tessuto ghiandolare

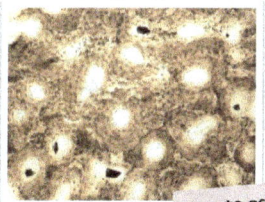
tessuto osseo

- I **tessuti connettivi** sono formati da cellule distanziate fra di loro e disperse in una sostanza intercellulare. Sono tessuti connettivi, ad esempio, il **tessuto osseo** e il **sangue**.

I tipi di tessuti

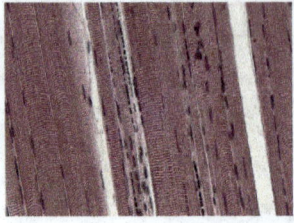

- I **tessuti muscolari** sono formati da cellule di forma affusolata, che possono accorciarsi e allungarsi. Permettono il **movimento dell'organismo** e la **contrazione di alcuni organi**, come il cuore.

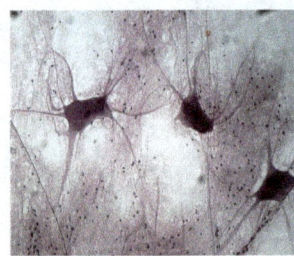

- I **tessuti nervosi** sono formati da cellule dotate di prolungamenti che trasmettono gli **impulsi** dal cervello al corpo. Inoltre trasmettono le **sensazioni** dalle varie parti del corpo al cervello.

Dai tessuti agli organi

I tessuti, a loro volta, formano **strutture più complesse** che collaborano per **svolgere una stessa funzione**: gli **organi**.

Gli organi possono essere formati da **tessuti dello stesso tipo**, come il cervello, o da **tessuti diversi**, come l'organo dell'udito, posto nell'orecchio interno.

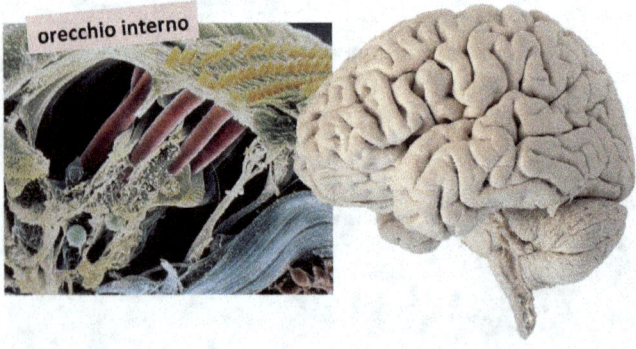

orecchio interno

Dagli organi ai sistemi e agli apparati

Quando **organi diversi** sono uniti tra loro e svolgono uno **stesso compito**, si formano i sistemi e gli apparati.

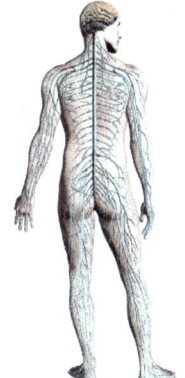

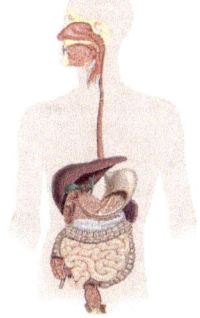

Un sistema è l'**insieme di organi** formati da **tessuti dello stesso tipo**, come ad esempio il sistema nervoso.

Un apparato è l'insieme di organi formati da **tessuti diversi tra di loro**, come ad esempio l'apparato digerente.

La pelle

La **pelle** (o cute) è un organo vero e proprio, ed il più esteso del corpo umano. Insieme agli **annessi cutanei** (capelli, peli, unghie, ghiandole) e alle **mucose** forma l'**apparato tegumentario**.

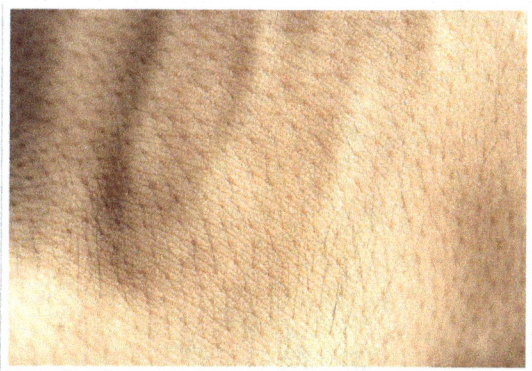

Le funzioni della pelle

La pelle svolge diverse funzioni:
- **regola la temperatura del corpo**, disperdendo o conservando il calore, producendo sudore e regolando il flusso sanguigno. Contribuisce inoltre all'**eliminazione delle sostanze di rifiuto**;

- **protegge** da possibili aggressioni dall'esterno (sostanze dannose, radiazioni del Sole...). Impedisce, inoltre, la fuoriuscita dei liquidi corporei;

- **riceve diversi tipi di stimoli** (di pressione, di contatto, di dolore...) e li trasmette al **sistema nervoso centrale**;

- **trasforma**, sotto l'azione del **Sole**, le provitamine assunte con gli alimenti in **vitamina D**, che facilita l'assorbimento del calcio.

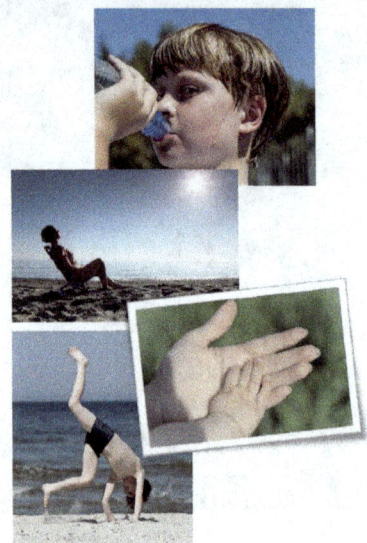

La struttura della pelle

La pelle è formata da tre strati:
- l'**epidermide**, più superficiale, formata da uno **strato corneo** e uno **strato germinativo**;
- il **derma**, intermedio, che contiene i **vasi sanguigni**, le **terminazioni nervose** e le **fibre di collagene**, che rendono il derma elastico e resistente;
- l'**ipoderma**, più profondo, formato soprattutto da **cellule adipose**, che hanno il compito di avvolgere il corpo in uno strato isolante, proteggendolo dal freddo.

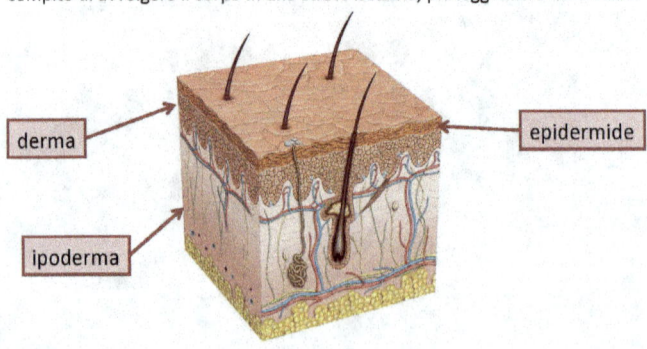

Gli annessi cutanei

I **peli** sono costituiti da un **fusto**, che sporge all'esterno, ed è inserito in una cavità della pelle, il **follicolo pilifero**. In fondo a ogni follicolo si trova la parte più profonda del pelo, il **bulbo pilifero**, ricco di vasi sanguigni e di nervi. Vicino al bulbo si trova il **muscolo erettore** del pelo che, in seguito agli stimoli del freddo o della paura, provoca quel fenomeno comunemente chiamato "pelle d'oca".

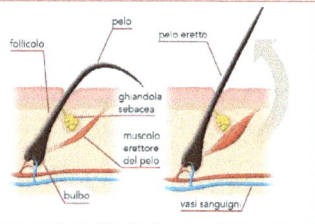

Le **unghie** derivano dalla trasformazione dell'epidermide sulla punta delle mani e dei piedi e hanno una funzione di **protezione**.

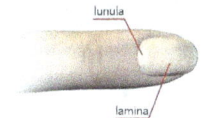

Le ghiandole presenti nel derma sono **esocrine**, cioè riversano le sostanze prodotte all'esterno del corpo. Sono le **ghiandole sudoripare**, che producono il sudore; le **ghiandole sebacee**, che producono il sebo; le **ghiandole mammarie**, presenti negli adulti e più sviluppate nel sesso femminile.

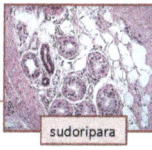
sudoripara

sebacea

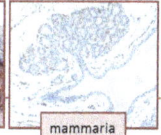
mammaria

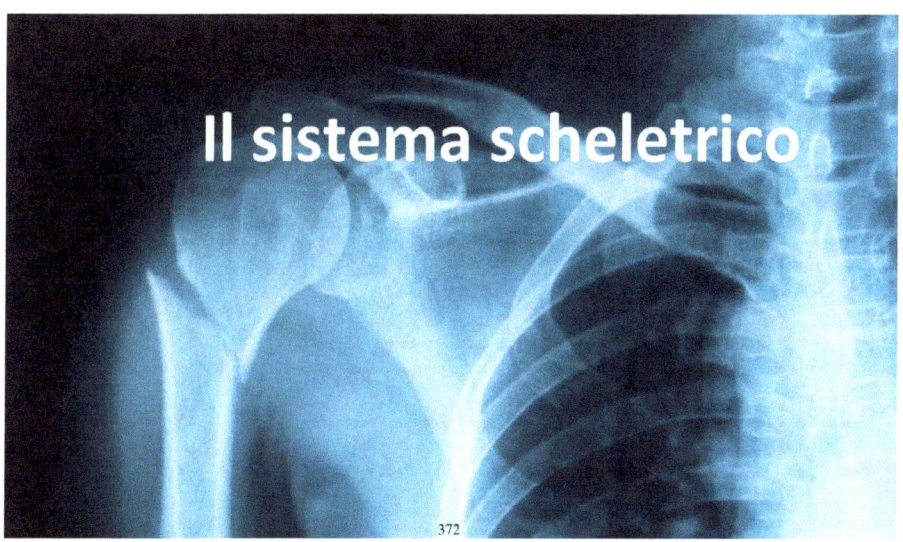
Il sistema scheletrico

Le funzioni dello scheletro

Il sistema scheletrico è formato da ben 206 **ossa** e dalle **articolazioni**, che le congiungono e permettono loro di muoversi.
Le ossa:
- svolgono una funzione di **sostegno**;
- collaborano al **movimento** con l'aiuto dei muscoli;
- **proteggono** gli organi più importanti;
- sono **riserve di calcio**;
- contengono al loro interno il **midollo osseo**.

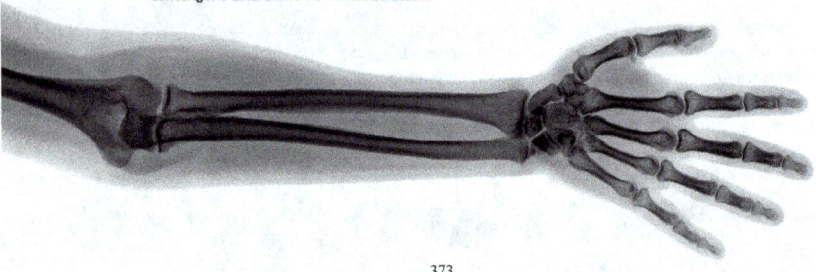

I tipi di ossa

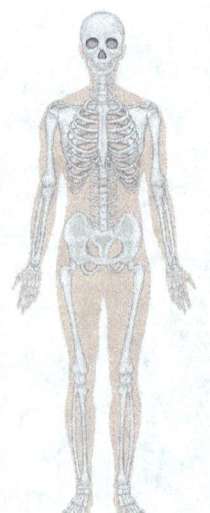

Le ossa **non sono tutte uguali** e si distinguono in **tre tipi**.

- **Ossa lunghe**: le loro estremità si chiamano **epifisi**, mentre la parte centrale si chiama **diafisi**. Si trovano negli arti: **braccia** e **gambe**.

- **Ossa piatte**: possono delimitare cavità del corpo, come le ossa del **bacino**, o proteggere organi delicati, come le **ossa del cranio**.

- **Ossa corte**: sono ossa corte le **vertebre** e alcune ossa della **mano** e del **piede**.

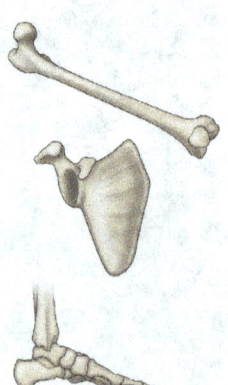

Come si formano le ossa

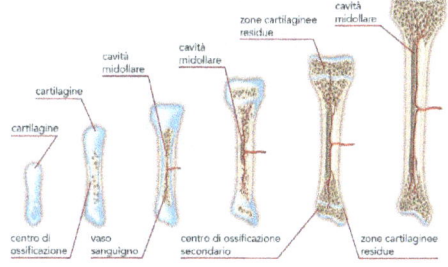

- Nell'**embrione**, verso il secondo mese di gravidanza, tutte le ossa prendono forma da un **modello di cartilagine**, che comincia a trasformarsi in osso.
- Successivamente la cartilagine comincia a **ossificarsi** a partire dalla zona centrale. La cartilagine viene invasa dalle cellule che costruiscono l'osso, gli **osteoblasti**, dai **vasi sanguigni** e dalle **fibre nervose**.
- Dopo la **nascita**, l'accrescimento continua e si formano centri di **ossificazione secondari** alle estremità dell'osso.
- L'**ossificazione completa** si ha solo verso i **20 anni**, quando termina la crescita del corpo.

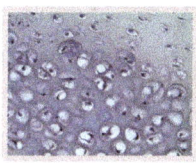

La **cartilagine** è formata da cellule che elaborano una sostanza a base di fibre elastiche, il **collagene**, nella quale restano immerse.

375

Come sono fatte le ossa

Durante l'ossificazione gli **osteoblasti** producono e accumulano fibre di una proteina elastica chiamata **osseina**, che rende l'osso elastico.

Insieme all'osseina si fissano **sali di calcio**, che rendono l'osso duro e resistente.

Quando gli osteoblasti hanno organizzato sufficiente sostanza interstiziale (sali di calcio e osseina) si trasformano in cellule mature, gli **osteociti**.

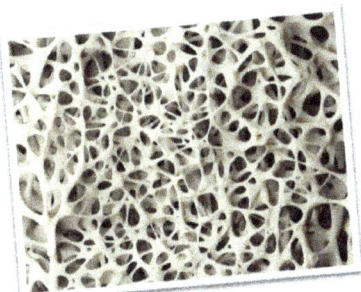

376

I tipi di tessuto osseo

Ci sono due tipi di tessuto osseo:
- **compatto**, che ha una struttura a lamelle concentriche intorno a microscopici canali, i **canali di Havers**;
- **spugnoso**, in cui le lamelle sono disposte in modo irregolare a formare una rete, le cui maglie si chiamano **trabecole**.

Nelle cavità del tessuto spugnoso e nei canali di Havers passano i **vasi sanguigni**, i **vasi linfatici** e i **nervi**.

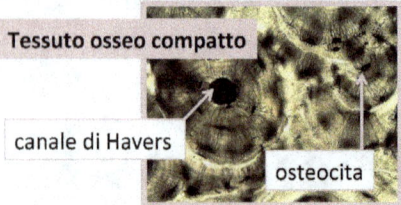

Tessuto osseo compatto

canale di Havers

osteocita

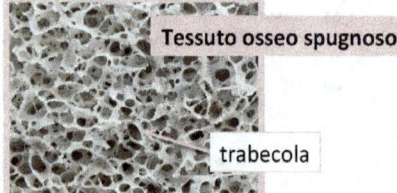

Tessuto osseo spugnoso

trabecola

Il midollo osseo

Tutte le ossa hanno molte **cavità interne** che le rendono più leggere. Queste cavità non sono vuote, ma contengono il **midollo osseo**, che si distingue in:

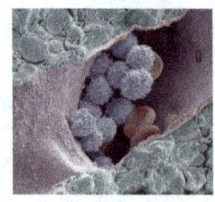

- **midollo rosso**, che contiene le **cellule staminali** che danno origine alle **cellule del sangue** (globuli rossi, globuli bianchi e piastrine);

- **midollo giallo**, che si trova all'interno del canale centrale delle ossa lunghe.
  È ricco di **grassi** e costituisce un'importante **riserva energetica**.

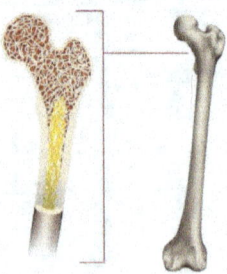

Lo scheletro

Lo scheletro può essere distinto in tre parti: la **testa**, il **tronco** e gli **arti**.

Lo scheletro della testa

- Il **cranio** è formato da 8 ossa saldate fra di loro a formare la **scatola cranica**.

- La **faccia** è formata da 14 ossa, alcune delle quali formano il palato e sostengono il cervello. L'unico osso mobile della testa è la **mandibola**.

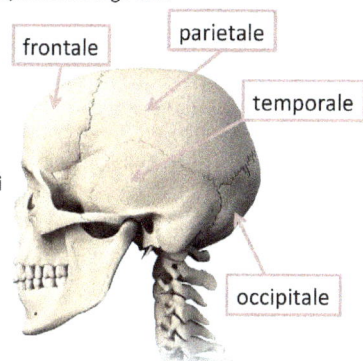

Lo scheletro

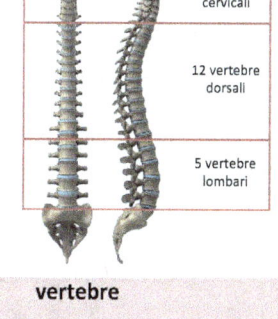

Lo scheletro del tronco

La **colonna vertebrale** è l'asse portante del nostro corpo e protegge al suo interno il **midollo spinale**.

È formata da 33-34 vertebre.

- Ogni vertebra è formata da un **corpo vertebrale** e da sporgenze chiamate **apofisi**.
- Le apofisi si uniscono tra loro formando un anello che delimita il **foro vertebrale**.
- La successione dei fori forma il **canale vertebrale** in cui passa il **midollo spinale**.

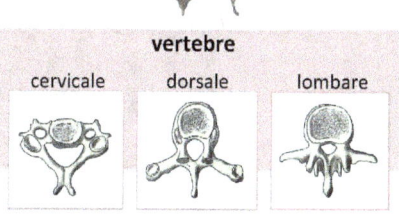

Lo scheletro

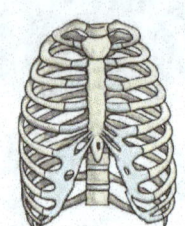

Lo scheletro del tronco
Alle vertebre toraciche si articolano 12 paia di **costole**, che nella parte anteriore del torace si articolano allo **sterno**. Viene a formarsi così una struttura ossea chiusa, la **gabbia toracica**, che protegge molti delicati organi interni.

Allo scheletro del tronco appartengono anche:

- il **cinto scapolo-omerale**, formato dalle **clavicole** e dalle **scapole**, a cui si articola l'osso del braccio, l'**omero**;
- il **cinto pelvico** o **bacino**, formato dall'osso dell'**anca**, in cui si fondono tre ossa: **ileo**, **pube** e **ischio**.

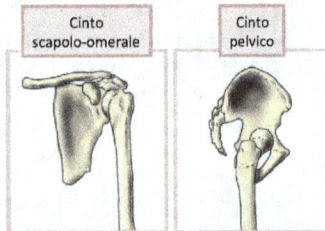

Cinto scapolo-omerale

Cinto pelvico

Lo scheletro

Lo scheletro degli arti
È costituito per la maggior parte da **ossa lunghe**, che funzionano come leve per il movimento.

Nell'**arto superiore** si possono distinguere **braccio, avambraccio** e **mano**.

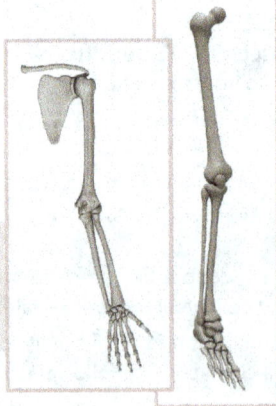

Nell'**arto inferiore** le diverse regioni prendono il nome di **coscia, gamba, piede**.

Articolazioni e legamenti

I punti di giunzione tra due ossa vicine si chiamano <u>articolazioni</u>.
Le articolazioni possono essere **mobili** (come quelle del gomito, della spalla e del capo), **semimobili** (come quelle tra le vertebre), e **fisse** (come quelle tra le ossa del cranio).

Le ossa sono tenute insieme da cordoni fibrosi, i **legamenti**, che accompagnano i movimenti.

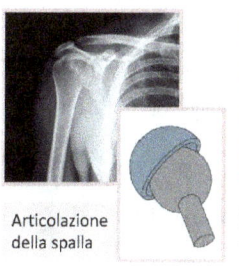
Articolazione della spalla

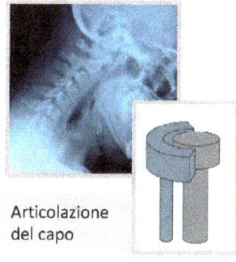
Articolazione del capo

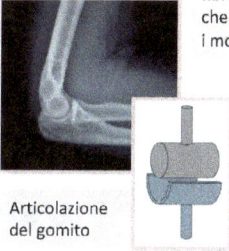
Articolazione del gomito

L'apparato respiratorio

La funzione dell'apparato respiratorio

Per poter fornire **energia** alle cellule, gli zuccheri e i grassi devono essere "bruciati" al loro interno.
La **combustione** che avviene nelle cellule è naturalmente diversa dalla combustione del legno, ma in entrambi i casi è necessario che ci sia **ossigeno** e, alla fine, si formano **anidride carbonica** e **vapore acqueo**.

L'**apparato respiratorio** ha il compito di **portare all'interno** del corpo l'aria ricca di **ossigeno** ed **eliminare** le scorie di **anidride carbonica** e **vapore acqueo**.

Il percorso dell'aria

L'apparato respiratorio comunica con l'esterno mediante le **vie aeree**, cioè il **naso**, la **faringe**, la **laringe**, la **trachea** e i **bronchi**.
Attraversando questi organi, l'aria arriva ai **polmoni**, dove avviene lo scambio gassoso vero e proprio.

L'aria viene introdotta nelle **cavità nasali** e attraversa i **seni paranasali**.

Passa poi nella **faringe**, che è in comune con l'apparato digerente, e da qui nella laringe.

La **laringe** è sostenuta da cartilagini che la mantengono sempre aperta. Sulle pareti interne della laringe sono presenti quattro pieghe, le **corde vocali**; la loro vibrazione provoca l'emissione di suoni.

Un'altra cartilagine è l'**epiglottide**, che chiude la laringe durante la deglutizione: in questo modo evita che l'acqua e il cibo entrino nella trachea.

Il percorso dell'aria

Dalla laringe l'aria passa nella **trachea**, un canale che scorre davanti all'esofago.

La trachea si biforca nei due **bronchi**, che si dirigono ciascuno verso un polmone. All'interno dei polmoni i bronchi si dividono in una fitta rete di bronchi secondari, i **bronchioli**.

Gli **alveoli polmonari** sono piccoli sacchi, disposti a grappolo attorno ai bronchioli, attraverso cui avvengono gli scambi respiratori.

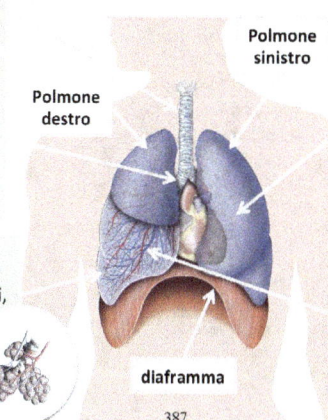

Polmone destro

Polmone sinistro

bronchiolo

diaframma

I **polmoni** si appoggiano sul **diaframma**, un muscolo piatto che separa la cavità toracica da quella addominale. Sono composti da un tessuto elastico, di consistenza spugnosa. Ciascun polmone è rivestito da una membrana chiamata **pleura**.

All'interno dei polmoni le **vene** e le **arterie polmonari** si diramano in vasi sempre più piccoli, che raggiungono gli alveoli polmonari.

La respirazione polmonare

I polmoni non hanno fibre muscolari; aderiscono alle pareti della gabbia toracica e ne seguono passivamente i movimenti. A far variare il volume della cavità toracica sono i **muscoli respiratori**, cioè i **muscoli intercostali**, che muovono le costole, e il **diaframma**. La respirazione polmonare è costituita da **due movimenti**.

Durante l'**inspirazione** i muscoli intercostali si contraggono e sollevano le costole, il diaframma si contrae e si abbassa, la cavità toracica aumenta di volume. I polmoni si dilatano e **l'aria entra**.

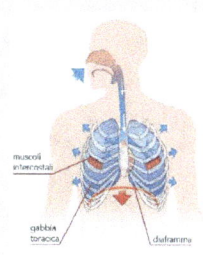

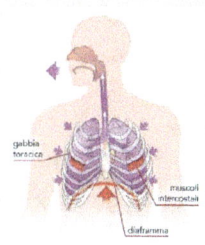

Durante l'**espirazione** i muscoli intercostali si rilassano e abbassano le costole, il diaframma si rilassa e si alza. La cavità toracica diminuisce di volume, i polmoni ritornano al volume normale e **l'aria esce**.

Come avvengono gli scambi gassosi

Gli **scambi** di **ossigeno** e **anidride carbonica** avvengono negli **alveoli polmonari**, circondati da una fitta rete di **capillari sanguigni**. Gli scambi avvengono per **diffusione**: ogni gas si sposta dai punti in cui è più concentrato a quelli in cui lo è di meno.

Il **sangue povero di ossigeno e ricco di anidride carbonica** viene trasportato dal cuore ai polmoni attraverso l'**arteria polmonare**. Nei **capillari polmonari** l'anidride carbonica è più concentrata, perciò **dal sangue**, in cui si trova in parte legata a una proteina chiamata **emoglobina**, si diffonde **verso gli alveoli**.

All'interno degli **alveoli polmonari**, al contrario, la concentrazione dell'ossigeno è maggiore rispetto al sangue, quindi compie il **percorso inverso**. Il **sangue ricco di ossigeno e povero di anidride carbonica** giunge **al cuore** attraverso la **vena polmonare**, per essere **distribuito a tutto il corpo**.

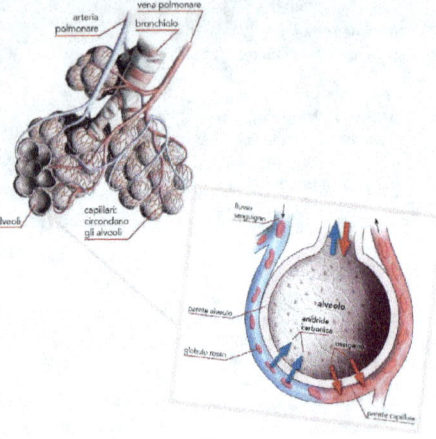

La respirazione cellulare

La respirazione polmonare serve per portare l'ossigeno a tutte le cellule, che compiono la vera respirazione. La **respirazione cellulare** è costituita da una serie di reazioni che hanno luogo all'interno dei **mitocondri**, dove l'ossigeno rompe le molecole di glucosio liberando l'energia che contengono.

Da **1 molecola di glucosio**, utilizzandone **6 di ossigeno** per ossidarlo, cioè "bruciarlo", se ne ottengono **6 di anidride carbonica** e **6 di acqua**, inoltre si libera **energia**.

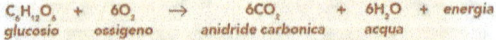

L'**energia** liberata nella respirazione cellulare viene **immagazzinata** all'interno della cellula, pronta per essere utilizzata quando sarà necessario.

L'**anidride carbonica** prodotta, invece, passa dalle cellule al sangue, che la trasporta ai polmoni; da qui viene espulsa all'esterno.

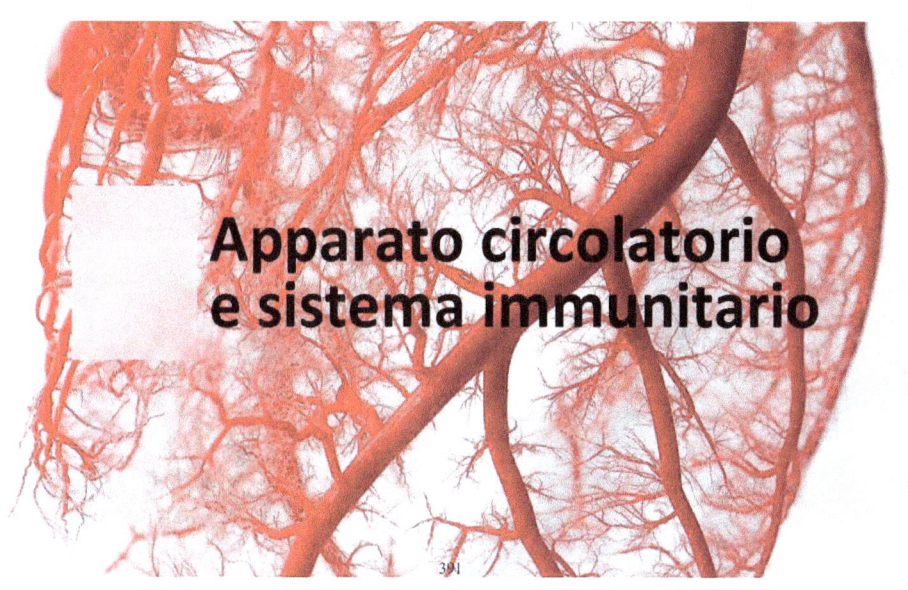

L'apparato circolatorio

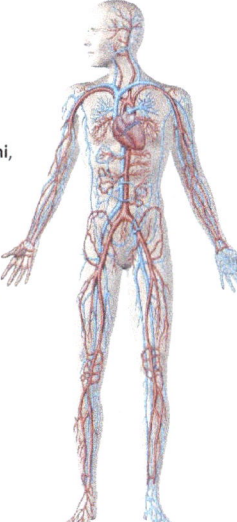

L'apparato circolatorio è formato da un complesso sistema di **vasi sanguigni**, suddivisi in **arterie**, **vene** e **capillari**, all'interno dei quali scorre il **sangue**, e dal **cuore**, un muscolo che costituisce il motore di tutto il sistema.

L'apparato circolatorio ha il compito di far **circolare il sangue** in tutto l'organismo:
- trasporta le sostanze nutrienti, l'ossigeno e gli ormoni a tutti i tessuti del nostro corpo (**funzione nutritiva**);
- riceve i prodotti di scarto, come l'anidride carbonica, e li trasporta agli organi dove saranno eliminati, come i polmoni (**funzione depurativa**);
- trasporta le cellule che combattono le infezioni (**funzione difensiva**);
- contribuisce a mantenere costante la temperatura (**termoregolazione**).

Il sangue

Il sangue è un **tessuto** che si presenta come un liquido rosso un po' vischioso.

È costituito da:
- una **parte liquida**, il **plasma**, formata per il 90% da acqua in cui sono disciolti sali minerali, proteine, zuccheri, grassi, ormoni;
- una **parte corpuscolata** formata da cellule, i **globuli rossi** e i **globuli bianchi**, e da frammenti di cellule, le **piastrine**.

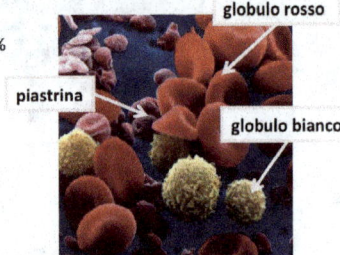

Il sangue

I globuli rossi

I **globuli rossi**, chiamati anche **eritrociti**, sono cellule piccolissime, a forma di disco biconcavo schiacciato al centro e sono privi di nucleo. Contengono l'**emoglobina**, una proteina globulare a forma di gomitolo che li colora di rosso.

Ciascuna molecola possiede **4 atomi di ferro** che consentono **di legarsi sia all'ossigeno sia all'anidride carbonica**: i globuli rossi trasportano quindi l'**ossigeno** dai polmoni alle cellule e una parte dell'anidride carbonica dalle cellule ai polmoni.

Sono **prodotti dal midollo rosso** delle ossa, vivono circa 3-4 mesi, poi, non potendo riprodursi perché privi di nucleo, vengono **distrutti nella milza**.

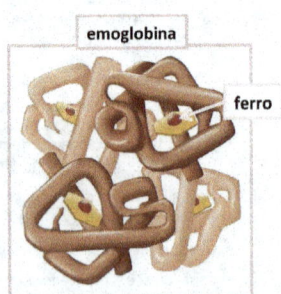

Il sangue

Le piastrine

Le **piastrine**, note anche come **trombociti**, sono frammenti di cellula e perciò sono prive di nucleo. Hanno un duplice compito:
- **mantenere fluido il sangue** all'interno dei vasi sanguigni;
- **farlo coagulare** quando viene a contatto con l'aria, grazie alle appendici di cui dispongono e che aderiscono ai tessuti lesionati.

Sono prodotte dal **midollo rosso** delle ossa, vivono circa 10 giorni e poi sono distrutte nella **milza**.

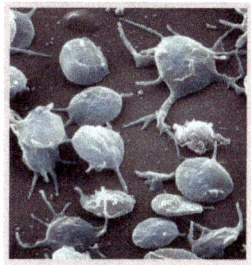

Il sangue

I globuli bianchi

I **globuli bianchi**, detti anche **leucociti**, sono cellule di diversi tipi e sono tutte provviste di nucleo.

Si suddividono in tre gruppi:
- i **linfociti**,
- i **granulociti**,
- i **monociti**.

Hanno il compito di **difendere l'organismo dalle infezioni**. Svolgono tale funzione raggiungendo i tessuti in cui si sta sviluppando l'infezione e distruggendo i microrganismi infettivi, oppure producendo delle proteine, gli **anticorpi**, che rendono inoffensivi i virus e i batteri.

I globuli bianchi vengono prodotti dal **midollo rosso** delle ossa; alcuni maturano nelle ghiandole linfatiche e nella milza. Vivono per periodi variabili, da qualche giorno a molti anni, anche per tutta la durata della vita.

I vasi sanguigni

Il sangue circola trasportato dai **vasi sanguigni**: arterie, vene e capillari.

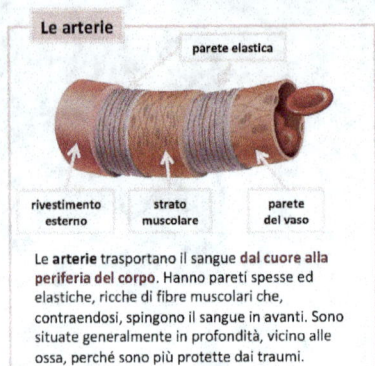

Le arterie

parete elastica

rivestimento esterno | strato muscolare | parete del vaso

Le **arterie** trasportano il sangue **dal cuore alla periferia del corpo**. Hanno pareti spesse ed elastiche, ricche di fibre muscolari che, contraendosi, spingono il sangue in avanti. Sono situate generalmente in profondità, vicino alle ossa, perché sono più protette dai traumi.

Le vene

valvola a nido di rondine

rivestimento esterno | strato muscolare | parete del vaso

Le **vene** trasportano il sangue **dalla periferia del corpo verso il cuore**. Sono bluastre, più sottili e situate più superficialmente rispetto alle arterie. Poiché hanno pareti meno elastiche delle arterie, all'interno delle vene più grandi si trovano delle **valvole**, dette a **nido di rondine**, che aiutano il movimento del sangue verso il cuore. Queste valvole si aprono al passaggio del sangue e poi si richiudono, impedendogli di ritornare indietro.

I vasi sanguigni

I capillari

Le arterie e le vene, man mano che raggiungono i tessuti, si dividono in **vasi di diametro sempre più piccolo** che si diramano verso tutte le cellule. Sono chiamati **capillari**, perché sono sottili come capelli.

È proprio attraverso i capillari che avvengono **gli scambi tra ossigeno e anidride carbonica** e **tra sostanze nutrienti e sostanze di rifiuto**.

Durante il loro percorso le **arterie** si dividono in rami più piccoli, le **arteriole**, e queste in rami ancora più piccoli, i **capillari arteriosi**. Qui il sangue arterioso, proveniente dal cuore, cede l'ossigeno e le sostanze nutritive alle cellule, raccoglie le sostanze di rifiuto e diventa sangue venoso, che scorre nei **capillari venosi**. Questi si riuniscono a formare piccole vene, le **venule**, e poi le **vene**, che si dirigono verso il cuore.

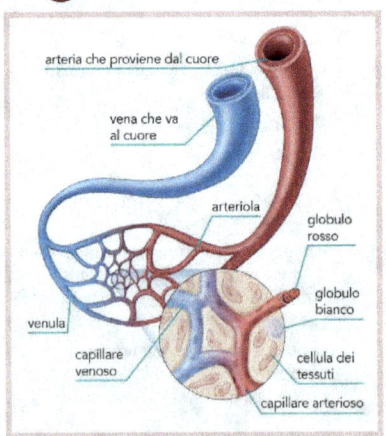

Come è fatto il cuore

Il cuore è un **muscolo cavo**, grande come un pugno e pesa circa 2,5 hg. È situato in mezzo al torace, davanti ai polmoni, protetto dalle costole e dallo sterno.

Le pareti del cuore sono di <u>tessuto muscolare striato</u> (il miocardio) i cui movimenti sono **involontari**. È rivestito da una membrana, il **pericardio**.

Le <u>contrazioni del cuore</u> fanno circolare il sangue nei vasi. Il cuore è diviso in **due cavità**, la destra e la sinistra, che **non comunicano fra loro**. Nella parte **sinistra** si trova il **sangue arterioso ricco di ossigeno**; nella parte **destra** si trova il **sangue venoso che deve andare a ossigenarsi** nei polmoni.

Ogni parte è divisa in due:

- l'**atrio**, in alto,
- il **ventricolo**, in basso.

Ogni atrio comunica con il proprio ventricolo per mezzo di una **valvola** che fa passare il sangue dall'atrio al ventricolo, ma impedisce che torni indietro.

Il sangue entra nel cuore nei due atri ed esce dal cuore dai due ventricoli. Nel cuore ci sono due atri e due ventricoli perché nel nostro corpo in realtà ci sono **due sistemi di circolazione**, distinti ma collegati, la grande e la piccola circolazione.

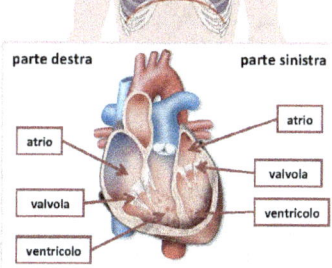

Come funziona il cuore

Il cuore è un muscolo che si dilata e si contrae **in modo automatico e ritmico**. Quando gli **atri si contraggono** i **ventricoli si dilatano** e viceversa.

1. **Gli atri si dilatano:** il sangue venoso (ricco di anidride carbonica) entra nell'atrio di destra; il sangue arterioso (ricco di ossigeno) entra nell'atrio di sinistra.
2. **Gli atri si contraggono** e spingono il sangue nei rispettivi ventricoli.
3. **I ventricoli** si dilatano per accogliere il sangue.
4. **I ventricoli** si contraggono: il sangue venoso del ventricolo destro va nell'arteria polmonare che porta il sangue ai polmoni per essere ossigenato; il sangue arterioso del ventricolo di sinistra va nell'arteria aorta per andare al resto del corpo.

Il succedersi ritmico di queste quattro fasi sono il **ciclo cardiaco**. In realtà però sono due, perché la contrazione degli atri e la dilatazione dei ventricoli avviene contemporaneamente.

Il cuore per contrarsi non riceve un impulso dal sistema nervoso centrale, ma è dotato di un piccolo sistema elettrico che trasmette alle fibre muscolari del cuore lo stimolo a contrarsi e controllano il <u>ritmo cardiaco</u>.

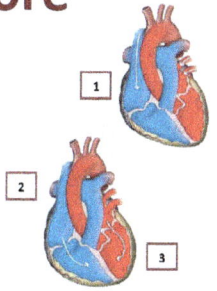

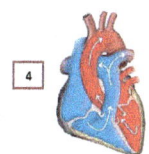

Come circola il sangue

La grande circolazione: dal cuore alle cellule

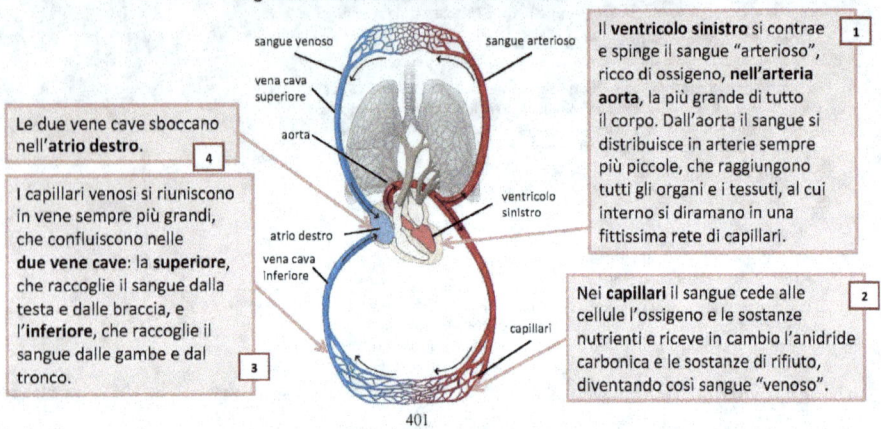

Il **ventricolo sinistro** si contrae e spinge il sangue "arterioso", ricco di ossigeno, **nell'arteria aorta**, la più grande di tutto il corpo. Dall'aorta il sangue si distribuisce in arterie sempre più piccole, che raggiungono tutti gli organi e i tessuti, al cui interno si diramano in una fittissima rete di capillari. **1**

Le due vene cave sboccano nell'**atrio destro**. **4**

I capillari venosi si riuniscono in vene sempre più grandi, che confluiscono nelle **due vene cave**: la **superiore**, che raccoglie il sangue dalla testa e dalle braccia, e l'**inferiore**, che raccoglie il sangue dalle gambe e dal tronco. **3**

Nei **capillari** il sangue cede alle cellule l'ossigeno e le sostanze nutrienti e riceve in cambio l'anidride carbonica e le sostanze di rifiuto, diventando così sangue "venoso". **2**

Come circola il sangue

La piccola circolazione: dal cuore ai polmoni

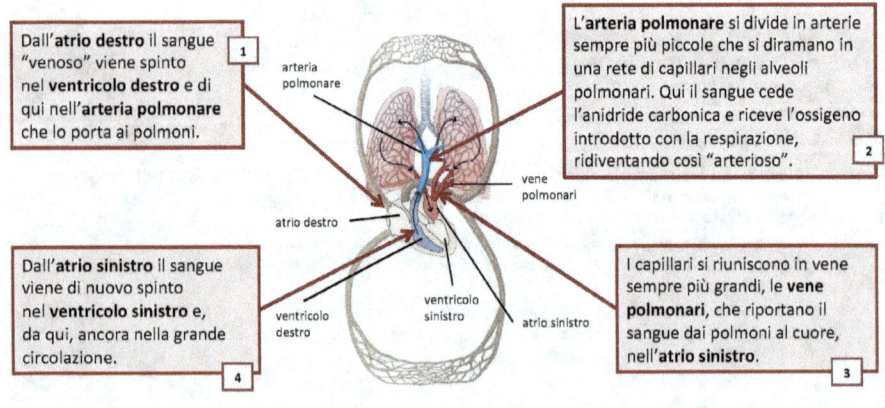

Dall'**atrio destro** il sangue "venoso" viene spinto nel **ventricolo destro** e di qui nell'**arteria polmonare** che lo porta ai polmoni. **1**

L'**arteria polmonare** si divide in arterie sempre più piccole che si diramano in una rete di capillari negli alveoli polmonari. Qui il sangue cede l'anidride carbonica e riceve l'ossigeno introdotto con la respirazione, ridiventando così "arterioso". **2**

Dall'**atrio sinistro** il sangue viene di nuovo spinto nel **ventricolo sinistro** e, da qui, ancora nella grande circolazione. **4**

I capillari si riuniscono in vene sempre più grandi, le **vene polmonari**, che riportano il sangue dai polmoni al cuore, nell'**atrio sinistro**. **3**

Arterie e vene

Si è parlato di vene e arterie e di sangue venoso e sangue arterioso, ma attenzione.

Le arterie e le vene si distinguono fra loro per la diversa **struttura**, per la **posizione** e per la **funzione**, non per il tipo di sangue che trasportano.

Nella **grande circolazione le arterie** trasportano **sangue arterioso** e le **vene sangue venoso**, nella **piccola circolazione** avviene il contrario.

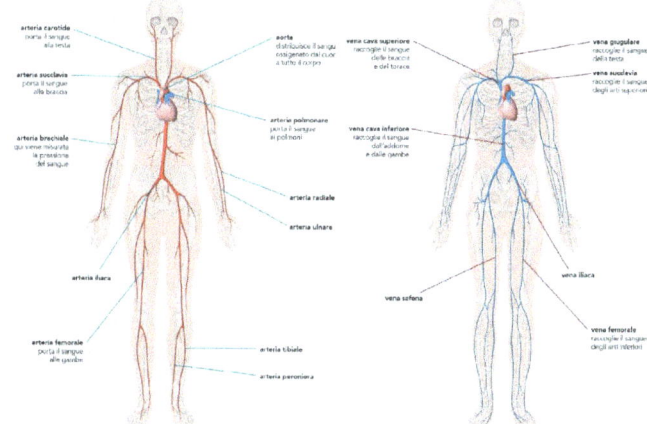

La circolazione arteriosa   La circolazione venosa

Il sistema linfatico

Oltre al sangue nel nostro corpo scorre la **linfa**, un liquido che si forma negli spazi intercellulari dei tessuti e che raccoglie le sostanze di rifiuto e trasporta i globuli bianchi. Il compito di raccogliere la linfa è svolto dal **sistema linfatico**, formato dai **vasi linfatici**, in cui scorre la linfa, e gli **organi linfoidi**, cioè **linfonodi, tonsille, timo** e **milza**.

milza

I vasi linfatici
La linfa viene raccolta dai **capillari linfatici**, che si trovano vicino ai capillari sanguigni. I capillari linfatici confluiscono in vasi sempre più grandi fino al **dotto linfatico**, che raccoglie la linfa della parte superiore del corpo, e al **dotto toracico**, che raccoglie la linfa della parte inferiore. Questi due vasi confluiscono nelle **vene**, che si trovano alla base del collo, e la linfa così si mescola al sangue.

I linfonodi
Lungo il loro percorso i vasi linfatici passano attraverso delle **ghiandole**, i **linfonodi**, che filtrano la linfa eliminando le sostanze dannose. I linfonodi si raggruppano numerosi in alcune parti del corpo come le ascelle, l'inguine e il collo. Nei linfonodi si moltiplicano i **linfociti**, una specie di globuli bianchi che ci difendono dalle infezioni.

Tonsille, timo e milza
Le **tonsille** si trovano nella gola e sono una prima barriera contro i microbi che penetrano dalla bocca e dal naso.
Il **timo** è una ghiandola che si trova nel torace, dove maturano i **linfociti T** (T da timo), che sono importanti per difenderci dalle infezioni.
La **milza** è una ghiandola appiattita che si trova nella parte bassa del torace. Filtra la linfa ed elimina le piastrine e i globuli rossi invecchiati.

Il sistema immunitario

Nell'ambiente in cui viviamo ci sono batteri, virus e altri microbi che possono provocare malattie. Non ci ammaliamo tutte le volte che entriamo in contatto con questi microbi, perché il nostro organismo ha un sistema di difesa, il **sistema immunitario**.

Le difese del nostro organismo sono di due tipi:
- **difese aspecifiche** (o generiche), dirette contro qualunque particella estranea;
- **difese specifiche**, dirette contro bersagli precisi.

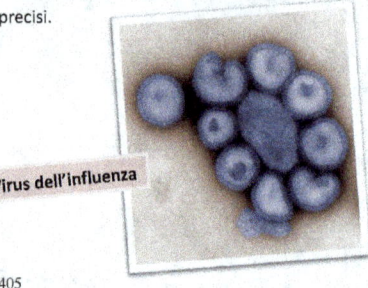

Virus dell'influenza

405

Le difese aspecifiche

Una prima difesa è costituita dalle **difese meccaniche**, come la **pelle**. Altre difese sono di tipo **chimico**, come sono le sostanze "disinfettanti" che abbiamo nelle cavità a contatto con l'esterno, come la lisozima, la sostanza disinfettante contenuta nella saliva. Un altro tipo di difesa sono i **batteri**, come quelli dell'intestino, che contrastano i batteri pericolosi.

La risposta infiammatoria
Quando i microbi penetrano in una ferita, questa si gonfia e si infiamma. L'**infiammazione** è una **reazione di difesa** che funziona in questo modo.

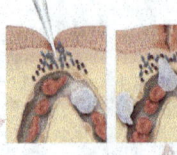

I tessuti feriti attivano delle cellule (**mastociti**) che producono una sostanza chiamata **istamina**.

L'istamina provoca un **aumento del flusso sanguigno** nei capillari attorno alla ferita, questo favorisce l'**arrivo dei globuli bianchi**.

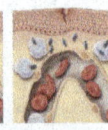

I globuli bianchi **attaccano i microbi e li fagocitano**, cioè li inglobano dentro di sé. Poi il sangue coagula attorno alla ferita.

406

Le difese specifiche

Esistono difese specifiche, perché combattono un solo tipo di virus o un batterio alla volta.
A fermare l'attacco dei microbi sono i **linfociti, programmati per riconoscere tutte le proteine estranee al corpo**.
Quando i linfociti incontrano un microbo, reagiscono alle sue proteine (gli **antigeni**) producendo altre proteine (gli **anticorpi**). Gli anticorpi si mettono sulla superficie dei microbi e li rendono inoffensivi. Ogni anticorpo può attaccare un solo tipo di antigene.

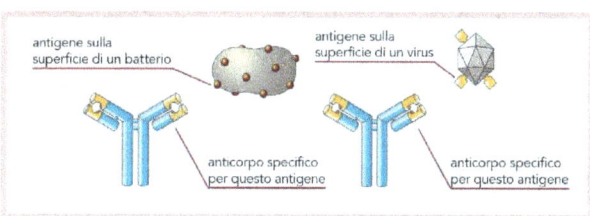

Le difese specifiche

I linfociti B e i linfociti T

I **linfociti** che attivano questo tipo di difesa sono di due tipi:
- **linfociti B**, circolano nel sangue e attaccano i microbi che arrivano nel sangue;
- **linfociti T**, circolano nella linfa e intervengono quando i virus entrano nelle cellule, per combatterli distruggono la cellula che li contiene.

I linfociti B e T producono anche **cellule della memoria, linfociti che non liberano gli anticorpi ma li conservano**. Così quando quello stesso batterio o virus si ripresenta sono pronti a bloccarlo e a impedire che la malattia si sviluppi di nuovo. È per questi linfociti che, ad esempio, dopo aver avuto la varicella non la riprendiamo più.
Abbiamo acquisito l'**immunità**.

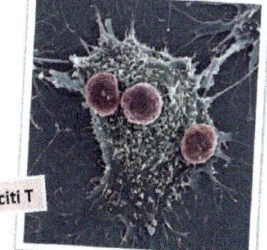

Tre linfociti T

L'immunità artificiale: vaccini e sieri

Oggi è possibile ottenere un'**immunità artificiale** contro molte malattie pericolose, come il tetano o la difterite, grazie ai vaccini.

La **vaccinazione** consiste nell'**introdurre nell'organismo gli agenti della malattia**, resi inoffensivi mediante speciali trattamenti, ma ancora portatori di quegli antigeni capaci di stimolare la produzione di anticorpi specifici.

Le vaccinazioni si eseguono con un ciclo di iniezioni, alcune proteggono per tutta la vita: altre richiedono un "richiamo", cioè un rinforzo dopo un certo periodo di tempo.
Le vaccinazioni danno un'**immunità attiva**, perché gli anticorpi sono prodotti dall'organismo stesso.
In casi di assoluta emergenza, per bloccare infezioni molto gravi, si ricorre all'**immunità passiva**, utilizzando **anticorpi già pronti** contenuti nei **sieri**.

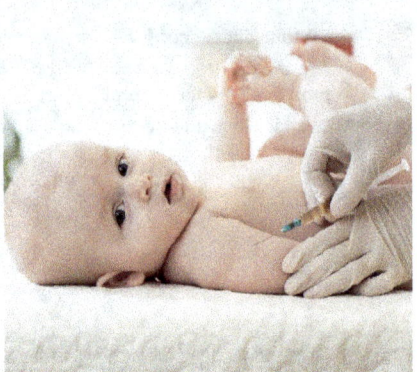

Gruppi sanguigni e trasfusioni

Il sangue umano non è tutto uguale, ma può essere diviso in **quattro gruppi**: **A**, **B**, **AB**, **0** (ZERO). Ognuno di noi appartiene a uno di questi gruppi.
La diversità dei gruppi sanguigni è data da una proteina presente sulla superficie dei globuli rossi che si chiama **antigene**.

Per fare le **trasfusioni di sangue**, è necessario **tenere in considerazione il gruppo sanguigno del donatore e del ricevente**. Se una persona del gruppo A riceve sangue del gruppo B, produce anticorpi anti B che provocano una reazione che fa agglutinare il sangue, cioè i globuli rossi si appiccicano tra loro e si formano grumi.
Osserva questa tabella.

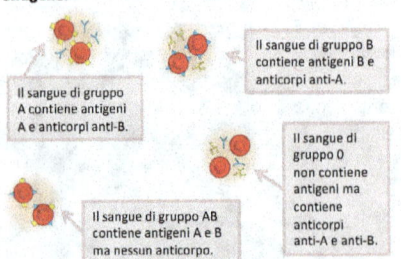

Il sangue di gruppo A contiene antigeni A e anticorpi anti-B.
Il sangue di gruppo B contiene antigeni B e anticorpi anti-A.
Il sangue di gruppo AB contiene antigeni A e B ma nessun anticorpo.
Il sangue di gruppo 0 non contiene antigeni ma contiene anticorpi anti-A e anti-B.

Gruppo	può ricevere da	può donare a
A	A, 0 (ZERO)	A e AB
B	B, 0 (ZERO)	B e AB
AB	TUTTI (A, B, AB, 0)	AB
0	0 (ZERO)	TUTTI (A, B, AB, 0)

Oltre agli antigeni A e B, sui globuli rossi umani è presente anche un altro antigene, chiamato **fattore Rh** o fattore **Rhesus**; chi lo possiede è detto **Rh+** (positivo), chi non lo possiede è detto **Rh-** (negativo).

Alimentazione e digestione

Perché dobbiamo alimentarci?

L'uomo non è in grado di produrre da sé il cibo, come fanno le piante. Per questo si alimenta ingerendo cibo già pronto, fornito da altri organismi viventi, sia vegetali sia animali.

L'apparato digerente **trasforma il cibo in molecole semplici**, che possono essere assorbite e trasportate all'interno di tutte le cellule. Queste sostanze hanno diverse **funzioni**.

- Una parte del cibo entra nel processo della respirazione cellulare; l'energia ricavata viene accumulata e servirà alle cellule per le loro funzioni vitali (**funzione energetica**).
- Una parte è utilizzata per la formazione di nuove cellule o di sostanze che le cellule devono produrre (**funzione plastica**).
- Una parte è immagazzinata come **riserva**.
- Una piccola quantità di sostanze regolano, infine, tutte queste reazioni (**funzione regolatrice**).

Il fabbisogno energetico

L'insieme di tutte le trasformazioni chimiche compiute nel nostro corpo prende il nome di **metabolismo**.

Le reazioni che consentono le funzioni di pura sopravvivenza, come la respirazione, il battito del cuore, la digestione, costituiscono quello che viene definito **metabolismo basale**.

Il metabolismo basale **non è uguale per tutti**; la quantità di energia che richiede varia da un individuo all'altro a seconda dell'età, del sesso e della costituzione fisica.

L'energia necessaria al metabolismo basale, sommata a quella richiesta dalle attività svolte da un individuo durante la giornata, viene definita **fabbisogno energetico giornaliero**.

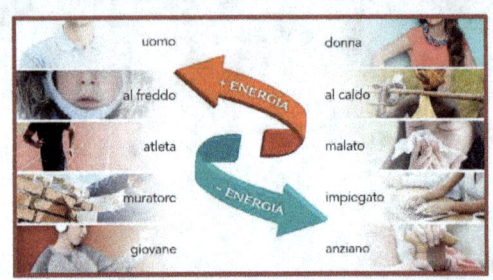

I princìpi alimentari

Il cibo che ingeriamo contiene diverse sostanze, i **princìpi alimentari**, classificati in varie categorie.

I carboidrati
Forniscono **energia** che può essere utilizzata rapidamente dalle cellule. Si dividono in:
- **zuccheri semplici**, formati da una o due molecole (glucosio, fruttosio, saccarosio), si trovano in alimenti come la frutta, il latte, il miele;
- **zuccheri complessi**, formati da catene di zuccheri semplici, come l'amido, che si trova nei cereali e nelle patate.

I grassi
Forniscono **energia di riserva**, che viene utilizzata quando non è sufficiente l'energia fornita dagli zuccheri. La loro digestione è più lunga e complessa di quella degli zuccheri. Si trovano in alimenti di origine animale (burro, insaccati...) o vegetale (olio).

I princìpi alimentari

Le proteine
Forniscono il **materiale per la costruzione delle cellule e dei tessuti** e per **sostituire quelli danneggiati**. Si trovano in alimenti di origine animale (carne, pesce, uova, latte) e vegetale (cereali e legumi).

Le vitamine
Svolgono una **funzione regolatrice**, ad esempio la vitamina D serve a fissare il calcio nelle ossa. Si trovano soprattutto nella frutta e nella verdura.

I sali minerali
I sali minerali, come il calcio, il sodio, il ferro, sono necessari per le **reazioni chimiche** all'interno delle cellule, per la **produzione di alcuni ormoni** e costituiscono la maggior parte delle **ossa** e dei **denti**. Si trovano nella frutta, nella verdura e nei legumi.

I sette gruppi alimentari

Per seguire un'**alimentazione varia e completa**, bisogna considerare che i cibi contengono i princìpi alimentari in percentuali differenti. Gli specialisti della nutrizione suddividono i cibi in sette gruppi, a seconda della loro funzione.

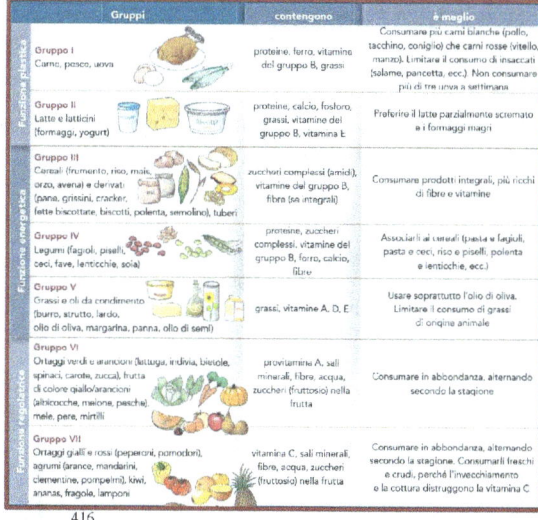

La piramide alimentare

Un'altra utile indicazione per seguire una dieta corretta arriva dalla "**piramide dell'alimentazione**", che mostra quali e quanti alimenti bisogna consumare quotidianamente.

L'apparato digerente

Il **cibo** che mangiamo è formato da **molecole troppo grosse**, che non possono essere assorbite dal nostro organismo. Diversi organi collegati tra loro riducono queste molecole in **strutture più piccole**, che così possono essere assorbite, entrare nella circolazione sanguigna e raggiungere tutte le cellule del corpo.

L'insieme di questi organi forma l'<u>apparato digerente</u> e il processo di trasformazione prende il nome di **digestione**.

L'apparato digerente

L'**apparato digerente** è un lungo tubo (10-12 metri nell'adulto) di diametro variabile.
È composto dalla **bocca**, dalla **faringe**, dall'**esofago**, dallo **stomaco**, dall'**intestino** (formato da intestino tenue e intestino crasso) e termina con l'**ano**.

Tutti questi organi hanno un tessuto di rivestimento interno, la **mucosa**, in cui sboccano vari tipi di ghiandole. Le pareti dell'esofago, dello stomaco e dell'intestino contengono fasci di **muscolatura liscia**, la cui contrazione rimescola e fa procedere il contenuto del canale digerente.

Gli organi dell'apparato digerente comunicano tra loro per mezzo di **valvole**, che si aprono al passaggio del cibo e si chiudono per impedirgli di tornare indietro.

Alla digestione partecipano anche il **fegato** e il **pancreas**, che si trovano vicino allo stomaco.

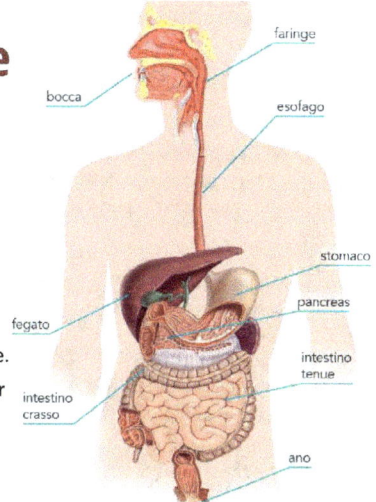

Il percorso del cibo

La digestione comincia dalla bocca

L'azione meccanica dei **denti** tritura il cibo e con l'aiuto della **lingua** lo impasta con la **saliva**, che viene prodotta dalle **ghiandole salivari** (parotidi, sottolinguali e sottomandibolari).

La saliva contiene degli **enzimi**, sostanze che rompono i legami chimici delle molecole, riducendole in molecole più semplici. In particolare, la **ptialina** trasforma gli amidi (lunghe catene di zuccheri) in zuccheri a catena più corta.
Alla fine della masticazione, il cibo è ridotto in una poltiglia che si chiama **bolo alimentare**.

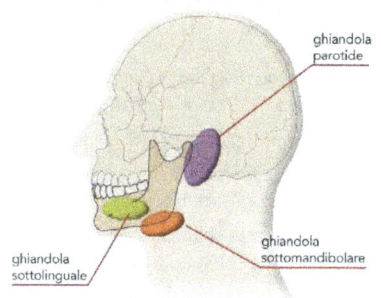

Il percorso del cibo

Il cibo passa nell'esofago
Il bolo passa attraverso la **faringe** e da qui, con la **deglutizione**, passa nell'**esofago**, un canale che lo porta allo stomaco.

Nella deglutizione interviene anche l'**epiglottide**, una cartilagine che copre l'imboccatura della laringe in modo che il bolo prenda il percorso giusto.

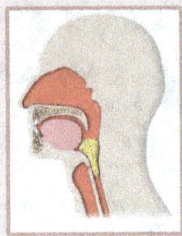

Nell'esofago il bolo non subisce trasformazioni. L'esofago si dilata al passaggio del cibo e le **contrazioni** dei suoi muscoli fanno **procedere il bolo fino allo stomaco.**

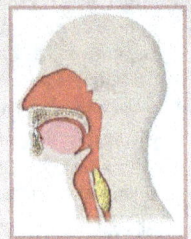

Il percorso del cibo

La digestione continua nello stomaco
Lo **stomaco** ha la forma di un sacchetto. È collegato all'esofago da una valvola chiamata **cardias**.

Nella mucosa dello stomaco si trovano milioni di ghiandole che producono succhi gastrici e muco.

I **succhi gastrici** contengono **pepsina**, un enzima che inizia la digestione delle proteine, e **acido cloridrico**, che favorisce l'azione della pepsina e rende lo stomaco molto acido.

Il **muco** protegge le pareti dello stomaco ed evita che si "autodigerisca".

Le **pareti muscolari** dello stomaco **contraendosi** impastano il bolo con gli enzimi digestivi.

Il bolo diventa **chilo**, una poltiglia più liquida, che attraverso il **piloro**, una valvola che collega lo stomaco all'intestino.

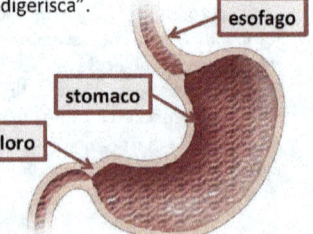

Il percorso del cibo

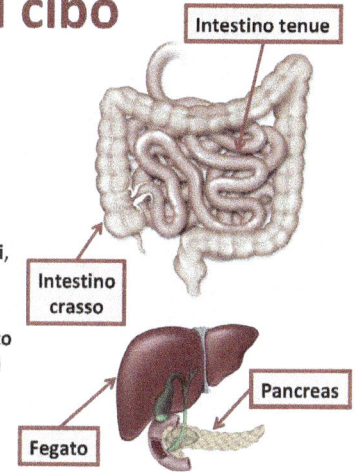

La digestione termina nell'intestino

L'**intestino** è un **tubo** ripiegato su se stesso, **lungo circa 8 metri**. Si divide in intestino tenue e crasso.

Nell'**intestino tenue** si **completa la digestione** e avviene l'**assorbimento delle sostanze digerite**, che passano nella circolazione sanguigna e linfatica.

Nell'**intestino crasso** si **riassorbe l'acqua e si formano le feci**, cioè il prodotto di scarto della digestione, che viene poi espulso dall'ano.

Alla digestione collaborano anche fegato e pancreas: il **fegato** produce la bile che frammenta i grassi e stimola i movimenti delle pareti intestinali; il **pancreas** produce enzimi che concludono la digestione delle proteine e degli amidi. Un altro enzima scompone i grassi.

L'apparato escretore

Come eliminiamo le sostanze dannose

Durante la circolazione, il sangue raccoglie **scarti dalle cellule**, cioè **acqua**, **anidride carbonica** e **sostanze azotate**, cioè contenenti azoto, come ammoniaca, urea e acidi urici, che si formano durante la trasformazione delle proteine e degli acidi nucleici.
L'eliminazione dei rifiuti si chiama **escrezione** e avviene tramite diversi organi e apparati:

- la **pelle** elimina acqua, sali minerali e una piccola parte di sostanze azotate attraverso il **sudore**;
- il **fegato** elimina alcune sostanze derivate dalla distruzione dei globuli rossi attraverso la **bile**;
- i **polmoni** eliminano vapore acqueo e anidride carbonica attraverso l'**espirazione**;
- i **reni**, con l'**urina**, eliminano acqua e sostanze azotate.

Alcune sostanze sono eliminate con le feci, considerate però un'espulsione e non un'escrezione.

L'apparato escretore

L'apparato escretore è formato dai **reni**, in cui si forma l'urina, e dalle **vie urinarie**, costituite dagli **ureteri**, dalla **vescica** e dall'**uretra**, attraverso le quali l'urina viene portata all'esterno del corpo.

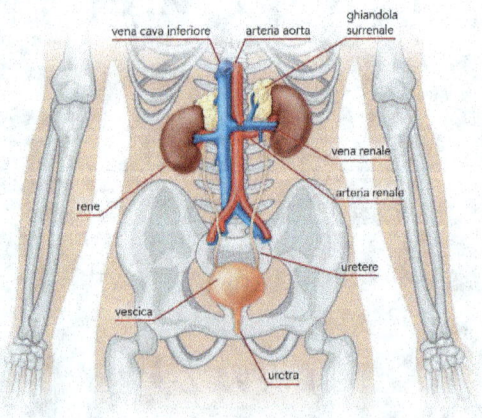

Che cosa sono i reni

I **reni** sono due organi situati nella parte posteriore dell'addome, a destra e a sinistra della colonna vertebrale. Ciascun rene è lungo 10-12 cm, pesa circa 1,5 hg; è coperto da un involucro fibroso ed è protetto da uno spesso strato di tessuto adiposo, che lo circonda completamente.

Sopra i reni si trovano le **ghiandole surrenali**, che non fanno parte dell'apparato escretore. Producono alcuni ormoni che influiscono sull'assorbimento degli zuccheri e sul battito cardiaco.

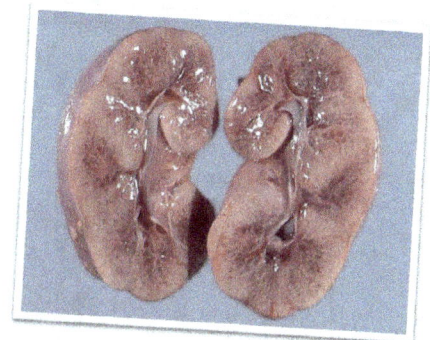

Come sono fatti i reni

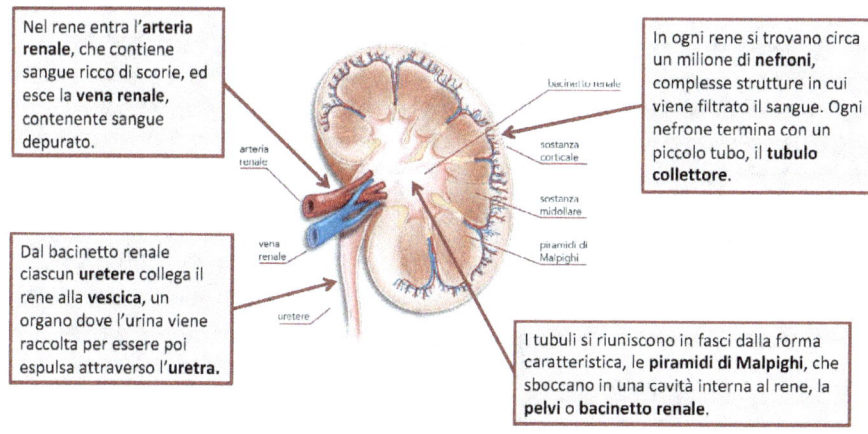

Nel rene entra l'**arteria renale**, che contiene sangue ricco di scorie, ed esce la **vena renale**, contenente sangue depurato.

In ogni rene si trovano circa un milione di **nefroni**, complesse strutture in cui viene filtrato il sangue. Ogni nefrone termina con un piccolo tubo, il **tubulo collettore**.

Dal bacinetto renale ciascun **uretere** collega il rene alla **vescica**, un organo dove l'urina viene raccolta per essere poi espulsa attraverso l'**uretra**.

I tubuli si riuniscono in fasci dalla forma caratteristica, le **piramidi di Malpighi**, che sboccano in una cavità interna al rene, la **pelvi** o **bacinetto renale**.

Come si forma l'urina

Il **nefrone** è composto da un **gomitolo di capillari arteriosi** all'interno di un cappuccio (la **capsula di Bowman**); dai capillari escono le molecole più piccole di acqua e altre sostanze in soluzione (glucosio, sali minerali, urea).

Questo liquido percorre il **tubulo contorto** dove le sostanze utili (glucosio, acqua) sono riassorbite dai **capillari venosi** e tornano nel sangue tramite la **vena renale**, mentre le sostanze dannose formano l'**urina**. Il tubulo contorto termina con il **tubulo collettore**, che porta l'urina nel **bacinetto renale**.

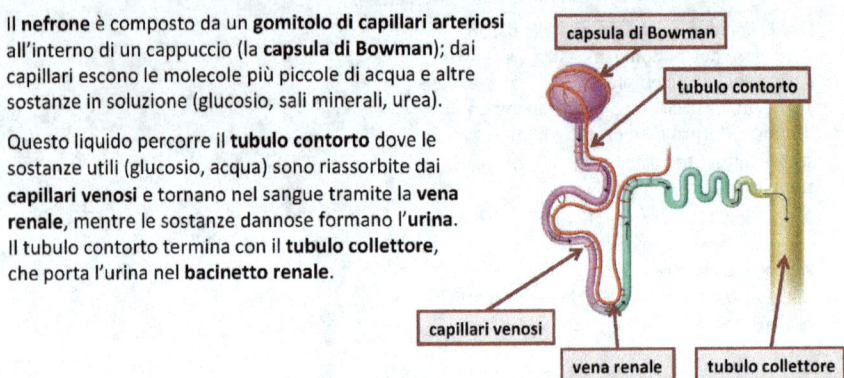

Come viene espulsa l'urina

L'**uretere** è il tubo che porta l'urina dal bacinetto renale alla vescica.

La **vescica** è rivestita di muscoli lisci ed ha la capacità di dilatarsi.

Quando la vescica è piena, le terminazioni nervose avvisano il cervello e si avverte il bisogno di fare pipì. Il cervello comanda il rilasciamento del muscolo circolare (**sfintere**) che chiude la vescica: l'urina viene fatta uscire dall'organismo attraverso l'**uretra**.

L'atto di urinare si chiama **minzione**.

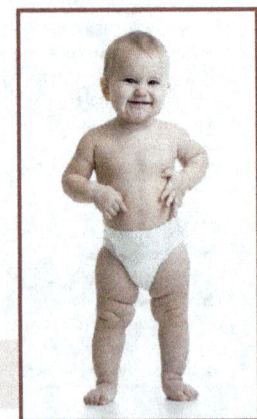

> Il controllo dello sfintere si acquisisce parecchi mesi dopo la nascita.

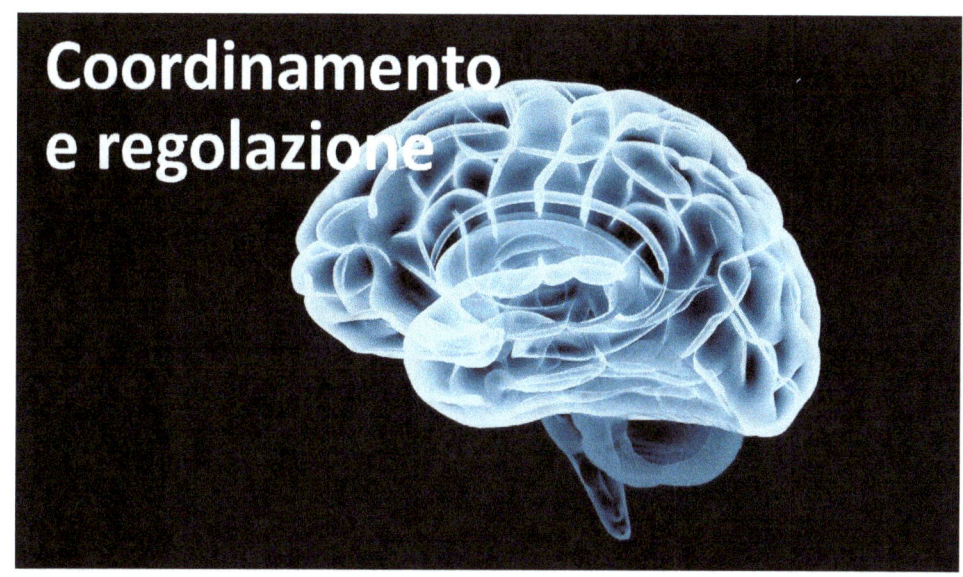

Coordinamento e regolazione

Il sistema nervoso

Il corpo umano è una struttura molto complessa e il suo centro di comando è il <u>sistema nervoso</u>. Come svolge le sue funzioni?

- **Riceve**, attraverso i **recettori**, informazioni sia dall'esterno sia dall'interno del corpo.
- **Elabora** le informazioni ricevute e, quando necessario, prepara delle risposte adeguate.
- **Invia** alle varie parti dell'organismo gli impulsi necessari per effettuare i diversi tipi di risposta.
- È anche la sede di altre funzioni molto complesse, come l'**apprendimento**, il **ragionamento**, il **pensiero**, il **sonno** e la **memoria**.

Come è fatto il sistema nervoso

Il sistema nervoso si suddivide in **sistema nervoso centrale** e **sistema nervoso periferico** ed è formato dal **tessuto nervoso**.

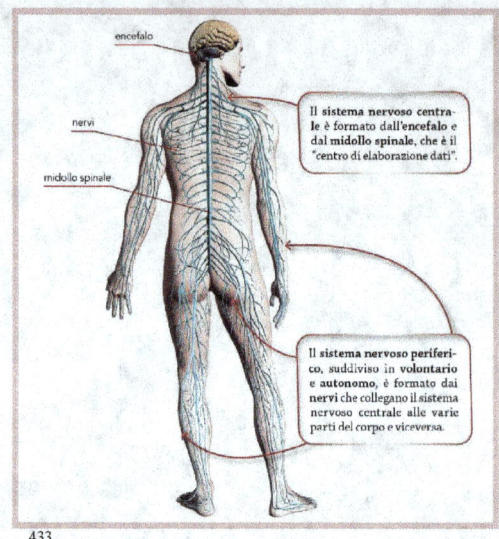

Il sistema nervoso centrale è formato dall'encefalo e dal midollo spinale, che è il "centro di elaborazione dati".

Il sistema nervoso periferico, suddiviso in **volontario** e **autonomo**, è formato dai nervi che collegano il sistema nervoso centrale alle varie parti del corpo e viceversa.

Il tessuto nervoso

Il tessuto nervoso è costituito dalle cellule nervose, i **neuroni**, e dalle **cellule della glia** o **nevroglia**, che sono in stretto contatto con i neuroni e hanno il compito di nutrirli, proteggerli ed eliminare le cellule non più attive.

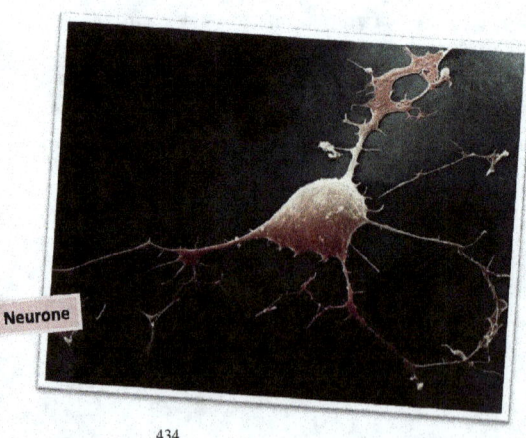

Neurone

Come è fatto il neurone

Il neurone ha una struttura piuttosto complessa. È formato da:

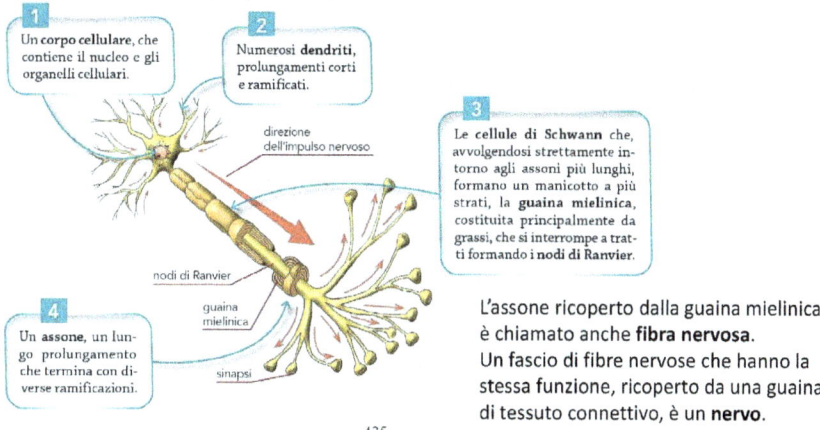

1. Un **corpo cellulare**, che contiene il nucleo e gli organelli cellulari.
2. Numerosi **dendriti**, prolungamenti corti e ramificati.
3. Le **cellule di Schwann** che, avvolgendosi strettamente intorno agli assoni più lunghi, formano un manicotto a più strati, la **guaina mielinica**, costituita principalmente da grassi, che si interrompe a tratti formando i **nodi di Ranvier**.
4. Un **assone**, un lungo prolungamento che termina con diverse ramificazioni.

L'assone ricoperto dalla guaina mielinica è chiamato anche **fibra nervosa**.
Un fascio di fibre nervose che hanno la stessa funzione, ricoperto da una guaina di tessuto connettivo, è un **nervo**.

I diversi tipi di neuroni

I neuroni possono avere forme un po' diverse a seconda della funzione che svolgono.

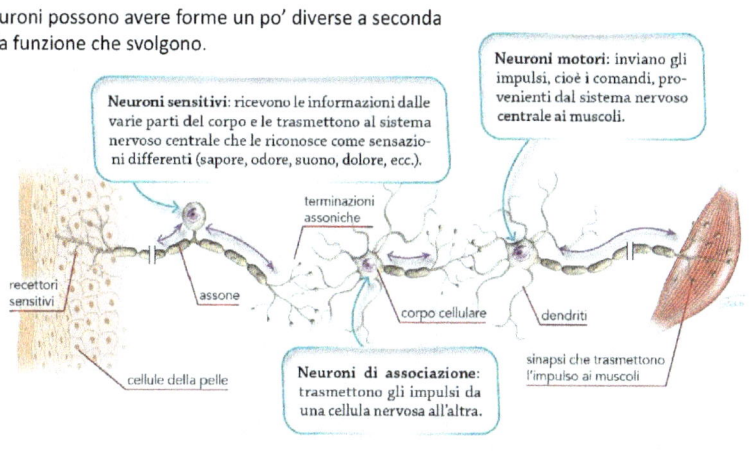

Neuroni sensitivi: ricevono le informazioni dalle varie parti del corpo e le trasmettono al sistema nervoso centrale che le riconosce come sensazioni differenti (sapore, odore, suono, dolore, ecc.).

Neuroni motori: inviano gli impulsi, cioè i comandi, provenienti dal sistema nervoso centrale ai muscoli.

Neuroni di associazione: trasmettono gli impulsi da una cellula nervosa all'altra.

Come funziona il neurone

Le caratteristiche dei neuroni sono:
- **eccitabilità**, cioè la capacità di produrre corrente elettrica in risposta a uno stimolo;
- **conducibilità**, cioè la capacità di trasportare l'impulso elettrico.

L'impulso nervoso viaggia velocemente e sempre **in una sola direzione**: dai dendriti al corpo cellulare, dal corpo cellulare all'assone, dall'assone ai dendriti di un altro neurone.

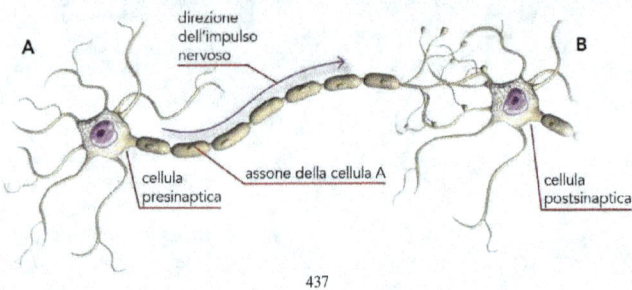

Le sinapsi

Tra un neurone e l'altro non c'è contatto e la trasmissione dell'impulso nervoso da una cellula a quella vicina avviene attraverso la **sinapsi**.

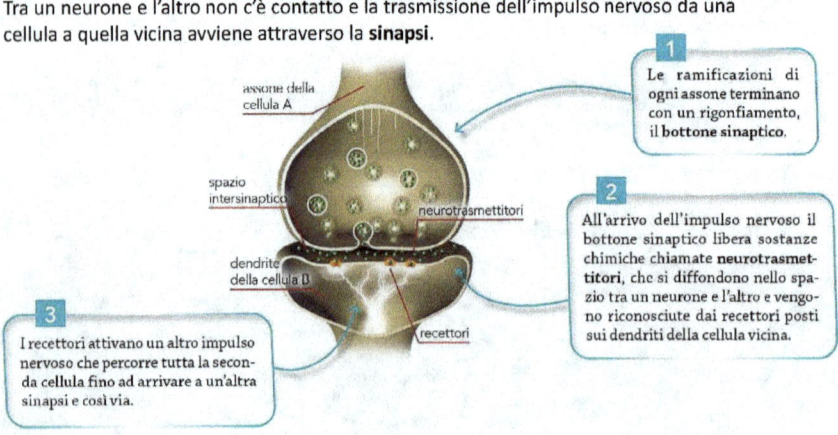

Il sistema nervoso centrale

Il sistema nervoso centrale è formato da:
- **encefalo**, che si trova nella scatola cranica;
- **midollo spinale**, che si trova nel canale vertebrale.

Entrambi sono fatti di **sostanza grigia**, che corrisponde ai corpi cellulari, e **sostanza bianca**, che è formata dalle fibre nervose, che sono coperte di mielina e appaiono più chiare.

L'**encefalo** è la sede di tutte le attività di **pensiero** e di **coordinamento** delle funzioni del nostro organismo. A sua volta è formato da tre parti:
- **cervello**;
- **cervelletto**;
- **midollo allungato**.

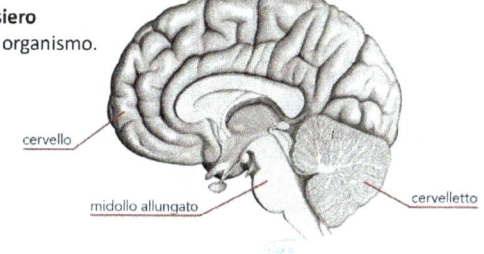

Il cervello

Il **cervello** è diviso in due **emisferi cerebrali** separati nella parte superiore da un solco, ma collegati tra loro da un fascio trasversale di fibre nervose, il **corpo calloso**.

Nel cervello la sostanza grigia si trova all'esterno e costituisce la **corteccia cerebrale**; la sostanza bianca si trova all'interno ed è formata da fibre di collegamento.
È suddivisa in **lobi**, con **aree** preposte a funzioni diverse (motorie, sensitive e psichiche).

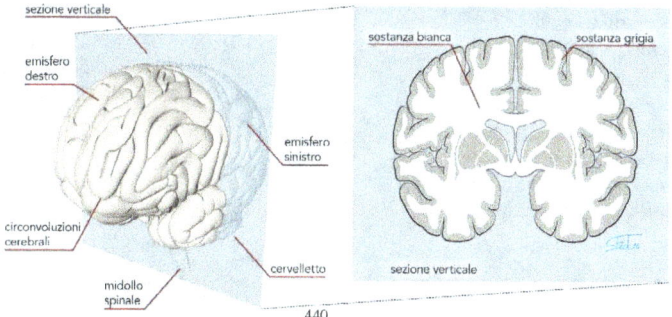

Il cervello

All'interno del cervello si trovano il talamo e l'ipotalamo.

Il **talamo** smista le informazioni sensoriali provenienti dagli organi di senso verso le varie parti della corteccia e in parte le elabora.

L'**ipotalamo** coordina molte funzioni vitali, come l'assunzione e l'eliminazione dell'acqua e la temperatura corporea. L'ipotalamo è la sede delle emozioni (paura, rabbia, piacere, ecc.) ed emette anche delle sostanze, chiamate neurosecrezioni, che arrivano all'**ipofis**i, una ghiandola che regola l'azione di molte altre ghiandole; quindi il sistema nervoso e quello endocrino sono collegati attraverso l'ipotalamo e l'ipofisi.

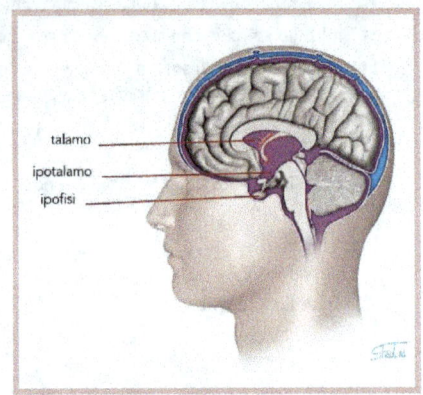

Cervelletto e midollo allungato

Il **cervelletto** si trova sotto il cervello, nella sua parte posteriore. È anch'esso formato da sostanza grigia all'esterno e sostanza bianca all'interno. Il cervelletto controlla l'**organizzazione dei movimenti** e l'**equilibrio**.

Il **midollo allungato** fa comunicare l'encefalo con il midollo spinale. Al contrario di queste due strutture, ha parte della sostanza grigia all'interno. Controlla alcune **funzioni vitali**, come la **respirazione**, il **battito del cuore** e alcuni **riflessi**, come la tosse.

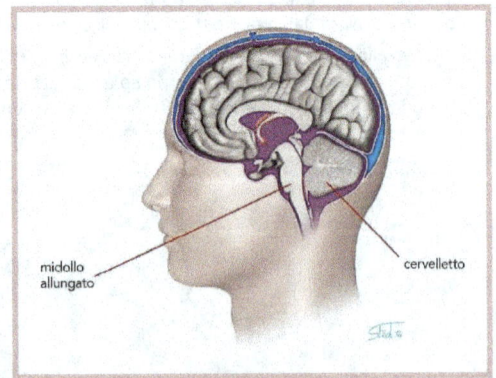

Il midollo spinale

Il **midollo spinale** è un cordone biancastro che occupa gran parte del canale vertebrale. Nel midollo spinale la sostanza bianca, costituita dalle fibre nervose, si trova all'esterno e la sostanza grigia si trova all'interno, assumendo una caratteristica struttura a forma di H. Le aste della "H" sono chiamate **corna**.

Alle **corna posteriori** arrivano gli **impulsi** che vengono dagli **organi di senso**, destinati al cervello ("ho freddo").

Dalle **corna anteriori** partono le **fibre** che portano gli **impulsi elaborati in risposta** dal cervello ("mi metto un maglione").

Quello che si compie è un **atto cosciente** perché mediato dal **cervello**.

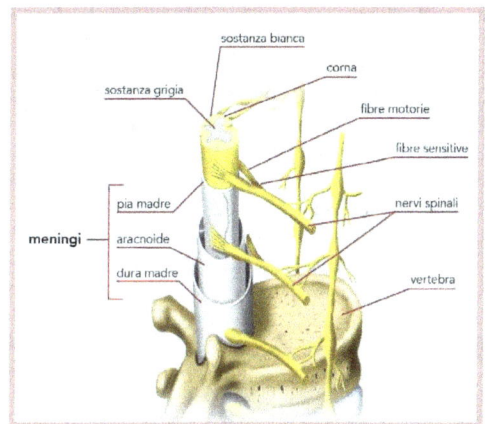

Il midollo spinale

I riflessi

Il midollo spinale è anche sede di alcuni **riflessi**, che sono **risposte immediate e involontarie a uno stimolo**.

Come puoi vedere dall'immagine, nel caso dei riflessi l'informazione non va al cervello ma **è la sostanza grigia del midollo ad attivare il neurone motorio**.

Queste risposte immediate sono una forma di **difesa** dell'organismo. Ad esempio, quando tocchi qualcosa che brucia, ritiri immediatamente la mano: è una reazione automatica di difesa del tuo corpo.

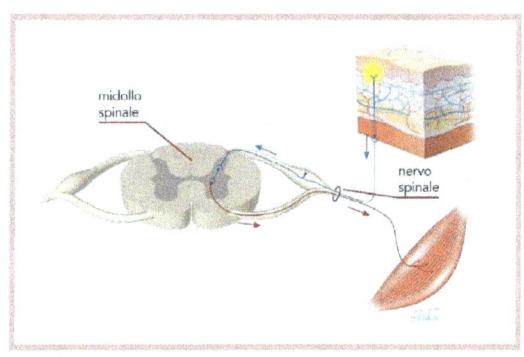

Il sistema nervoso periferico

Il sistema nervoso periferico è formato da una **rete di nervi** che collega il sistema nervoso centrale ad ogni parte del corpo.

In base alla loro **funzione** i nervi si dividono in:
- **nervi sensoriali**, che portano le informazioni raccolte dagli organi di senso all'encefalo;
- **nervi motori**, che trasmettono gli impulsi motori dall'encefalo ai muscoli;
- **nervi misti**, che contengono sia fibre sensoriali che motorie.

Il sistema nervoso periferico è suddiviso in **volontario** e **autonomo**.

Un nervo visto al microscopio elettronico

Il sistema nervoso periferico

Il sistema nervoso volontario
Nel **sistema nervoso volontario** o **somatico** le informazioni vengono trasportate dagli **organi di senso** al **sistema nervoso centrale** e gli impulsi nervosi sono trasmessi dal sistema nervoso centrale ai **muscoli volontari**.
I nervi del sistema nervoso volontario si suddividono in **nervi cranici** e **spinali**.

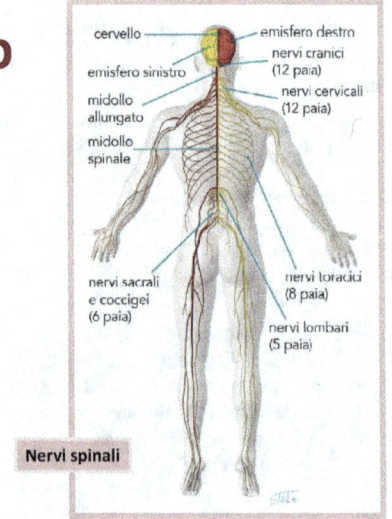
Nervi spinali

Il sistema nervoso periferico

Il sistema nervoso autonomo

Il sistema nervoso autonomo controlla le **funzioni di base** del corpo, che non sono controllate dalla volontà. Sono le **funzioni vegetative**, quelle cioè che permettono le attività fondamentali per la vita, come la digestione, la respirazione e la circolazione.

È formato dal **sistema simpatico** e dal **sistema parasimpatico**, che **agiscono sugli stessi organi ma in maniera opposta**: uno **stimola** le funzioni, l'altro le **deprime**. Ad esempio, il simpatico fa dilatare la pupilla, il parasimpatico la fa restringere.
In generale, il **sistema** simpatico eccita le **reazioni "di allarme"** (aumenta il ritmo del respiro e il flusso del sangue, deprime altre funzioni come la digestione), il **parasimpatico** prevale nelle **situazioni di tranquillità** (eccita le funzioni di digestione e di escrezione, mantiene a un livello più basso le altre).

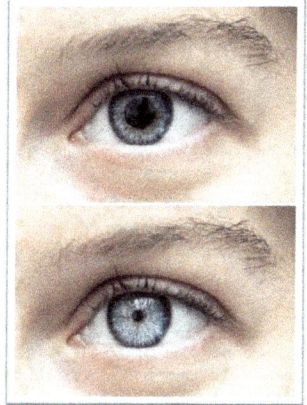

Il sistema endocrino

Il sistema endocrino è formato dalle **ghiandole endocrine**, che producono delle sostanze, gli **ormoni**, che riversano direttamente nel sangue.

Il sistema endocrino coordina le funzioni di base dell'organismo ed è controllato dal sistema nervoso attraverso l'**ipotalamo**. L'ipotalamo infatti regola l'attività dell'**ipofisi**, che a sua volta controlla e coordina le altre ghiandole.

Ogni **ormone** prodotto dalle ghiandole è un **messaggio chimico** diretto a una precisa cellula o organo, che infatti sono chiamati **cellula-bersaglio** o **organo-bersaglio**.
Il messaggio che trasmette l'ormone può stimolare o inibire (cioè rallentare o fermare) una certa funzione.

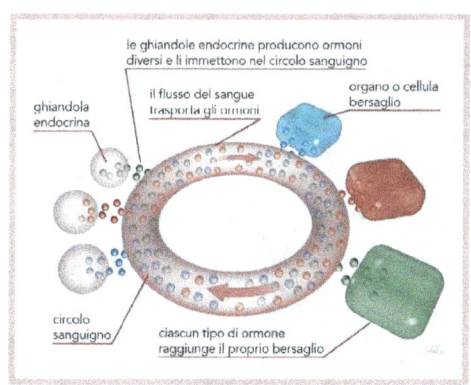

Le ghiandole endocrine

Le principali ghiandole endocrine sono:
- l'**ipofisi**, che controlla l'azione di altre ghiandole e secerne ormoni come quello della crescita;
- l'**epifisi**, che produce la melatonina che regola il ritmo sonno-veglia;
- la **tiroide**, che produce ormoni che controllano il metabolismo;
- il **timo**, dove si sviluppano i linfociti T;
- le **gonadi**, che stimolano la comparsa dei caratteri sessuali secondari e producono le cellule sessuali;
- le **ghiandole surrenali**, divise in una zona esterna (produce ormoni fra cui il cortisone, che regola il metabolismo) e una zona interna (produce l'adrenalina, utile a reagire a un pericolo);
- le **paratiroidi**, che producono un ormone che favorisce il passaggio di calcio dalle ossa al sangue;
- le **isole di Langerhans** nel pancreas, che producono l'insulina, che riduce la quantità di glucosio nel sangue.

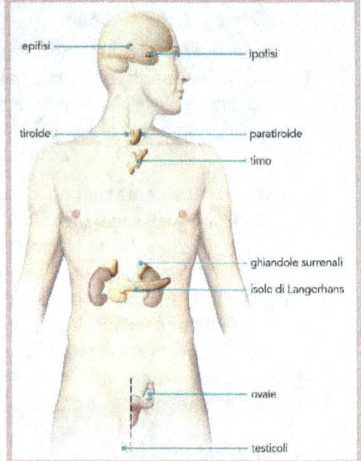

Il sistema muscolare

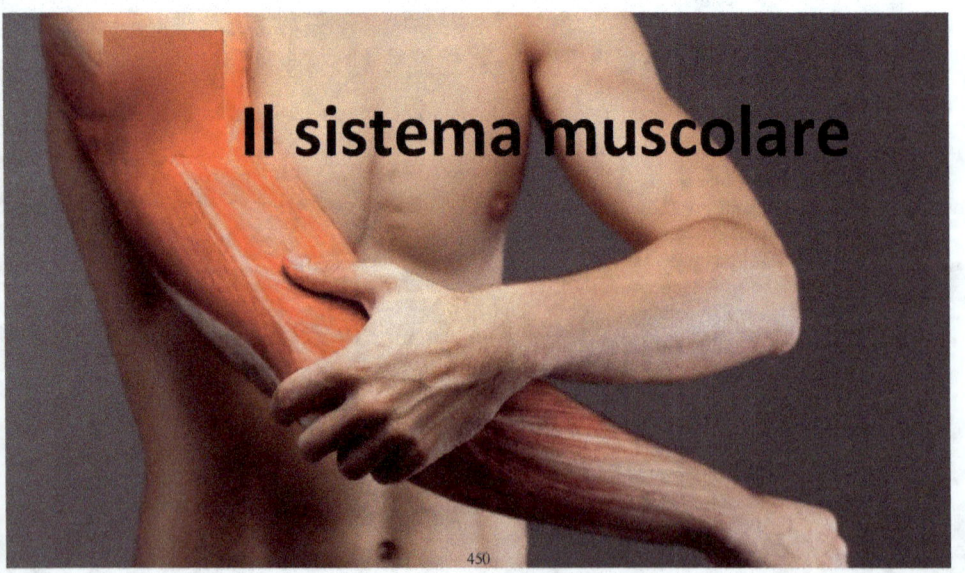

I movimenti dei muscoli

Il sistema muscolare è quello che ci consente di muoverci.
Nel nostro corpo ci sono **più di 600 muscoli**.

I muscoli hanno la proprietà di **contrarsi** e poi di **rilassarsi**.
Contrazioni e rilassamenti muscolari danno origine ai **movimenti**.

Il nostro corpo compie **due tipi di movimenti**:

- i **movimenti volontari**, cioè comandati dalla nostra volontà, come quando decidiamo di sollevare un oggetto;
- i **movimenti involontari**, come quelli della digestione.

La muscolatura volontaria

La maggior parte dei muscoli volontari sono quelli che fanno muovere le ossa, alle quali sono attaccati attraverso cordoni o lamine fibrose, i **tendini**. Questi muscoli sono chiamati **muscoli scheletrici**.

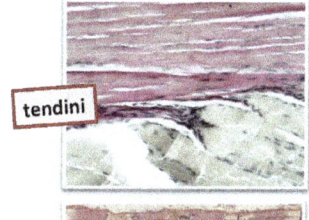
tendini

I muscoli volontari sono costituiti da **fasci di fibre**, o **fibrocellule**, lunghi quanto il muscolo. Ciascun fascio è circondato da una **guaina**, in cui scorrono i **vasi sanguigni** e i **nervi**.

All'interno delle fibrocellule si trovano dei filamenti sottilissimi, che presentano strisce scure alternate a strisce chiare; per questo motivo la muscolatura volontaria viene chiamata anche **muscolatura striata**.

muscolatura striata

La muscolatura involontaria

I **muscoli involontari** fanno muovere i visceri. Sono chiamati così perché i loro movimenti non dipendono dalla nostra volontà, ma sono comandati da una parte del **sistema nervoso** chiamato **autonomo**.

Il tessuto muscolare involontario è formato da cellule allungate. Le fibrille sono disposte in modo irregolare e non formano alcuna struttura caratteristica. Perciò la muscolatura involontaria viene anche chiamata **muscolatura liscia**.

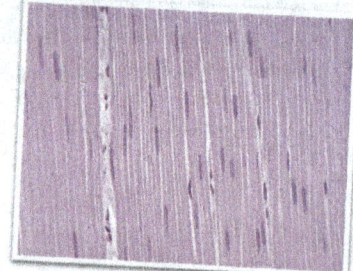

La muscolatura cardiaca

La muscolatura cardiaca, cioè quella che forma il cuore, ha un comportamento particolare, perché **ha la struttura di un muscolo striato, ma è involontaria**.

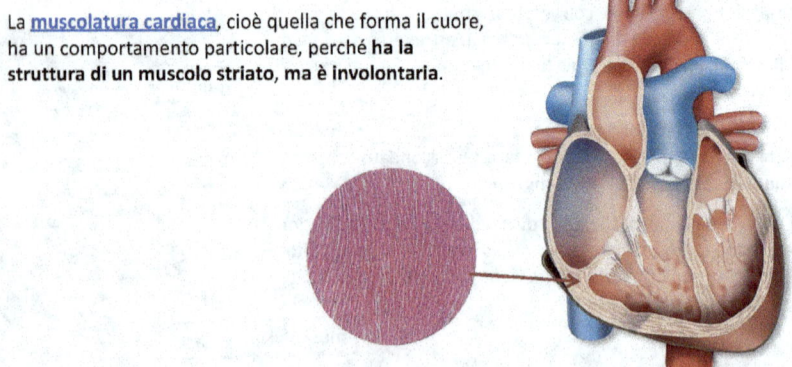

Osserviamo i muscoli

Ecco quali sono i **principali muscoli** e le loro **funzioni**.

Muscoli mimici: la loro contrazione determina le espressioni del volto.

Massetere: è il più forte dei muscoli masticatori.

Sternocleidomastoideo: fa ruotare, flettere ed estendere la testa.

Bicipite brachiale: fa flettere il braccio.

Pettorale: avvicina il braccio al corpo.

Addominali: avvicinano le costole al bacino, hanno un ruolo nella torsione e nell'inclinazione del busto; agiscono nella dinamica respiratoria (inspirazione ed espirazione).

Quadricipite femorale: fa estendere o sollevare la gamba.

Sartorio: fa flettere e ruotare la coscia verso l'esterno.

Muscoli anteriori della gamba: muovono i piedi.

Osserviamo i muscoli

Deltoide: forma la spalla, allontana il braccio dal corpo.

Trapezio: tiene diritta la testa; fa muovere la scapola.

Tricipite: fa estendere il braccio.

Dorsale: interviene nei movimenti dell'omero, della spalla e della scapola.

Muscoli dell'avambraccio: muovono le mani.

Gluteo: è il più massiccio muscolo del nostro corpo.

Flessori ed estensori della mano: i flessori chiudono le dita, gli estensori le aprono.

Bicipite femorale: fa flettere la gamba.

Gemelli: collaborano per mantenere la stazione eretta; servono per camminare, correre e saltare.

Tendine di Achille: è il tendine più grosso e robusto del nostro corpo.

I principali movimenti dei muscoli volontari

I muscoli volontari compiono vari tipi movimenti.
- **Flessione**: consiste nell'avvicinamento tra di loro di due ossa di un'articolazione. Vi sono coinvolti i muscoli **flessori**.
- **Estensione**: è opposto alla flessione, si ha quando due ossa di una stessa articolazione si allontanano tra di loro. Avviene tramite i muscoli **estensori**.
- **Abduzione**: consiste nell'allontanamento di un arto dalla linea mediana del corpo. Avviene tramite i muscoli **abduttori**.
- **Adduzione**: il movimento opposto all'abduzione, si ha quando un arto si avvicina alla linea mediana del corpo. Vi sono coinvolti i muscoli **adduttori**.
- **Rotazione**: avviene tramite i **muscoli rotatori**, che consentono la rotazione di un osso attorno al suo asse.

Come lavorano i muscoli volontari

Generalmente un movimento è comandato da **due muscoli**, che agiscono **in coppia** ma **in contrapposizione** l'uno rispetto all'altro: quando uno si contrae e si accorcia, l'altro si rilascia e si allunga, e viceversa; per questo si chiamano **muscoli antagonisti**.

Ad esempio, quando pieghiamo il braccio (**flessione**), si contrae il bicipite brachiale e si allunga il tricipite. Quando lo stendiamo (**estensione**), si contrae il tricipite e si allunga il bicipite.

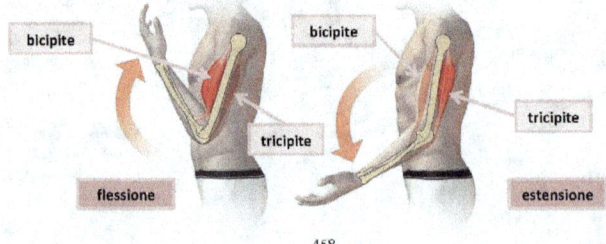

I cinque sensi

Recettori e organi di senso

I nostri sensi ci permettono di percepire sensazioni di diverso tipo e ci avvisano di eventuali pericoli. Nel nostro organismo si trovano cellule particolari, i **recettori**, che raccolgono le sensazioni e le trasmettono al cervello, che le elabora e ci fa agire di conseguenza.

I recettori si trovano negli **organi di senso**, sensibili agli stimoli provenienti dall'esterno:
- nell'**occhio**, sensibile alle onde luminose;
- nell'**orecchio**, sensibile alle onde sonore;
- nella **lingua** e nel **naso**, sensibili alle sostanze che determinano sapori e odori;
- nella **pelle**, sensibile alla pressione, al caldo o al freddo e al dolore.

I recettori si trovano anche in tutti i tessuti del corpo, attivandosi, ad esempio, quando abbiamo mal di pancia o male ai muscoli.

L'occhio e la vista

Gli occhi sono organi delicatissimi. Si trovano nelle **orbite**, che sono due cavità della testa e sono protetti da:
- **ciglia**, una linea di peli sottili che trattengono le polveri;
- **sopracciglia**, che impediscono al sudore di colare negli occhi;
- **palpebre**, che possono coprire del tutto l'occhio;
- **ghiandole lacrimali**, che producono **lacrime**, utili a mantenere umido l'occhio e a proteggerlo dalle infezioni, grazie a sostanze disinfettanti, come il lisozima.

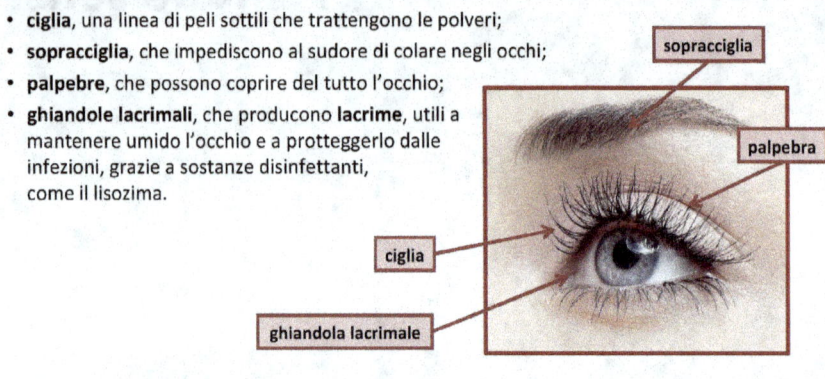

L'occhio e la vista

Come è fatto l'occhio

L'occhio vero e proprio è detto **bulbo oculare** e ha una forma quasi sferica. È collegato a muscoli che lo fanno muovere all'interno dell'orbita. Le sue parti fondamentali sono:
- la **cornea**, la parte centrale e trasparente della membrana esterna dell'occhio;
- la **pupilla**, il foro che lascia entrare la luce nell'occhio;
- l'**iride**, che è posto attorno alla pupilla e può essere di vari colori;
- il **cristallino**, che ha la funzione di una lente ed è circondato da muscoli che ne modificano la forma per mettere a fuoco oggetti vicini o lontani;
- la **camera posteriore**, piena di una gelatina trasparente, l'umor vitreo;
- la **retina**, posta nel fondo, che contiene i recettori della visione;
- il **nervo ottico**, che trasporta gli stimoli visivi al cervello.

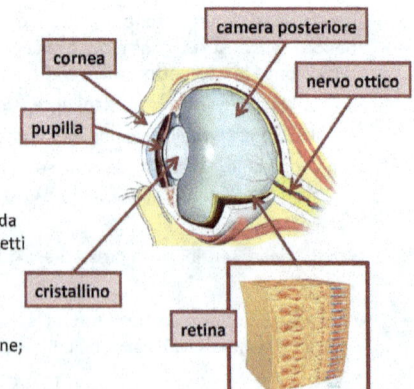

L'occhio e la vista

Come vede l'occhio

La **luce entra** nell'occhio attraverso la **cornea** e il foro della **pupilla**; passa poi per il **cristallino** che **proietta l'immagine sulla retina**, nel fondo dell'occhio, **e la rovescia**.

Quando **l'immagine arriva sulla retina** si attivano i **recettori** che sono di due tipi:
- i **coni**, che si attivano con la luce del giorno;
- i **bastoncelli**, che si attivano con la luce della notte.

Quando i coni e i bastoncelli si attivano compiono una **reazione chimica** che si trasmette come **impulso elettrico al cervello**. Le cellule del cervello **riconoscono l'immagine**: a questo punto noi la "vediamo".

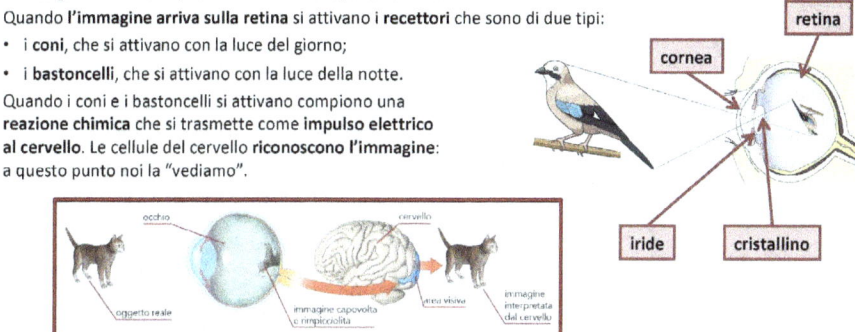

L'orecchio e l'udito

L'orecchio ci serve sia per sentire i suoni, sia per controllare la posizione del nostro corpo nello spazio.
È diviso in tre parti ben distinte: l'**orecchio esterno**, l'unica parte visibile; l'**orecchio medio**; l'**orecchio interno**.

L'orecchio esterno
Il **padiglione auricolare** è fatto di cartilagine, che forma delle pieghe che servono a raccogliere i suoni e a indirizzarli verso l'interno.
Il suono passa nel **condotto uditivo**, un piccolo canale, e raggiunge il **timpano**, una membrana elastica che vibra e separa l'orecchio esterno dall'orecchio medio.

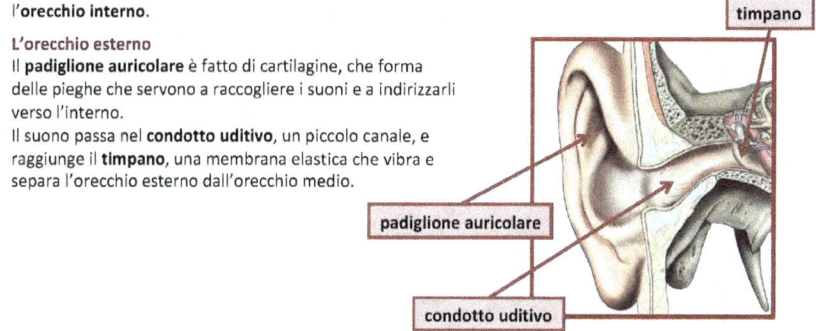

L'orecchio e l'udito

L'orecchio medio
Il timpano vibra e muove il **martello**, il primo di tre ossicini contenuti nell'orecchio medio. Il martello muove l'**incudine**, che a sua volta muove la **staffa**.
L'orecchio medio quindi trasforma il suono (che è vibrazione di aria) nella vibrazione prodotta dagli ossicini.

Nell'orecchio medio si trova anche la **tromba di Eustachio**, un canale che lo mette in comunicazione con la gola. Serve per equilibrare la pressione dell'aria all'interno dell'orecchio medio con la pressione dell'aria all'esterno; se ci fosse molta differenza, il timpano potrebbe deformarsi e rompersi.

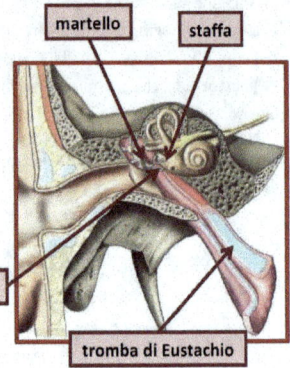

L'orecchio e l'udito

L'orecchio interno
L'orecchio interno ha due elementi di osso uniti tra loro: la **chiocciola**, che serve per l'udito, e il **labirinto**, che serve per l'equilibrio.
La chiocciola, a forma di spirale, contiene un liquido che **raccoglie le vibrazioni** degli ossicini e **le trasmette alle cellule del nervo acustico**, che poi le porta al cervello.
Il labirinto contiene del liquido in cui galleggiano dei cristalli minuscoli, gli **otoliti**. Quando muoviamo la testa, gli otoliti rotolano e toccano delle cellule che hanno delle piccole ciglia. Il piegamento delle ciglia si trasforma in **impulso nervoso**: le terminazioni nervose di queste cellule formano il **nervo vestibolare**, una parte del nervo acustico che giunge al cervelletto. Il cervelletto confronta questi impulsi con quelli ricevuti dalla pelle, dagli occhi, dai muscoli. Questa elaborazione ci dà la sensazione della posizione.

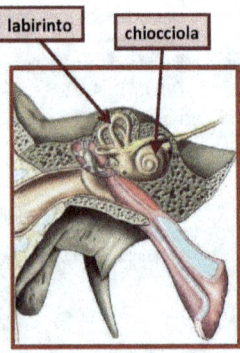

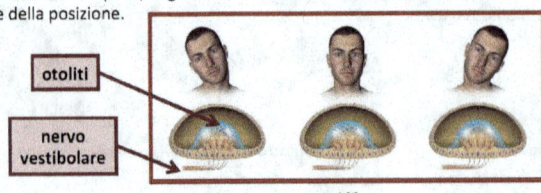

Il naso e l'olfatto

Nella parte superiore della mucosa della cavità nasale si trovano i **recettori dell'olfatto**, le **cellule olfattive**. Sono circa 5 milioni e sono sensibili alle sostanze chimiche diffuse nell'aria.

Le cellule olfattive ricevono gli stimoli dalle sostanze odorose disciolte nel muco e li trasformano in **impulsi nervosi**, che vengono trasportati prima al **bulbo olfattivo** e poi, attraverso il **nervo olfattivo**, al **cervello**, dove gli odori vengono riconosciuti.

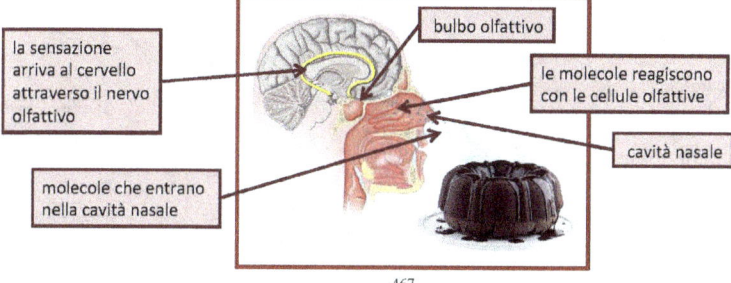

La lingua e il gusto

Sulla lingua si trovano le **papille gustative**, piccole protuberanze di forma diversa: alcune di esse, le **papille filiformi**, sono distribuite su tutta la superficie, altre, le **papille circumvallate**, si trovano soprattutto alla base della lingua, sulla parte posteriore.

Le papille contengono circa 10 000 **bottoni gustativi**, dotati di un poro: al loro interno si trovano i recettori del gusto, le **cellule gustative**.

I recettori sono sensibili a quattro sapori fondamentali: **salato**, **dolce**, **acido** e **amaro**. Essi vengono percepiti sulla lingua in aree ben precise: sentiamo il dolce soprattutto sulla punta della lingua, l'acido e il salato sulle parti laterali, l'amaro in fondo alla lingua.

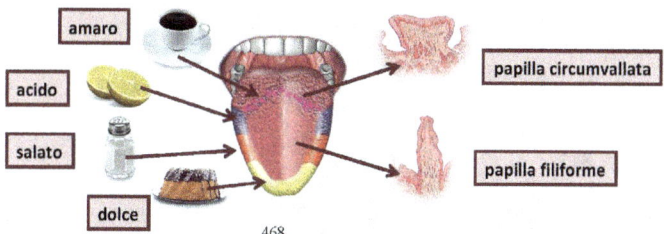

La pelle e il tatto

Nella pelle si trovano i recettori di varie sensazioni: sono terminazioni nervose poste nel **derma**, a diverse profondità. Alcune sono nude, altre sono coperte da particolari rivestimenti e formano i cosiddetti **corpuscoli**.

I **corpuscoli di Meissner** e i **corpuscoli di Pacini** sono sensibili alla pressione e raccolgono le sensazioni tattili: liscio o ruvido, molle o duro, ecc. Altri sono sensibili al calore: i **corpuscoli di Krause** ci danno la sensazione del freddo, i **corpuscoli di Ruffini** quella del caldo. Le sensazioni di **dolore** sono tutte raccolte da terminazioni nervose libere.

I recettori tattili sono **più diffusi in particolari zone**, come sui polpastrelli, sul palmo delle mani e le piante dei piedi, le labbra, la lingua.

Gli stimoli percepiti dai recettori sono trasmessi al sistema nervoso centrale attraverso i **nervi sensitivi**.

- corpuscoli di Meissner (pressione leggera)
- pelo
- terminazioni nervose libere (dolore)
- corpuscoli di Ruffini (caldo)
- corpuscoli di Pacini (pressione forte)
- corpuscoli di Krause (freddo)

La riproduzione

Che cos'è la riproduzione

La riproduzione è il processo attraverso il quale un organismo vivente si riproduce, cioè crea un **nuovo organismo della sua stessa specie**, garantendone la continuazione. Negli esseri umani la **riproduzione è sessuata**, cioè ogni nuovo individuo nasce dall'**unione di due cellule sessuali (i gameti)**: lo spermatozoo del maschio e l'ovulo della femmina.

I gameti contengono **cromosomi**. Nella riproduzione delle cellule del nostro corpo, la **mitosi**, le cellule figlie ricevono la stessa quantità di cromosomi dalla cellula madre (46 cromosomi). Nei **gameti**, che si formano con un processo chiamato **meiosi**, il patrimonio genetico è invece dimezzato (23 cromosomi) ed è rappresentato da uno solo dei cromosomi di ogni coppia.

Con la **fusione dei due gameti nella fecondazione**, nello **zigote**, la prima cellula del nuovo individuo, si ricostituisce il normale patrimonio di 23 coppie (46 cromosomi): in ciascuna coppia, uno dei cromosomi deriva dal padre e uno dalla madre.

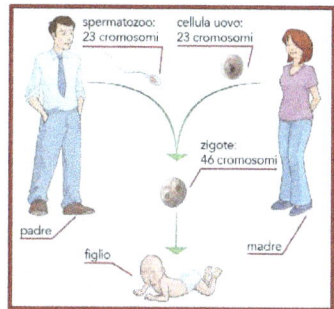

L'apparato riproduttore maschile

L'apparato riproduttore maschile è formato dai **testicoli**, dal **pene** e da alcune ghiandole accessorie.

I **testicoli** sono le ghiandole sessuali maschili che producono gli **spermatozoi**. Sono contenuti in un sacchetto, lo **scroto**, che è esterno al corpo perché gli spermatozoi maturano a una temperatura inferiore a quella interna del corpo. Una volta formati, gli spermatozoi si trasferiscono nell'**epidimio**.

Gli spermatozoi vanno nelle **vescicole seminali** che si trovano sopra la **prostata**. Le vescicole seminali e la prostata producono il **liquido seminale**. Spermatozoi e liquido seminale formano lo **sperma**, emesso all'esterno (eiaculazione) attraverso l'uretra, che è in comune con l'apparato urinario.

Il **pene**, in cui passa l'uretra, ha il compito di deporre lo sperma nell'apparato genitale femminile. Ha delle strutture, i **corpi cavernosi**, che riempiendosi di sangue ne fanno aumentare il volume.

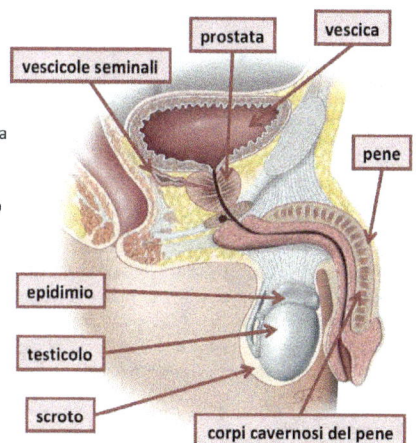

L'apparato riproduttore maschile

Lo spermatozoo

La cellula sessuale maschile ha un diametro di appena 8 millesimi di millimetro: nello spermatozoo, che ha una struttura diversa da quella delle altre cellule, tutto è ridotto all'essenziale perché la sua **funzione** è solo quella di **trasportare il materiale genetico del nucleo fino a una cellula uovo per fecondarla**.

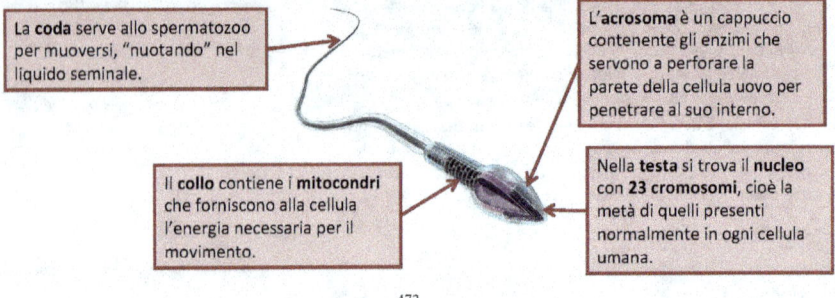

La **coda** serve allo spermatozoo per muoversi, "nuotando" nel liquido seminale.

L'**acrosoma** è un cappuccio contenente gli enzimi che servono a perforare la parete della cellula uovo per penetrare al suo interno.

Il **collo** contiene i **mitocondri** che forniscono alla cellula l'energia necessaria per il movimento.

Nella **testa** si trova il **nucleo** con **23 cromosomi**, cioè la metà di quelli presenti normalmente in ogni cellula umana.

L'apparato riproduttore femminile

L'apparato riproduttore femminile si trova **tutto all'interno del corpo**.
Le **ovaie** sono le **ghiandole sessuali femminili**. Sono formate da tanti **follicoli ovarici**, dentro cui matura l'ovulo. Ogni ovaia comunica con una **tuba di Faloppio**, che raccoglie la cellula uovo quando si stacca dall'ovaia e in cui avviene la **fecondazione**.

L'ovulo, una volta fecondato, si sposta verso l'**utero**, dove avviene lo sviluppo dell'embrione. L'utero è chiuso da un muscolo di forma circolare, la **cervice**, che lo mette in comunicazione con la **vagina**, un canale con una spessa parete muscolare che termina nella vulva.

La **vulva** è formata da pieghe cutanee: le **grandi labbra**, che proteggono vagina e uretra, e le **piccole labbra** che proteggono l'ingresso alla vagina.

Al limite superiore delle piccole labbra si trova il **clitoride**, un piccolo organo ricco di vasi sanguigni e terminazioni nervose.

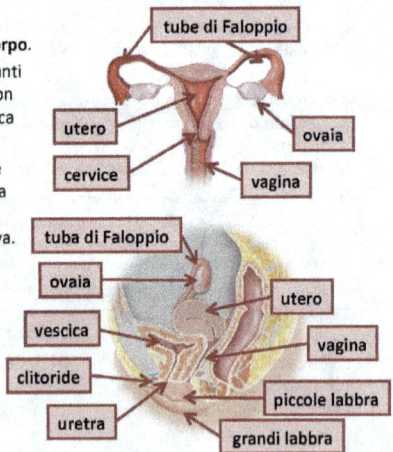

L'apparato riproduttore femminile

L'ovulo

La **cellula uovo**, od **ovulo**, è più grande dello spermatozoo, perché contiene sostanze nutrienti che servono durante le prime divisioni cellulari, dopo la fecondazione, per lo **sviluppo del futuro embrione**.

Misura circa un decimo di millimetro ed è **protetta da varie membrane**; al suo interno, immerso in un citoplasma ricco di sostanze nutrienti, di mitocondri e di altri organelli, si trova il **nucleo con 23 cromosomi**.

Le cellule uovo maturano, una alla volta, all'interno dei **follicoli ovarici**, che assicurano protezione e nutrimento; la maturazione dura circa 14 giorni.

Una cellula uovo sta maturando circondata dalle cellule del follicolo, che la nutrono.

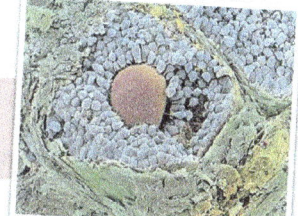

La pubertà

Durante l'infanzia maschi e femmine differiscono per la conformazione dell'apparato genitale (**carattere sessuale primario**), ma sono molto simili per il resto del corpo.

Dagli 11 ai 14 anni circa per le femmine e **dai 12 ai 16 anni circa per i maschi** si verificano cambiamenti radicali che trasformano i bambini in uomini e donne. Questo periodo, chiamato **pubertà**, è difficile e delicato, coinvolge profonde **trasformazioni sia fisiche sia psicologiche**.

In questo processo sono coinvolte le ghiandole endocrine: l'**epifisi**, che "scatena" lo sviluppo, e l'**ipofisi**, che stimola le gonadi a produrre **ormoni sessuali**, il **testosterone** nei maschi e gli **estrogeni** nelle femmine.

Il raggiungimento della **maturità sessuale** nel maschio coincide con la produzione degli spermatozoi. Lo sviluppo femminile è segnalato dalla comparsa della prima mestruazione, o menarca.

La pubertà

Le trasformazioni del periodo puberale sono accompagnate dalla comparsa dei **caratteri sessuali secondari**.

Nel **maschio**:
- cambia la struttura della laringe: la voce diventa più profonda e compare il "pomo di Adamo";
- crescono i peli un po' su tutto il corpo, specialmente sul viso, sotto le ascelle e sul pube;
- si sviluppa la muscolatura;
- le spalle si allargano;
- si ha una rapida crescita in altezza.

Nella **femmina**:
- compaiono i peli sul pube e sotto le ascelle;
- il corpo cambia proporzioni;
- le ossa del bacino si allargano e i fianchi si arrotondano;
- si sviluppa il seno.

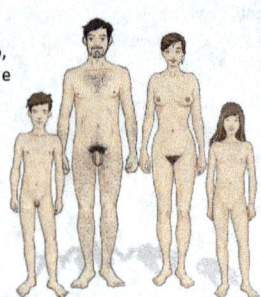

Il ciclo mestruale

Il ciclo riproduttivo femminile, detto **ciclo mestruale**, dura in media 28 giorni. È caratterizzato dalla maturazione di un ovulo e da modificazioni della mucosa uterina che si prepara ad accogliere l'ovulo fecondato.

Il ciclo mestruale avviene sotto il controllo dell'**ipofisi** con un continuo scambio di ormoni tra il cervello e le ghiandole sessuali. Queste sono le fasi del ciclo.
- All'interno del follicolo l'ovulo **matura e si ingrossa**. Il follicolo si riempie di un liquido che contiene **ormoni** che fanno diventare più **spessa la mucosa dell'utero** che deve accogliere l'ovulo fecondato.
- L'ovaia libera l'ovulo maturo. È l'**ovulazione**.
- Se l'ovulo non viene fecondato, la **mucosa dell'utero si sfalda**.
- La **mucosa e l'ovulo non fecondato vengono eliminati** con una piccola **emorragia** che dura circa 5 giorni. Il primo giorno di mestruazioni comincia un nuovo ciclo mestruale, un nuovo ovulo inizia a maturare.

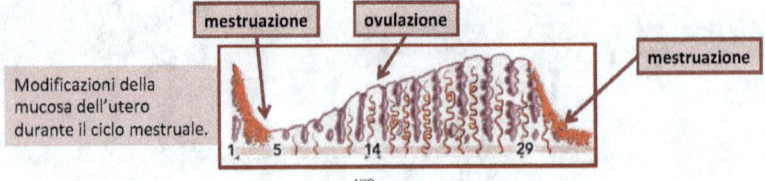

Modificazioni della mucosa dell'utero durante il ciclo mestruale.

Una nuova vita

La fecondazione

La fecondazione, cioè la **fusione tra ovulo e spermatozoo**, avviene entro 24-36 ore dall'ovulazione, all'interno delle tube di Falloppio.

Gli **spermatozoi**, deposti dal pene nella vagina durante un rapporto sessuale, **risalgono l'utero e le tube** muovendosi nel liquido seminale. Tra i milioni di spermatozoi che raggiungono la membrana dell'ovulo, **solo uno** riesce a penetrare al suo interno.

Immediatamente la membrana dell'ovulo si modifica in modo da non permettere l'ingresso ad altri spermatozoi.
Quindi avviene la **fecondazione**: i nuclei dell'ovulo e dello spermatozoo si fondono, ricostituendo il numero di 46 cromosomi della specie, e la nuova cellula, lo **zigote**, si divide dapprima in due cellule, poi in quattro, poi in otto e così via, e discende dalle tube verso l'utero: inizia l'avventura di una nuova vita.

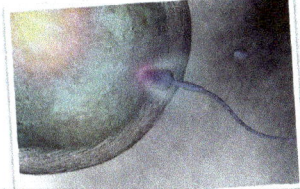

Uno spermatozoo sta fecondando una cellula-uovo.

Una nuova vita

Lo sviluppo

Quando lo zigote raggiunge l'utero, 3-4 giorni dopo la fecondazione, si è già diviso più volte, assumendo l'aspetto di una sferetta di 16-32 cellule chiamata **morula**.

Successivamente, dopo 6-7 giorni si riempie di liquido, formando la **blastocisti**, una specie di sfera cava, ricoperta dal **corion**, una membrana protettiva, che emette la **gonadotropina corionica** (od **ormone della gravidanza**).

Questo ormone continua a emettere progesterone e blocca la maturazione di altri ovuli durante tutta la **gravidanza**, che dura circa **38 settimane**.

La blastula **si annida all'interno della mucosa uterina**, che nel frattempo, per azione del progesterone, si è riempita di **sostanze nutrienti** per favorirne la crescita.

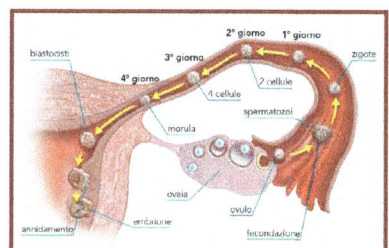

Una nuova vita

Lo sviluppo

Ora l'**embrione** è avvolto dal **sacco amniotico**, una membrana piena di liquido, che lo protegge dagli urti e mantiene costante la temperatura. Intanto, dal corion embrionale e dalla parete dell'utero materno va formandosi la **placenta**, un tessuto che si innesta nella parete uterina.

Attraverso la placenta avvengono gli scambi tra la madre e l'embrione, unito alla placenta mediante il **cordone ombelicale**, che si forma tra la quarta e l'ottava settimana. Nel cordone ombelicale scorrono arterie e vene: i vasi sanguigni della madre portano all'embrione **nutrimento e ossigeno** e si caricano di **anidride carbonica e sostanze di rifiuto**, che verranno eliminate dagli organi materni.

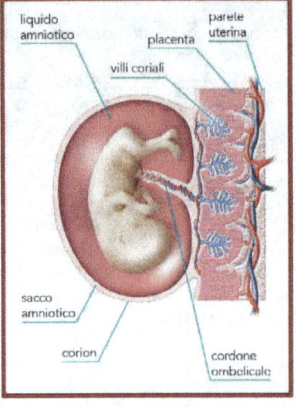

Una nuova vita

Lo sviluppo

Durante i **primi due mesi di gestazione** l'embrione forma i diversi tessuti e gli arti, il cuore comincia a battere.
Dopo **sette settimane** le gonadi, prima uguali nei due sessi, si differenziano in ovaie e testicoli.
Dopo circa **nove settimane** l'embrione ha già l'aspetto di un bimbo, anche se è lungo solo 3 cm e pesa circa 10 g; da questo periodo in poi viene chiamato **feto**.

Nel **secondo trimestre** del suo sviluppo, dal quarto al sesto mese, il feto termina la formazione di tutti gli organi, comincia a muoversi e cresce moltissimo: alla fine del sesto mese pesa circa 700 g ed è lungo circa 30 cm.

Durante l'**ultimo trimestre**, dal settimo al nono mese, il peso del feto aumenta fino ad arrivare oltre i 3 kg e la lunghezza arriva a circa 50 cm.
Nelle ultime settimane generalmente si dispone con la testa verso il basso: è pronto a venire al mondo.

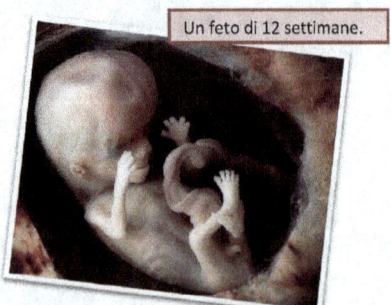

Un feto di 12 settimane.

La nascita

Quando lo sviluppo è completato, il feto invia attraverso la placenta segnali ormonali che stimolano il rilascio dell'**ossitocina**, l'ormone che fa contrarre la muscolatura dell'utero. Il collo dell'utero comincia a dilatarsi e l'utero inizia a contrarsi per spingere fuori il bambino. Questa fase del **parto**, chiamata **travaglio**, può durare alcune ore.

Si "**rompono le acque**", cioè il sacco amniotico; le contrazioni dell'utero diventano sempre più ravvicinate, finché **il bimbo nasce** attraverso la vagina: prima la testa, poi il resto del corpo.

Altre contrazioni dell'utero espellono la placenta e questa fase del parto è detta **secondamento**.

Al neonato viene reciso il cordone ombelicale, tranne un pezzettino che dopo pochi giorni cadrà lasciando una cicatrice: l'**ombelico**. Il bimbo fa il suo primo respiro e il primo vagito, segno dell'inizio della sua vita autonoma.

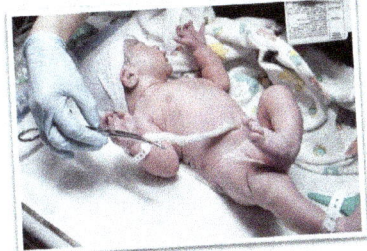

L'allattamento

Una volta nato, il neonato deve anche cominciare a **nutrirsi**. Gli ormoni prodotti in gravidanza hanno sviluppato le ghiandole mammarie della mamma; dopo il parto, l'ipofisi secerne la **prolattina**, che stimola la produzione del latte.

L'**allattamento naturale** è importante sia per la mamma, perché stimola la produzione di un ormone, l'**ossitocina**, che fa contrarre l'utero e lo fa ritornare alle dimensioni normali, sia per il neonato, perché il latte materno contiene gli **anticorpi** della madre, che lo proteggono dalle infezioni nei primi mesi di vita.

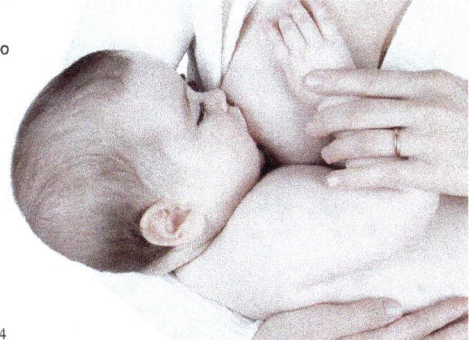

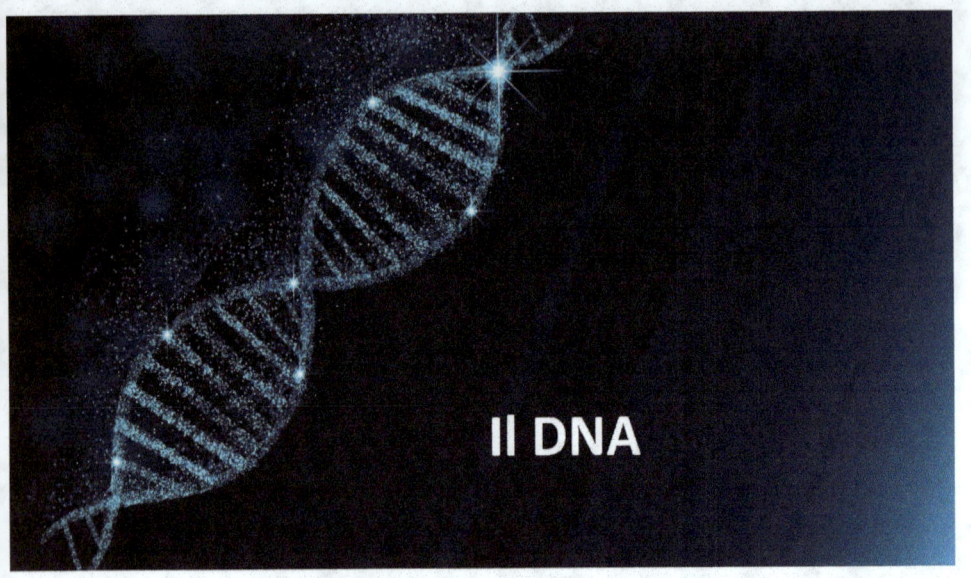

Che cos'è il DNA

In tutti gli esseri viventi le istruzioni che definiscono, regolano e mantengono le caratteristiche del corpo di un individuo si trovano nel nucleo delle cellule, "scritte" in codice nella molecola del **DNA** (**acido desossiribonucleico**).

Queste istruzioni costituiscono il **patrimonio genetico** che un individuo ha ricevuto **in eredità dai genitori** e che a sua volta **trasmette ai figli**. Nell'essere umano, l'espressione e la trasmissione dei caratteri ereditari seguono le regole della **genetica** che sono valide per tutti gli esseri viventi.

Tutte le cellule possiedono all'interno del loro nucleo i **cromosomi**, costituiti da una **lunga molecola di DNA** arrotolata e ripiegata su se stessa.

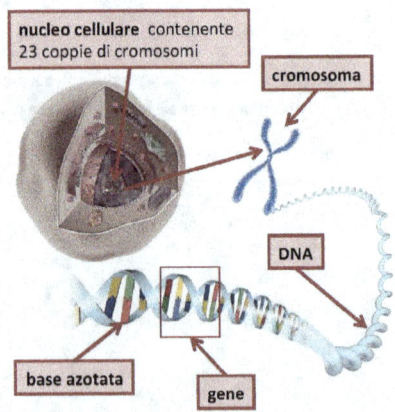

nucleo cellulare contenente 23 coppie di cromosomi

cromosoma

DNA

base azotata

gene

Che cos'è il DNA

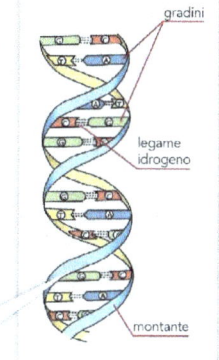

La struttura della molecola di DNA è formata da due filamenti avvolti in una **doppia elica** e assomiglia a una scala a chiocciola. I montanti, cioè le strutture portanti verticali, sono costituiti dal succedersi di molecole di **acido fosforico** legate a uno zucchero a cinque atomi di carbonio, il **desossiribosio**.

Ogni gradino è formato da una coppia di **basi azotate** legate fra loro da legami idrogeno (un particolare tipo di legame chimico). Le basi azotate sono quattro: **adenina (A)**, **timina (T)**, **citosina (C)** e **guanina (G)**.

Il legame tra le basi azotate può avvenire **solo fra adenina e timina** (A-T o T-A) e **fra guanina e citosina** (G-C o C-G): queste coppie si chiamano perciò **basi complementari**.

Che cos'è il DNA

Una molecola di acido fosforico, una molecola di zucchero desossiribosio e una delle quattro basi azotate formano un **nucleotide**, l'unità fondamentale del DNA. Esistono quindi **quattro tipi di nucleotidi**, tanti quante sono le basi azotate, e sono uniti tra di loro, uno di seguito all'altro, a formare la lunga catena di DNA.

La sequenza con cui si susseguono le basi azotate lungo la catena può avere **combinazioni infinite** ed è ciò che distingue il DNA di una persona da quello di un'altra. **Ogni organismo vivente**, infatti, possiede un **proprio patrimonio genetico diverso da quello di chiunque altro**.

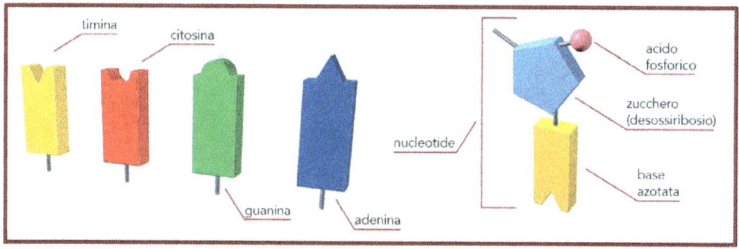

La duplicazione del DNA

Ogni volta che una cellula si riproduce (cioè da una cellula nascono due cellule) il **DNA si duplica**, in modo che ogni nuova cellula abbia il suo DNA, cioè i suoi cromosomi.

La duplicazione del DNA avviene in questo modo.

- **I cromosomi si srotolano** e il **DNA si apre in due** come una cerniera lampo, perché la coppia di molecole che forma un gradino è unita da un legame chimico debole, che si scioglie facilmente.
- Le due parti staccate del DNA prendono **all'interno della cellula le basi azotate che gli mancano** e **ricostruiscono le parti mancanti**. L'adenina prende la timina e la citosina prende la guanina. Si **riformano quindi due doppie eliche identiche**.
- Quindi, prima di duplicarsi, la cellula duplica il DNA, in modo che **le due cellule figlie abbiano lo stesso DNA**, cioè stesso numero di cromosomi e stesso patrimonio genetico.

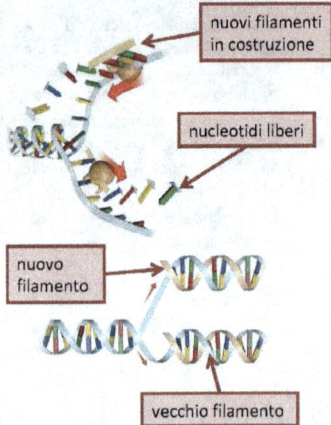

La riproduzione cellulare

Con la duplicazione del DNA inizia il processo di **riproduzione cellulare**.

Le cellule, dividendosi, raddoppiano il loro numero e permettono agli esseri viventi di crescere. In un organismo maturo, però, il numero di cellule deve rimanere costante e a questo scopo nelle cellule esiste un meccanismo che scatena una **"morte programmata"**.

Questa, chiamata **apoptosi**, viene messa in atto quando le cellule invecchiano oppure non servono più, ad esempio quelle della mucosa uterina alla fine di un ciclo mestruale. L'apoptosi si verifica anche nelle cellule infettate oppure colpite da sostanze tossiche o radiazioni.

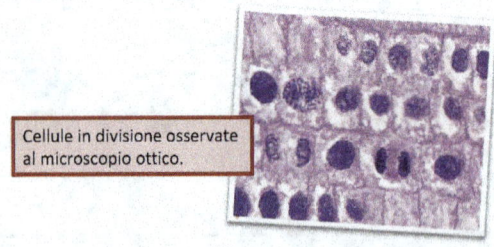

Cellule in divisione osservate al microscopio ottico.

La riproduzione cellulare

La riproduzione è particolarmente complicata per la **cellula eucariote**, che deve trasmettere a ogni cellula figlia una quantità sufficiente di citoplasma, tutti gli organelli e il patrimonio genetico.

In questo tipo di cellule la **divisione del nucleo in due nuclei identici** si chiama **mitosi** ed è la parte più complessa del processo. La divisione cellulare è regolata dal **ciclo cellulare**, una sequenza di eventi che si svolge tra il momento in cui una cellula nasce e il momento in cui si divide.

La parte più lunga del ciclo è l'**interfase**, durante la quale il citoplasma cresce, il DNA si duplica per essere ripartito in parti uguali nelle cellule figlie e la cellula si prepara a dividersi. Durante la mitosi avvengono cambiamenti profondi alla fine dei quali nella cellula madre si formano **due nuclei identici**, si divide il citoplasma e si formano due cellule figlie, identiche alla madre e fra di loro.

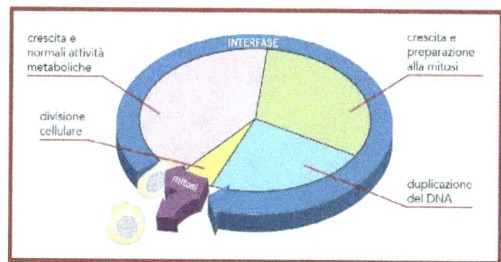

Il patrimonio genetico umano

Ogni **specie** ha un **numero caratteristico di cromosomi**, sempre pari perché i cromosomi si presentano a coppie. I cromosomi di ogni coppia, chiamati **omologhi**, hanno identica forma, struttura e funzione.

La **specie umana** ne possiede 46, divisi in **23 coppie**. L'insieme di tutti i cromosomi di un individuo costituisce il **cariotipo**. In esso si possono distinguere **22 coppie di cromosomi somatici o autosomi** e **una coppia di cromosomi sessuali**, che si chiamano così perché, oltre a determinare le caratteristiche di un individuo, ne determinano anche il sesso.

Nei cromosomi somatici, gli omologhi di ciascuna coppia sono simili fra loro. Per quanto riguarda i cromosomi sessuali, invece, bisogna fare una distinzione:

- le **femmine** hanno **due cromosomi identici identificati dalla lettera X**,
- i **maschi** hanno invece **due cromosomi molto diversi tra di loro, uno X e l'altro Y**.

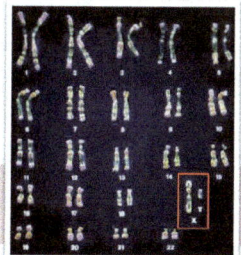

Cariotipo di un individuo di sesso maschile. Nel riquadro sono evidenziati i cromosomi sessuali X e Y.

DNA e caratteri ereditari

Sui **cromosomi** sono scritte le **istruzioni necessarie** perché **un determinato carattere sia espresso**. La sequenza di DNA che corrisponde a questo **"pacchetto di istruzioni"** è chiamato **gene**.

Su un cromosoma ci sono numerosi geni, che determinano i caratteri di ciascun individuo perché contengono le informazioni necessarie per la sintesi delle **proteine**. Infatti, le proteine sono i **costituenti fondamentali di tutte le cellule**.

Le proteine sono formate dall'unione di sostanze più semplici, gli **amminoacidi**, composti da carbonio, ossigeno, idrogeno e azoto. Esistono 20 amminoacidi diversi che si legano con varie combinazioni in lunghe catene, che si ripiegano con **differenti gradi di complessità** dando origine a **proteine di forma diversa**, che prendono il nome di struttura primaria, secondaria, terziaria o quaternaria.

struttura primaria

struttura secondaria

struttura terziaria

struttura quaternaria

DNA e caratteri ereditari

Le proteine si formano nella cellula ma fuori dal nucleo, mentre il DNA è nel nucleo.
Come fanno queste istruzioni a uscire dal nucleo?

Le istruzioni per creare le proteine vengono trascritte su una molecola capace di uscire dal nucleo della cellula. Questa molecola si chiama **RNA messaggero (m-RNA)**.

L'RNA messaggero **copia le istruzioni contenute nel DNA** (con un sistema simile a come avviene la duplicazione del DNA) e **le porta fuori dal nucleo**, dove, seguendo queste istruzioni, si creano le proteine.

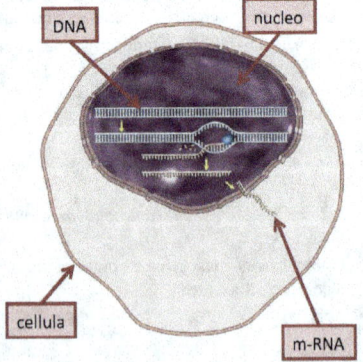

Le mutazioni genetiche

Una **mutazione genetica** si ha quando nella duplicazione del DNA (o nella copiatura del DNA fatta dall'RNA messaggero) avvengono degli **errori di copiatura** e quindi si modificano alcune informazioni.

Le mutazioni genetiche possono riguardare una **cellula somatica**, cioè del corpo, allora la mutazione interessa solo l'individuo cui appartiene quella cellula.

Se la mutazione avviene in una **cellula sessuale** allora può essere trasmessa alla discendenza e quindi diventare una **caratteristica della specie**, attraverso la **selezione naturale**.

Una mutazione può essere **dannosa** quando provoca una malattia genetica, **neutra** se non causa effetti o **vantaggiosa** se conferisce un migliore adattamento all'ambiente.
Può essere **spontanea** o causata da **elementi presenti nell'ambiente** come sostanze radioattive o elementi chimici inquinanti.

L'albinismo è dovuto alla mutazione del gene per la produzione della melanina.

L'ereditarietà dei caratteri

Che cosa sono i caratteri ereditari?

Come si spiegano le somiglianze tra genitori e figli? Solo la scienza moderna è riuscita a rispondere a questa domanda. Osservando gli individui si vede che i figli possono avere alcuni aspetti del padre e altri della madre.

Questi sono i **"caratteri ereditari"** cioè le **caratteristiche fisiche trasmesse dai genitori ai figli**, come il colore dei capelli o la forma del naso.

Le leggi di Mendel

Nell'Ottocento **Gregor Mendel** fu il primo a studiare in che modo si trasmettono i caratteri ereditari.

A quel tempo non era ancora stato scoperto il DNA e Mendel studiò i caratteri ereditari **osservando in che modo le piante dei piselli trasmettevano le loro caratteristiche** da una generazione all'altra.

Mendel scelse come **carattere da osservare** il colore del fiore e fece **incrociare le piante** per vedere **cosa accadeva alle piante figlie**. Facendo tantissimi esperimenti riuscì a scoprire tre leggi che oggi si chiamano **"leggi di Mendel"**.

Gregor Mendel

La prima legge di Mendel

Incrociando piante con caratteri diversi, ad esempio piante con fiore rosso e piante con fiore bianco, Mendel osservò che nascevano solo piante con il fiore rosso.

Quindi il carattere "fiore rosso" era più forte rispetto al carattere "fiore bianco". "Fiore rosso" era **dominante** mentre "fiore bianco" era **recessivo**.

> Dall'incrocio tra piante di **linea pura** per un carattere dominante con piante di linea pura per lo stesso carattere recessivo, nella prima generazione si ottengono sempre ibridi che presentano il carattere **dominante**.

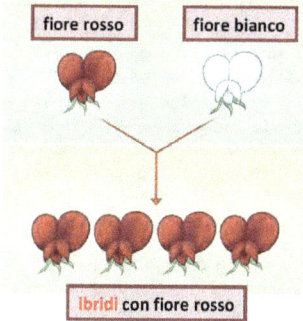

La seconda legge di Mendel

Le piante nate dal primo incrocio si chiamano "**ibridi**". Se si incrociano gli ibridi fra loro, nasceranno 3 piante col fiore rosso e 1 col fiore bianco.

Il **carattere recessivo "fiore bianco" ricompare** nella seconda generazione di piante.

> Nell'incrocio tra **ibridi di prima generazione** il carattere recessivo ricompare in **un quarto** degli individui di seconda generazione.

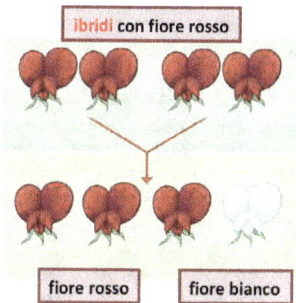

La terza legge di Mendel

Quando **si incrociano piante con più caratteri** (dominanti o recessivi), questi **passano alle generazioni successive in modo indipendente gli uni dagli altri**.

Prendiamo due semi uno giallo e liscio, uno verde e rugoso. "Giallo e liscio" sono caratteri dominanti "verde e rugoso" caratteri recessivi.

Dall'incrocio tra un seme giallo liscio e un seme verde rugoso alla prima fecondazione verranno fuori **tutti semi gialli lisci** (prima legge di Mendel). L'incrocio degli ibridi vedrà **ricomparire i caratteri recessivi** (seconda legge di Mendel). Ma i due caratteri recessivi verde e giallo ricompaiono in **modo indipendente l'uno dall'altro** (terza legge di Mendel).

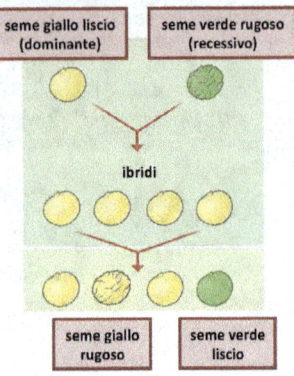

> Quando si incrociano individui di linea pura per più caratteri **dominanti** con altri di linea pura per gli stessi caratteri **recessivi**, ogni carattere si trasmette in modo **indipendente** dagli altri.

Mendel e la genetica moderna

Come sappiamo, i geni determinano i caratteri di un individuo. Alcuni di questi caratteri sono **controllati da un solo tipo di gene** e vengono **trasmessi secondo le leggi di Mendel**.

Prendiamo ad esempio il carattere "capelli scuri" e il carattere "capelli chiari". Il carattere "capelli scuri" è **dominante** rispetto a quello "capelli chiari", che è **recessivo**. Il carattere recessivo può **riemergere nelle generazioni successive**, così come si riproponeva il carattere "fiori bianchi".

Le leggi di Mendel valgono però solo per i caratteri controllati da un solo gene. E anche in questo caso ha delle **varianti**. Ad esempio quando si ha una **dominanza incompleta**, ne deriva una mescolanza dei due caratteri. Oppure nel caso della **codominanza**, cioè quando si incontrano due geni dominanti. È il caso del sangue di gruppo A e del sangue di gruppo B, portati da geni dominanti: in questo caso si avrà sangue di gruppo AB.

> Nella divisione delle cellule si verifica il **crossing over**, cioè il patrimonio genetico si rimescola e quindi ogni gamete ha un patrimonio genetico un po' diverso dagli altri gameti, questo spiega perché i fratelli non sono mai identici fra loro.

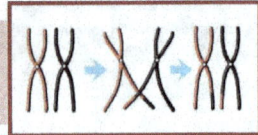

Le malattie genetiche

Le **mutazioni del DNA** possono anche causare delle **malattie** chiamate "**genetiche**".
Questo può accadere quando i gameti dividono in modo sbagliato i cromosomi, come avviene nella **sindrome di Down**. La sindrome di Down è causata da un **errore nella separazione dei cromosomi**, la coppia di cromosomi 21 non si separa e un gamete porta due cromosomi invece di uno solo. Lo zigote avrà quindi tre cromosomi 21 invece di due.

Le mutazioni genetiche possono anche essere causate da uno dei due geni contenuti nei cromosomi omologhi. Queste si chiamano **malattie ereditarie** e compaiono seguendo le leggi di Mendel.
Può capitare quindi che un genitore sia portatore sano e che solo i figli siano malati.

L'ingegneria genetica

Dopo la scoperta del DNA i biologi impararono a **modificare gli organismi cambiando i loro geni**.
L'**ingegneria genetica** (cioè la capacità di modificare il DNA) apre a nuove **possibilità di cura delle malattie** ma solleva anche grandi **problemi morali**. È giusto modificare la struttura genetica degli esseri viventi? Fino a che punto ci si può spingere con questi interventi? Quali conseguenze potrebbero comportare?
I risultati dei cambiamenti operati sui geni si chiamano anche **OGM**, cioè Organismi Geneticamente Modificati. Per esempio sono state create delle **piante capaci di resistere agli insetti** che le mangiano **oppure al caldo o al freddo**. Molti però ne hanno paura perché non si conoscono ancora del tutto gli effetti di queste modifiche sull'uomo e sull'ambiente.

La pecora Dolly è il primo animale prodotto in laboratorio attraverso la **clonazione**, una tecnica dell'ingegneria genetica che consente di creare una copia geneticamente identica di un organismo animale o vegetale.

L'aria e l'atmosfera

L'atmosfera è l'involucro di gas che circonda la Terra. È costituita da aria ed una miscela di gas che filtrano le radiazioni solari che originano l'effetto serra che distribuisce, in modo uniforme, il calore sulla superficie terrestre.

Che cos'è la Terra

Il nostro pianeta è un sistema di componenti in relazione tra loro.
Queste componenti sono quattro:

- l'atmosfera: lo strato di gas che circonda la Terra;
- l'idrosfera: costituita da tutte le acque presenti sulla Terra (oceani, mari, laghi, fiumi);
- la litosfera: la superficie solida dei continenti e dei fondali oceanici, costituita da roccia;
- la biosfera: comprende tutte le forme di vita, vegetali ed animali, uomo.

L'atmosfera

L'atmosfera si estende, a strati concentrici, dal livello del mare fino ad un'altezza di centinaia di chilometri, assumendo caratteristiche diverse.

Vicino alla superficie terrestre è molto ricca di gas che, però, diminuiscono con l'aumentare dell'altitudine, fino ad impedire la respirazione intorno ai dieci chilometri di altezza.

La composizione dell'aria

L'aria è una miscela di gas composta dal:
- **78% di azoto**, incolore e inodore, elemento costitutivo delle proteine e degli acidi nucleici.
- **21% di ossigeno** che permette la respirazione degli esseri viventi. La sua presenza è assicurata dalle piante, attraverso la *fotosintesi clorofilliana*.
- **0,03% di anidride carbonica**, prodotta delle combustioni e della respirazione degli esseri viventi. È utilizzata dai vegetali, nel processo di fotosintesi clorofilliana.
- **0,97% di argon e altri gas** in minima quantità, detti perciò *gas rari*.
- **ozono in quantità variabili**. Si forma durante i temporali in seguito alle scariche elettriche sull'ossigeno dell'aria.

Le percentuali di questa composizione si riferiscono all'*aria secca*. In realtà l'aria contiene quasi sempre una certa percentuale di umidità, rappresentata da *vapore acqueo*.

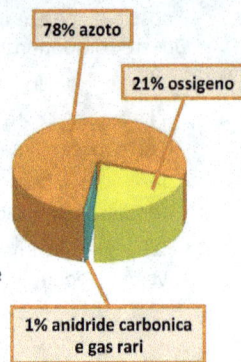

78% azoto
21% ossigeno
1% anidride carbonica e gas rari

Le proprietà dell'aria

L'aria è una miscela di gas che:
- *non ha volume né forma propri*;
- *è comprimibile* perché le molecole sono molto distanti tra loro e, con una forte pressione, è possibile farle avvicinare occupando un volume minore.
- *Ha una massa ed un peso propri*. L'aria esercita una pressione sulla superficie terrestre in maniera così uniforme da non essere percepita nemmeno dal nostro corpo.
- *Si espande riscaldandosi* perché, con il calore, le molecole si distanziano. L'aria calda ha una densità minore di quella fredda e quindi sale verso l'alto. Questa proprietà è alla base di tutti i fenomeni meteorologici della Terra.

Gli strati dell'atmosfera

Partendo dalla superficie terrestre, prendono il nome di:
- troposfera, che ha uno spessore variabile di circa 8 km sopra i poli e 18 km sopra l'equatore. Nella troposfera si verificano la maggior parte dei fenomeni meteorologici.
- stratosfera, che si estende oltre la troposfera fino a 50 km di altezza. Qui si trova uno strato ricco di ozono, utile per assorbire le radiazioni ultraviolette del Sole.
- mesosfera, che si estende di oltre 80 km oltre la stratosfera. L'ossigeno diminuisce gradualmente mentre aumentano i gas leggeri, come *elio* e *idrogeno*.
- termosfera, si estende oltre la mesosfera fino a 400 km di altezza. La temperatura arriva a 1200°C a causa dell'intensa radiazione solare.
- esosfera, che si estende fino a sfumare verso lo spazio interplanetario.

Gli strati dell'atmosfera

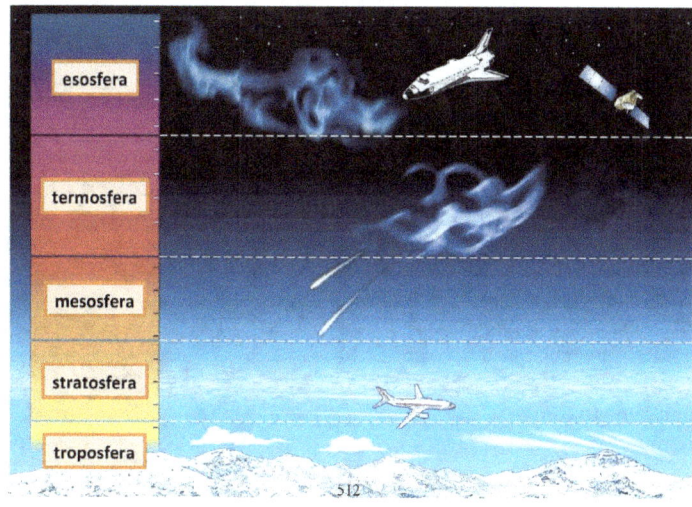

L'effetto serra

Entrando in una serra o in una stanza con grandi vetrate esposte al sole, ti accorgi che la temperatura interna è maggiore di quella esterna. Questo perché i raggi solari che penetrano all'interno riscaldano il pavimento che a sua volta restituisce il calore sotto forma di *radiazioni infrarosse* che solo in parte riescono a ritornare all'esterno.

Questo avviene anche per la Terra, perché l'atmosfera riesce solo in parte a disperdere il calore di ritorno dalla superficie terrestre.

Questo fenomeno prende il nome di **effetto serra** e permette di mantenere una temperatura adatta agli esseri viventi.

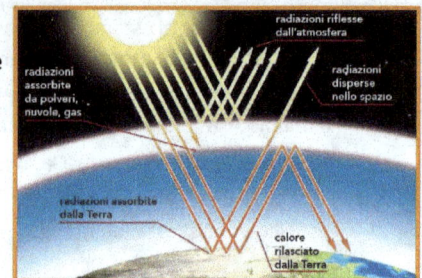

Inquinamento ed effetto serra

L'**effetto serra** è da sempre presente sul nostro pianeta e permette di mantenere una temperatura adatta agli esseri viventi. Tuttavia negli ultimi decenni, a causa dell'inquinamento e della produzione incontrollata di gas come l'anidride carbonica, il metano e l'ozono (detti *gas serra*), questo fenomeno si è intensificato, portando ad un aumento della temperatura, chiamato *riscaldamento globale*, causa di preoccupanti cambiamenti climatici.

La pressione atmosferica

A causa della forza di gravità, il peso dell'enorme massa di gas presente sulla terra esercita sulla superficie terrestre una *pressione atmosferica*. Il valore di questa pressione dipende da:

- altitudine perché man mano che si sale di quota diminuisce l'altezza della colonna d'aria sovrastante;
- temperatura perché l'aria diventa meno densa e quindi più leggera con l'aumentare della temperatura.
- umidità in quanto la pressione diminuisce all'aumentare dell'umidità perché le molecole di vapore acqueo sono più leggere di quelle di ossigeno e azoto.

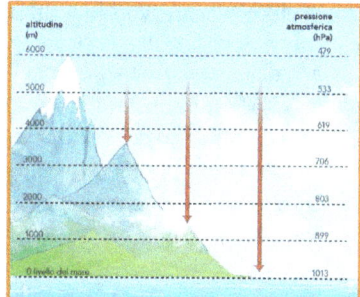

Strumenti e unità di misura della pressione atmosferica

L'apparecchio di misurazione della pressione atmosferica è il *barometro*, all'inizio costituito da un tubo all'interno di un serbatoio di mercurio. L'unità di misura era il *millimetro di mercurio* (**mmHg**).

Questo strumento è stato sostituito dal barometro *aneroide* (cioè senza aria), costituito da una scatola metallica chiusa in cui vi è una molla collegata ad un ago.

La pressione sulla scatola crea una piccola deformazione della molla muovendo l'ago su un quadrante in cui sono segnati i valori pressori.

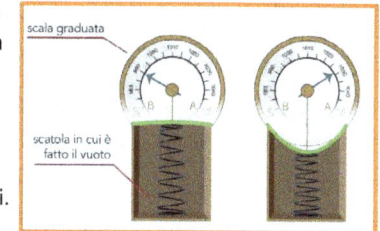

I venti

Se sulla carta geografica uniamo tutti i punti in cui vi è la stessa pressione atmosferica, le linee chiuse ottenute si chiamano *isobare*.

Tra queste linee, le aree che presentano la pressione più bassa si dicono **cicloniche**, quelle con la pressione più alta sono invece **anticicloniche**. Quando le due aree sono contigue, si crea una forte differenza di pressione che porta ad uno spostamento di aria dalle zone di alta pressione verso quelle di pressione più bassa.

Intanto lo spostamento dell'aria calda che è salita la fa raffreddare e scorrere in senso contrario verso le zone anticicloniche.

Questa continua circolazione di aria si chiama **cella convettiva**.

I venti

Le caratteristiche di un vento sono la *direzione* (determinata con l'*anemoscopio*) e la *velocità* (determinata con l'*anemometro* e calcolata in *m/s* oppure *km/h*).

La *rosa dei venti*, invece, indica la direzione dei venti in relazione ai punti cardinali.
I venti possono essere **costanti** (spirano sempre dalla stessa direzione), **periodici** (cambiano direzione con una certa regolarità) e **variabili** (a carattere locale, senza andamento regolare).

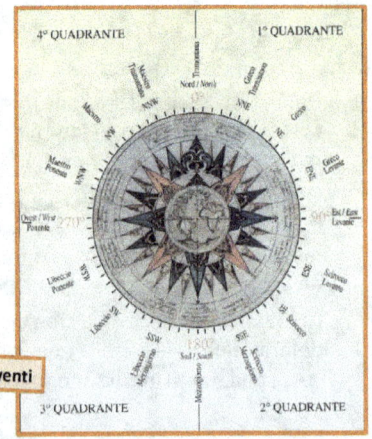

Rosa dei venti

Gli alisei

Gli alisei soffiano con intensità e direzione costanti (da Nord-Est verso Sud-Ovest nel nostro emisfero e da Sud-Est verso Nord-Ovest in quello australe) e provocano forti piogge nelle zone equatoriali.

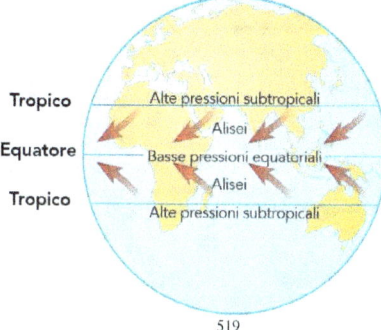

I monsoni

I monsoni sono venti periodici dell'Asia meridionale che cambiano direzione ogni sei mesi. In inverno la temperatura più calda dell'Oceano Indiano crea una zona di bassa pressione, attirando venti dal continente verso l'Oceano stesso dando luogo alla **stagione secca**.

In estate succede l'inverso, dando luogo alla **stagione delle piogge**.

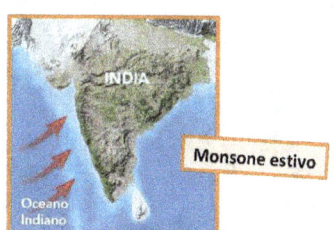

Le brezze

Le **brezze** soffiano in una direzione durante il giorno e in quella contraria durante la notte, soprattutto in montagna, per il solito principio di differenza di pressione tra fondovalle verso la montagna (**brezza di valle**) e da montagna a valle (**brezza di montagna**) e sulle coste marine (**brezza di mare** e **brezza di terra**).

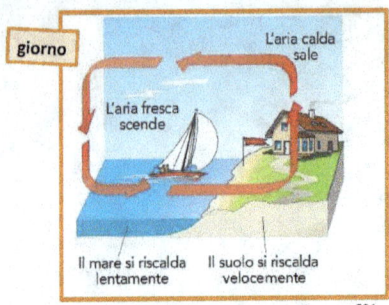 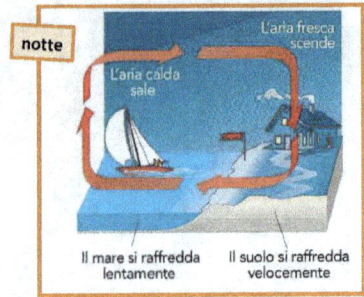

521

I tornado e le trombe d'aria

I **tornado** e le **trombe d'aria** sono fenomeni che si verificano quando una massa di aria calda e umida viene a trovarsi sotto una massa di aria fredda e asciutta.
La grande differenza di pressione crea una forte corrente che sale ad enorme velocità con un andamento a spirale.

Sono venti che possono raggiungere velocità di 500 km/h, con effetti distruttivi sulle zone che attraversano (ovunque sulla Terra, eccetto le zone polari). Lo stesso fenomeno può verificarsi sulle superfici d'acqua (**trombe marine**) e nei deserti (**turbini di polvere**).

522

Il ciclone

Il ciclone tropicale è un insieme di vento e attività temporalesche in rotazione su se stesso. Nel continente americano sono chiamati *uragani* e in quello asiatico *tifoni*. Nascono sugli oceani, quando questi raggiungono temperature intorno ai 27°C e la pressione è molto bassa.

L'aria molto calda e umida sale verso l'alto con un movimento rotatorio intorno ad una zona centrale detta **occhio del ciclone**, relativamente calma.

I vortici, invece, possono raggiungere velocità intorno a 300km/h e spostarsi ad oltre 200 km/h, incontrano.

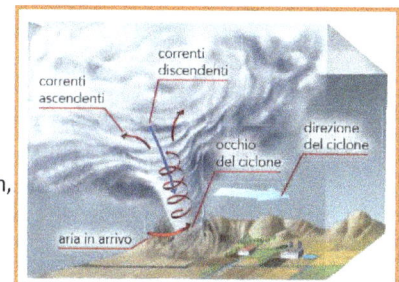

Acqua e atmosfera

L'umidità atmosferica è la quantità di vapore acqueo presente in un certo volume d'aria. Quando l'aria contiene la massima quantità di vapore acqueo, si dice **satura**. La temperatura a cui l'aria è satura si dice **punto di rugiada** perché il vapore acqueo condensa in gocce di rugiada.

Le nubi si formano quando il vapore acqueo, più leggero dell'aria, sale verso l'alto e, raffreddandosi, si condensa in forma di goccioline.

Precipitazioni e altri fenomeni

La **pioggia** è formata dalle goccioline di acqua all'interno delle nubi che, a causa delle correnti fredde, si urtano e si fondono tra loro fino a formare gocce così grandi e pesanti da precipitare a terra. La quantità di pioggia precipitata si misura con il *pluviometro*.

La **neve** e la **grandine** si formano invece quando all'interno delle nubi vi è una temperatura inferiore a 0°C.
La neve è formata da leggeri cristalli di ghiaccio.
La grandine è formata da sferette di ghiaccio stratificato per effetto delle correnti d'aria.

Chicchi di grandine

Cristallo di ghiaccio

Precipitazioni e altri fenomeni

La **nebbia** è formata dall'umidità presente nell'aria che condensa in piccole gocce quando viene a contatto con il terreno che ha una temperatura più bassa.
La **rugiada** è lo stesso fenomeno che si verifica nell'atmosfera nelle mattine estive.
La **brina** è lo stesso fenomeno di condensazione dell'umidità che si verifica in inverno con le temperature più basse. Con il freddo si forma un vero e proprio strato di ghiaccio chiamato **galaverna**.

nebbia

rugiada

brina

Le previsioni del tempo

Le carte meteorologiche

Tutti i dati raccolti dai satelliti, dalle stazioni meteorologiche e dai palloni sonda vengono riportati su particolari carte dette **carte sinottiche**. L'elaborazione di tutti questi dati da parte dei meteorologi consente di prevedere il punto di incontro delle diverse masse d'aria, i cosiddetti **fronti**.

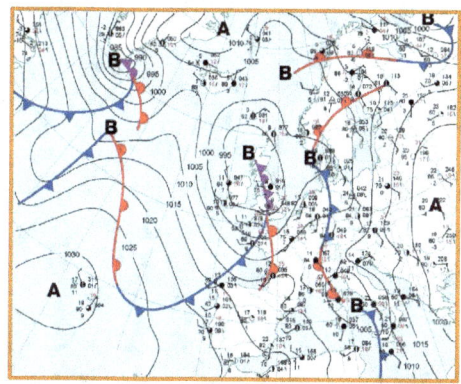

Le previsioni del tempo

Come si prevedono le precipitazioni

Quando un *fronte freddo* avanza verso una massa d'aria calda, questa sale rapidamente sopra l'aria fredda, formando cumulonembi che portano forti precipitazioni.
I contrario *un fronte caldo* porta nubi a strati con precipitazioni deboli ma persistenti.
In un'area di bassa pressione, si può prevedere l'arrivo di un fronte caldo o freddo e, in base alla sua velocità, capire in quanto tempo aspettarci delle precipitazioni.
In un'area di alta pressione non arrivano fronti e quindi ci si attende tempo sereno.

Cumulonembo

La litosfera: rocce e minerali

Le **rocce** che formano la crosta terrestre si sono formate in milioni di anni e sono costituite da minerali. In base ai processi che hanno portato alla loro formazione, le rocce si classificano in **sedimentarie**, **magmatiche** e **metamorfiche**.

La struttura della Terra

COME SI È FORMATA LA TERRA
Secondo gli studiosi di **geologia**, il nostro pianeta si è formato circa 4,7 miliardi di anni fa, per l'aggregazione di nuclei di materiali diversi, detti **planetesimi**. Le radiazioni emesse dai vari materiali fecero alzare la temperatura al punto da provocare la fusione dei planetesimi in una massa unica che, ruotando su se stessa, assunse forma sferica. La parte più superficiale, raffreddandosi, formò la crosta terrestre.

La terra oggi

Grazie agli studi compiuti sulla propagazione delle onde sismiche, possiamo stabilire che la Terra ha mantenuto, nel corso della propria evoluzione, una struttura a gusci concentrici. Dal nucleo alla parte più esterna troviamo il mantello e la crosta, tutti e tre separati da strati di **discontinuità**, con proprietà fisiche e chimiche differenti.

Strato	Principali componenti	Stato	Densità (km/dm³)
crosta terrestre	silicio, alluminio	solido	2,8
mantello	silicio, magnesio	in parte solido, in parte plastico	3,5
nucleo esterno	nichel, ferro	liquido	10
nucleo interno	ferro	solido	12,5

La terra oggi

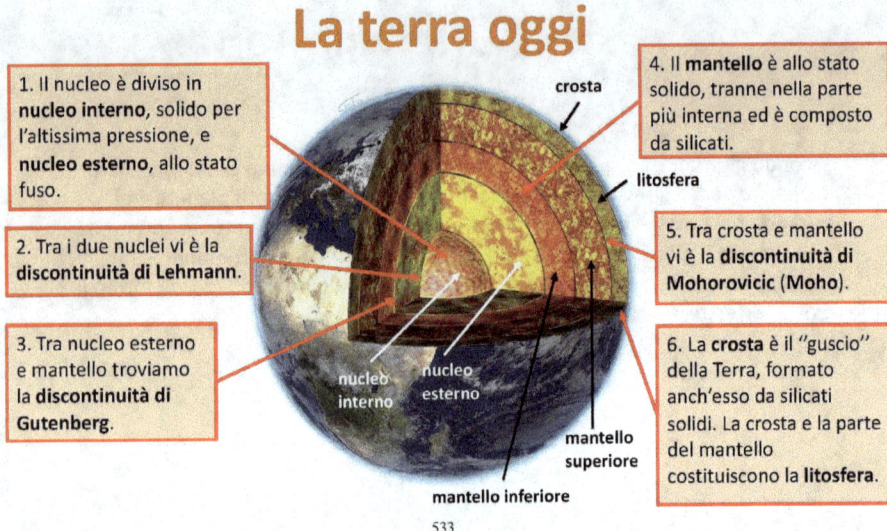

1. Il nucleo è diviso in **nucleo interno**, solido per l'altissima pressione, e **nucleo esterno**, allo stato fuso.

2. Tra i due nuclei vi è la **discontinuità di Lehmann**.

3. Tra nucleo esterno e mantello troviamo la **discontinuità di Gutenberg**.

4. Il **mantello** è allo stato solido, tranne nella parte più interna ed è composto da silicati.

5. Tra crosta e mantello vi è la **discontinuità di Mohorovicic (Moho)**.

6. La **crosta** è il "guscio" della Terra, formato anch'esso da silicati solidi. La crosta e la parte del mantello costituiscono la **litosfera**.

La temperatura all'interno della Terra

Mentre la temperatura della superficie terrestre dipende dall'irraggiamento solare, dall'alternarsi di giorno e notte, dalle stagioni e dalla latitudine, al di sotto della superfice questa aumenta con la profondità di circa 3 °C ogni 100 metri. Questo costante aumento è detto **gradiente geotermico** che, comunque, può variare anche da 1 a 5°C soprattutto sotto i 40 km di profondità. Infatti la temperatura del mantello varia dai 1000 ai 3500 °C, mentre quella del nucleo dai 3500 ai 5000 °C.

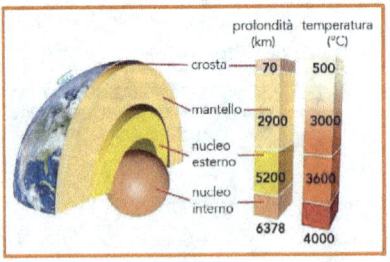

La crosta terrestre: aspetto fisico

Immaginando la crosta terrestre senza la presenza delle enormi masse d'acqua della Terra, potremmo vedere i sistemi di rilievi, le dorsali medio-oceaniche, sul fondo degli oceani. Il passaggio tra terre emerse (le piattaforme continentali) e fondali oceanici non è netto ma costituito da una fascia, ad una profondità di 150/200 metri, detta scarpata continentale, che ha un dislivello medio di 4,5 km.

I fondali oceanici che uniscono i continenti sono detti pianure abissali.
I fondali oceanici più profondi, a forma di arco, sono le **fosse oceaniche**.
La più profonda (più di 11 km) è la Fossa della Marianne, nel Pacifico.

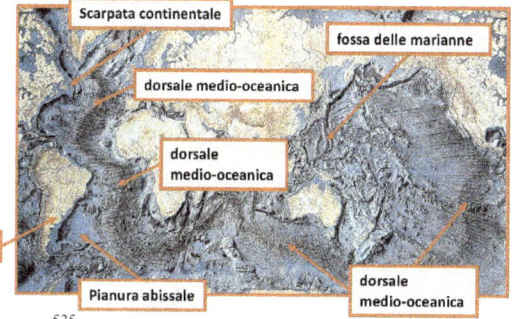

I minerali

LA COMPOSIZIONE DELLA CROSTA TERRESTRE

L'analisi chimica ci porta ad osservare che circa il 99% della crosta terrestre è costituito da soli **otto elementi**. I più abbondanti (insieme circa il 70%) sono il silicio e l'ossigeno.

Altri elementi sono alluminio, calcio, magnesio, sodio, ferro e potassio. Altri elementi allo **stato nativo** sono oro, argento, rame, carbonio e zolfo. Gli altri elementi combinati fra loro formano i **composti**.

Elementi nativi e composti formano i minerali.

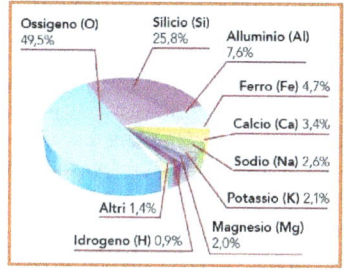

Che cosa sono i minerali

I minerali sono **sostanze naturali omogenee**, allo **stato solido** e di **origine inorganica**. La struttura dei **cristalli** dipende dalla disposizione geometrica degli atomi nello spazio, organizzati prima in un **reticolo cristallino** e poi in **celle**. In natura i cristalli si possono trovare anche in **aggregazioni** di varie dimensioni. Intorno ad una **matrice**, si possono formare aggregazioni **parallele** e a **geode**. I **geminati** sono cristalli che crescono in coppie riflesse. I cristalli aggregati in modo disordinato e irregolare sono detti **amorfi**, come l'opale.

Cristalli geminati
quarzo
geode
opale
salgemma

Le proprietà fisiche dei minerali

Densità: determina il pesantezza di un minerale.
Durezza: è la proprietà di resistenza alla scalfittura. Si misura con la **scala di Mohs** da 1 (talco) a 10 (diamante, il più duro).
Sfaldatura: è la tendenza di alcuni minerali a rompersi secondo piani paralleli, come la **grafite**, usata per questo motivo come mina per matite.
Tenacità: è la resistenza alle sollecitazioni meccaniche, è inversamente proporzionale alla durezza poiché i materiali molli riescono a deformarsi resistendo agli urti.
Lucentezza: è la capacità di riflettere la luce sulla propria superficie. Può essere **metallica** (oro, pirite, argento), **adamantina** (diamante), **vitrea** (quarzo) e **perlacea** (mica).

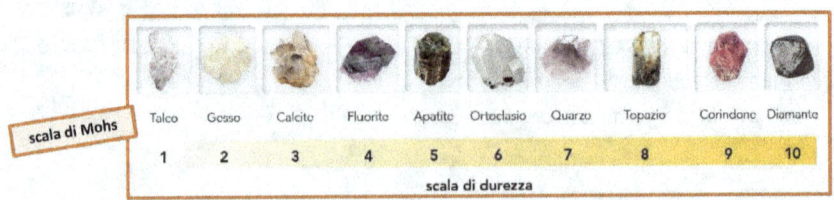

scala di Mohs — Talco 1, Gesso 2, Calcite 3, Fluorite 4, Apatite 5, Ortoclasio 6, Quarzo 7, Topazio 8, Corindone 9, Diamante 10 — scala di durezza

Come si formano i minerali

I minerali possono formarsi in seguito a:
- **Evaporazione** di soluzioni saline, come il gesso, i carbonati e il salgemma.
- **Raffreddamento** di rocce di origine vulcanica. Se avviene lentamente si formano i cristalli, al contrario si formano minerali amorfi, con struttura vetrosa.
- **Sublimazione**, il passaggio cioè dei vapori direttamente allo stato solido.
- **Trasformazione allo stato solido** di minerali già esistenti in seguito all'azione di alte pressioni ed elevate temperature.
- **Precipitazione da soluzioni acquose calde**, quando diminuisce la temperatura.

Formazioni di zolfo dovute alla sublimazione dei gas nel parco di Yellowstone (USA).

La classificazione dei minerali

In base alla loro composizione chimica i minerali vengono classificati in:

Elementi nativi: formati da un solo elemento chimico (oro, argento, platino).

Solfuri: formati da un elemento metallico e zolfo, come la **galena**, la **blenda** e la **pirite**. Sono importanti per l'industria metallurgica.

Ossidi: formati da un elemento metallico e ossigeno, come il **rubino** e lo **zaffiro**, impiegati in oreficeria. Altri, come la **bauxite** e l'**ematite**, vengono impiegati industrialmente per estrarre metalli.

Alogenuri: contengono un alogeno (cloro, fluoro) e un metallo. Emettono radiazioni luminose dopo una esposizione alla luce, come la **fluorite**.

La classificazione dei minerali

Carbonati: sono elementi metallici legati al gruppo CO_3. A contatto con acidi liberano anidride carbonica, sviluppando effervescenza. Sono esempi la **calcite** e l'**aragonite**.

Solfati: formati da elementi metallici legati allo ione solfato SO^{2-}_4. Il solfato più comune è il **gesso**. La sua forma priva d'acqua si chiama **anidrite**.

Fosfati: formati da elementi metallici e PO^{3-}_4. A questa classe appartengono le **apatiti** (fosfati di calcio usati per produrre fertilizzanti) e le **turchesi**.

Silicati: contengono il gruppo SiO_4 e formano strutture molto regolari come nello **zircone**, nei **granati**, nel **topazio**, gruppi laminari come nel **talco** e fibrose come nell'**amianto**. Altri silicati sono il **berillo** (**smeraldi** e **acquamarina**) oppure i **feldspati**.

amianto — turchese — smeraldo

Le rocce

Le rocce sono costituite da un aggregato di singoli minerali. Le rocce costituiscono la superficie solida del nostro pianeta e vengono classificate, in base ai processi che hanno portato alla loro formazione, in **sedimentarie**, **magmatiche** e **metamorfiche**.

Come per l'acqua anche le rocce, in tempi molto più lunghi, subiscono un profondo mutamento. Questa continua trasformazione viene detta ciclo delle rocce.

Eccone i passaggi principali:

1. A profondità tra i 100 e i 300 km, a causa delle temperature elevate, le rocce fondono formando il **magma**.
2. Il magma sale in superfice e, solidificandosi, origina **rocce magmatiche effusive**.
3. Se il magma solidifica in profondità si formano **rocce magmatiche intrusive**.

Rocce sedimentarie

Tutte le rocce esposte agli agenti atmosferici subiscono modificazioni perdendo frammenti rocciosi che si depositano a distanza in strati formando **accumuli** o **sedimenti**. Una volta che questi si uniscono originano le **rocce** sedimentarie, che possono essere di natura **clastica**, **chimica** o **organica**.

Le rocce clastiche si formano dall'unione di frammenti rocciosi preesistenti che si cementano tra loro per effetto della pressione sovrastante che elimina l'acqua presente negli interstizi, riempiti successivamente da sali minerali.

Le rocce di origine chimica si formano per evaporazione dell'acqua di bacini come laghi (**travertino**, **alabastro**) o mari (**salgemma**, **gesso**).

Le rocce organogene si formano dall'accumulo dei resti di miliardi di esseri viventi (conchiglie, alghe, scheletri). Questi si uniscono formando agglomerati di carbonato di calcio, le **dolomie**, come nel caso delle **Dolomiti**. Da depositi di protozoi, si forma la **selce**. Nel caso di sostanze organiche vere e proprie si possono formare depositi di **carboni fossili** e **petrolio**.

Catena delle Dolomiti

Rocce magmatiche

All'interno della Terra la temperatura raggiunge valori così elevati da determinare la fusione delle rocce che si trasformano in **magma**. Le rocce che si formano per **raffreddamento** del magma sono dette **magmatiche** o **ignee** e possono essere:

Rocce intrusive, se il raffreddamento è avvenuto lentamente all'interno della crosta terrestre con la formazione di cristalli simili tra loro per dimensione, come dei **graniti**.

Rocce effusive, se il raffreddamento è avvenuto all'esterno in seguito ad un'eruzione vulcanica. La struttura varia secondo le modalità di cristallizzazione. Abbiamo il **basalto** e il **porfido**, con grossi cristalli oppure l'**ossidiana** (nera e vetrosa) e la **pomice** (chiara e leggera), con struttura amorfa.

Rocce metamorfiche

In particolari condizioni, le rocce magmatiche e sedimentarie possono modificare la propria struttura, trasformandosi in altri tipi di roccia (**metamorfismo**). Queste rocce si chiamano **metamorfiche**. In alcuni casi le rocce vengono spinte in profondità e la loro struttura viene schiacciata ed allungata, come per gli **gneiss**, gli **scisti**, l'**ardesia**.

Quando, invece, vengono spinte vicino a serbatoi di magma il calore modifica la loro struttura, come per i **marmi** che derivano da rocce calcaree, il cui carbonato di calcio si trasforma con il calore in calcite.

cava di marmo

Il ciclo delle rocce

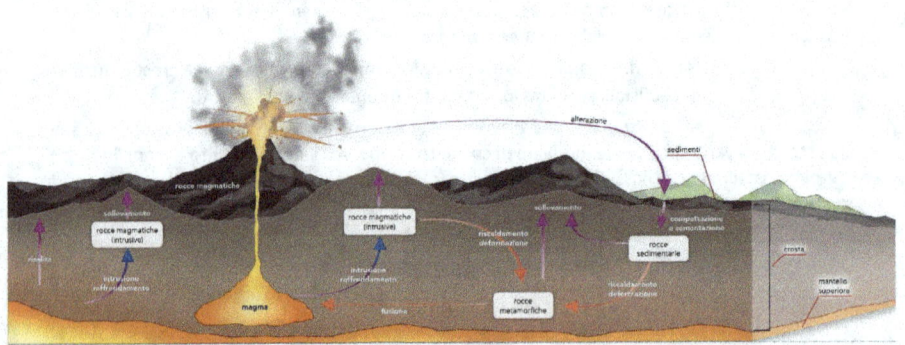

L'azione fisica dell'acqua

I fiumi

Nelle zone montuose, la presenza di acqua in forma di torrenti e fiumi che spesso corrono a forte velocità provoca una forte erosione e disgregazione delle rocce formando delle **valli**, con la tipica forma a V. Se il fiume incontra rocce tenere, si formano **canyon** o **gole**. Se sono presenti rocce di natura diversa si possono formare **cascate** o **rapide**. Quando la minore pendenza diminuisce la velocità dell'acqua, si formano **pianure alluvionali**, come la pianura Padana.

Valle fluviale con il tipico profilo a V.

La **gola** scavata dal fiume Verdon, nel sud della Francia.

Le **cascate** dell'Iguazú, fra Brasile e Argentina.

L'azione fisica dell'acqua

I ghiacciai

I Ghiacciai, al pari dei fiumi, svolgono un'azione erosiva chiamata **esarazione**. Al contrario dei fiumi, invece, i ghiacciai si trascinano a valle una grande quantità di detriti e materiali rocciosi che, premendo sulle superfici che attraversano, lasciano un solco dalla tipica forma a U. Lungo il percorso il ghiacciaio deposita i materiali che trascina formando le **morene**, oppure massi isolati di grandi dimensioni detti **massi erratici**.

Valle glaciale con la tipica forma a U.

L'azione fisica dell'acqua

Le acque meteoriche

Le acque piovane e quelle che derivano dalla fusione della neve sono dette acque meteoriche. Su terreni argillosi ed esposti, queste incidono la superfice creando una serie di creste sottili e piccole valli dette **calanchi**. Su terreni rocciosi e più resistenti, le acque meteoriche originano erosioni curiose formazioni a fungo, dette **piramidi di terra**.

Calanchi

Piramidi di terra

L'erosione fisica dell'acqua

Il mare

L'azione erosiva del mare è dovuta essenzialmente alle onde che con regolarità si abbattono sulle coste svolgendo quella che viene definita **abrasione marina**.

Le coste alte, o **falesie**, vengono scavate alla base finché la parte superiore crolla, facendo arretrare la costa.

Le onde possono scavare **grotte** o **archi** che, crollando, lasciano una colonna vicino alla costa, detta **faraglione**.

I detriti trasportati sulle coste formano le **spiagge** che, se sono al largo, si chiamano **lagune**.

Costa di Étretat in Francia, dove si possono ammirare falesie, archi e faraglioni.

L'azione chimica dell'acqua

L'anidride carbonica disciolta in acqua forma **acido carbonico** che trasforma il carbonato di calcio, insolubile, in **bicarbonato di calcio** solubile invece in acqua. Si formano così delle conche, le **doline**, oppure delle cavità profonde collegate al sottosuolo, dette **inghiottitoi**. All'interno delle grotte, l'acqua che gocciola evapora con l'anidride carbonica e il bicarbonato si trasforma nuovamente in carbonato che si deposita sulla volta della grotta (**stalattite**) oppure sul pavimento (**stalagmite**).
In tempi lunghissimi, stalattiti e stalagmiti possono unirsi a formare **colonne di calcare**. Questa serie di azioni delle acque su terreni calcarei è detto **fenomeno carsico**, diffuso nella regione del Carso in Friuli, da cui prende il nome.

L'azione del vento

Nelle zone in cui i venti soffiano con più forza e per lunghi periodi, le fini particelle di roccia trasportate svolgono un'azione **abrasiva**, soprattutto sulle rocce più tenere, modificando continuamente il paesaggio che attraversano.
Quando si sedimenta, il materiale trasportato dal vento forma dei depositi detti **loess** (come l'Altopiano del Loess, in Cina), oppure forma delle **dune** nel deserto.

Ampi depositi di loess nell'**Altopiano del loess** in Cina.

L'acqua e l'idrosfera

L'acqua è la risorsa più importante del nostro pianeta. È disponibile nei ghiacciai e nelle calotte polari (allo stato **solido**). Negli oceani, nei mari, nei fiumi, nei laghi, nelle acque sotterranee (allo stato **liquido**) e nell'atmosfera (allo stato **aeriforme**).

Il ciclo dell'acqua che avviene in natura è uno dei fenomeni più importanti per la vita sulla Terra. L'insieme delle acque presenti sulla Terra, in gran parte contenuta negli oceani e nei mari, si chiama **idrosfera**.

Il ciclo dell'acqua

La Terra, il pianeta azzurro

Tutti gli esseri viventi sono costituiti di acqua in percentuale variabile dal 50% al 95%. Nel corpo umano, questa percentuale varia tra il 55% e l'80% in base all'età. L'acqua degli oceani e dei mari ricopre circa i tre quarti della superficie terrestre. Se, infatti, si osserva il nostro pianeta dallo spazio, esso ci apparirà in gran parte blu. Per questo, alla Terra è stato dato il nome di Pianeta azzurro.

Le proprietà dell'acqua

L'acqua possiede le proprietà di tutti i liquidi:

- **ha un volume proprio ma non una forma propria**, per cui assume la forma del recipiente che la contiene;
- tende ad assumere una **superficie piana**, indipendentemente dall'inclinazione del recipiente che la contiene;
- **non si può comprimere**;
- ha una massa ed un peso maggiori dell'aria e quindi esercita una **pressione idrostatica** maggiore della pressione atmosferica;
- grazie al **principio dei vasi comunicanti**, quando è contenuta in recipienti collegati fra loro, raggiunge sempre lo stesso livello in tutti i recipienti.

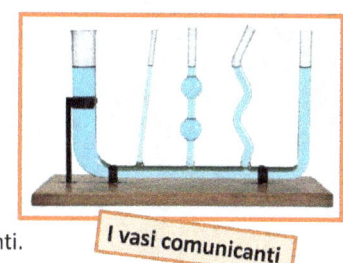

I vasi comunicanti

Le proprietà dell'acqua

Ma ha anche proprietà particolari:
- La **tensione superficiale**, dovuta alla sua struttura molecolare, che le consente di formare gocce dalla superficie piuttosto resistente.

Due diversi effetti della tensione superficiale.

Le proprietà dell'acqua

- La **capillarità**, dovuta alla notevole forza di coesione delle sue molecole. Se posta in un recipiente alto e stretto, la superficie dell'acqua tende ad aderire alla sua parete. Questo consente alle piante di disporre dell'acqua presente sul terreno.
- Il **calore specifico** dell'acqua è molto alto. Significa che ha bisogno di molto calore per scaldarsi e molto tempo per raffreddarsi. Per questo, nelle zone costiere il clima è molto mite.
- A differenza degli altri liquidi l'acqua, solidificandosi, **aumenta il proprio volume**. Quando fa molto freddo quindi, il ghiaccio si dispone sulla superficie del mare o dei laghi.

L'acqua scioglie molte sostanze

L'acqua scioglie sostanze come lo zucchero e il sale. Si dice, quindi, che l'acqua è un **buon solvente** per queste sostanze. Le acque che scorrono nel terreno e tra le rocce sciolgono le sostanze presenti in esse e si trasformano in **acque minerali**.
Nelle **acque termali** le sostanze sciolte possono avere proprietà curative.

Acque termali

Il ciclo dell'acqua

L'insieme delle acque che copre i tre quarti della superficie della Terra è in **continua trasformazione**. Il Sole, infatti, riscalda l'acqua e la trasforma in vapore acqueo che, salendo verso gli strati più freddi dell'atmosfera, si condensa in goccioline che formano le **nubi**.
Dalle nubi, sotto forma di **precipitazioni**, ritorna sulla Terra ai **corsi d'acqua** e quindi ai **mari**. Una parte è trattenuta dai ghiacciai e nel suolo, anche in profondità nelle **falde acquifere** da dove esce in forma di **sorgente**.

Le acque salate

Gli oceani e i mari sono **vaste distese di acqua salata** con caratteristiche comuni:
- La **salinità** (percentuale di sale sciolto in 1 kg di acqua).
- La presenza di **gas** disciolti come l'**ossigeno**, indispensabile per la vita acquatica e l'anidride **carbonica**, necessaria per la fotosintesi.
- L'**illuminazione**, indispensabile per la fotosintesi. La luce penetra nell'acqua fino a profondità di 200/400 metri.
- La **temperatura** varia in base all'esposizione solare, alla profondità, alla latitudine.
- La **densità**, che aumenta all'aumentare della salinità e al diminuire della temperatura.

I movimenti del mare

Sono di 3 tipi:
- Le **onde** si formano per azione del vento che spinge l'acqua in superficie. Questo è evidente in prossimità della costa dove l'acqua più in profondità è frenata dalla terra mentre il vento spinge l'acqua della parte più alta, facendola rotolare al di sopra.

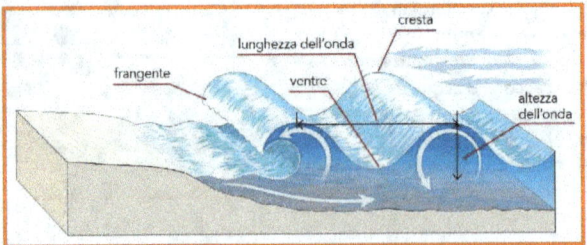

I movimenti del mare

- Le correnti sono grandi masse d'acqua che si spostano per effetto di venti regolari. Le correnti hanno un grande effetto sul clima: ad esempio le correnti calde dell'Equatore che si spostano verso nord, cedono calore e migliorano il clima.

- Le maree sono movimenti periodici del mare che dipendono dall'attrazione che la Luna e il Sole esercitano sull'acqua.

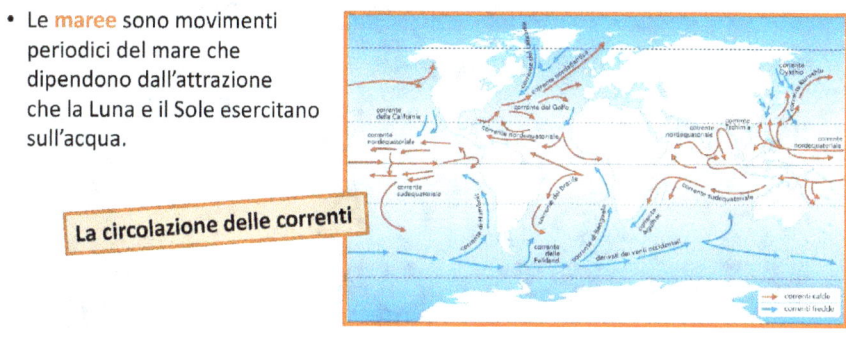

La circolazione delle correnti

Le acque dolci: i ghiacciai

I ghiacciai si formano a quote in cui la temperatura è così bassa da impedire la fusione delle nevi. Questa quota è detta *limite delle nevi perenni*. Il ghiacciaio è formato da un **bacino di accumulo** e da una **lingua glaciale** in cui il ghiaccio scivola verso valle, la sua parte finale è detta **fronte**.

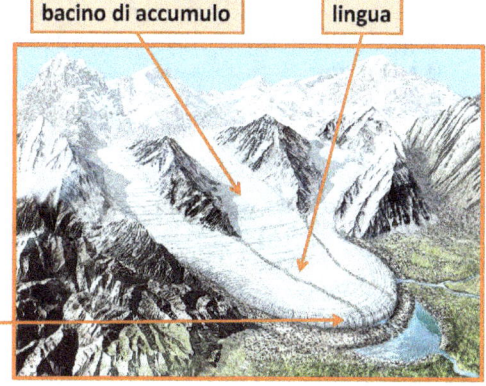

bacino di accumulo — lingua — fronte

Le acque dolci: le calotte glaciali

Le **calotte glaciali** sono enormi masse di ghiaccio che ricoprono l'intero territorio su cui si sviluppano. Sulla Terra le calotte glaciali sono quella **Artica** e quella **Antartica**, la più grande tra le due con uno spessore di 4,5 km, un'area pari a 50 volte l'Italia e che costituisce circa l'80% di tutto il ghiaccio presente sulla Terra.

Le acque dolci: fiumi e torrenti

Il **fiume** è un corso d'acqua che prende origine da una **sorgente**, da cui raccoglie acqua, insieme alle acque piovane e ai propri **affluenti**. Arriva al mare attraverso la propria **foce** (a *delta* o a *estuario*). I **torrenti** sono corsi d'acqua dalla portata irregolare.

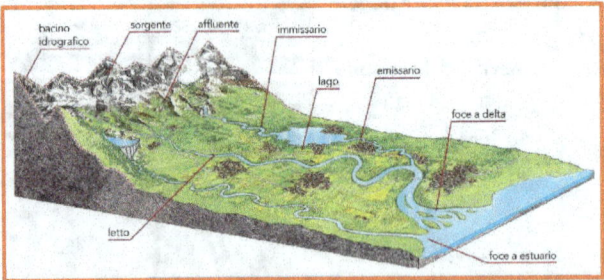

Le acque dolci: i laghi

I **laghi** sono formati da acqua raccolta in depressioni del terreno. I **laghi glaciali** nascono nel luogo in cui prima vi erano dei ghiacciai. Sono alimentati da corsi d'acqua detti **immissari**, compensati da altri corsi d'acqua in uscita detti **emissari**. Hanno questa origine i maggiori laghi italiani, come il lago di Garda, il lago Maggiore e il lago di Como.
I **laghi vulcanici** occupano crateri vulcanici spenti, come i laghi di Bracciano, di Nemi e di Albano.

Lago di Como

Le acque dolci sotterranee

Le **acque sotterranee** sono quella parte di precipitazioni che filtra in profondità nel terreno e si raccoglie sopra uno strato impermeabile, in una **falda acquifera**. Le falde sono **freatiche** (con uno strato impermeabile inferiore) e **artesiane** (con uno strato impermeabile inferiore e superiore). L'acqua, in questo caso, è compressa fra i due strati di roccia e può avere la pressione sufficiente per uscire da sola attraverso un pozzo artesiano.

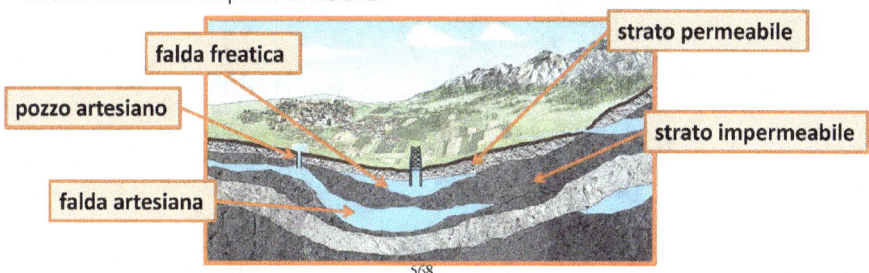

falda freatica — strato permeabile — pozzo artesiano — strato impermeabile — falda artesiana

La litosfera: il suolo

Il suolo è la parte più superficiale della litosfera. Il suo spessore varia da alcuni centimetri a qualche metro. È formato da materiale solido, organico e inorganico, acqua e aria. Se paragonassimo la Terra ad una pesca, il suolo sarebbe rappresentato dalla buccia del frutto.

Come si forma il suolo?

I processi che portano alla formazione del suolo sono di natura **fisica** (variazioni di temperatura, azione della pioggia, del vento, movimento dei ghiacciai), **chimica** (reazioni dovute al contatto con acqua e aria)
e **biologica** (azione di organismi
vegetali e animali).

Muschi sulle roccie.

Come si forma il suolo?

- Con processi fisici: a causa del susseguirsi di dilatazioni e contrazioni dovute agli sbalzi della temperatura, sulle superfici delle rocce si formano fessure e crepe in cui penetra l'acqua. Questa, con temperature sotto gli 0°C, gela provocando spaccature nella roccia fino a ridurla in frammenti sempre più piccoli. Anche il vento ed il lento scorrere dei ghiacciai verso valle contribuiscono all'erosione delle rocce.
- Con processi chimici degli elementi come l'acqua e i gas dell'atmosfera che agiscono a contatto con le rocce.
- Con processi biologici che sono l'azione di vegetali (prima **licheni**, poi **muschi** e **felci** dette **piante pioniere**). Questi creano l'habitat ideale per **erbe**, **arbusti** e **alberi** che rendono il suolo più fertile perché la materia organica che resta sul terreno viene attaccata da **organismi decompositori** (funghi e batteri). Ciò che resta si trasforma in **humus**, utile per la crescita di nuova vegetazione.

muschi e felci
roccia inalterata
roccia alterata
humus
strato minerale
roccia inalterata

Chi vive nel suolo?

Nei primi strati del terreno vive una grande quantità di animali: lombrichi, vermi, lumache, insetti, larve. Più in profondità scavano le proprie tane mammiferi come topi, talpe, tassi e marmotte. Tutti questi animali, con la loro attività, contribuiscono a modificare il terreno, rendendolo più fertile.

Le **radici delle piante e le ife dei funghi** contribuiscono a rendere stabile il suolo.

Il **lombrico** si nutre di detriti ed emette sostanze organiche che arricchiscono il suolo. Scavando lunghe gallerie rende il suolo soffice e aerato.

I **batteri decompositori** trasformano i detriti in sostanze semplici utilizzabili dalle piante.

Le **larve degli insetti** che si sviluppano nel sottosuolo lo arricchiscono di materiali organici.

Da che cosa è composto il suolo?

La componente solida è rappresentata prevalentemente da frammenti di roccia (circa il 45% del suolo detta **frazione inorganica**) divisi in **ciottoli** e **ghiaia** (con diametro superiore a 2mm), **sabbia** (diametro inferiore ai 2mm) e **argilla** e **limo** (polveri finissime).

La **frazione organica**, il 5% circa del suolo, è costituita da **humus**, l'insieme delle particelle derivate dalla decomposizione dei resti di esseri viventi.

ghiaia

sabbia

argilla

Da che cosa è composto il suolo?

La componente liquida e gassosa è rappresentata da aria (indispensabile per la vita dei batteri e protozoi) e acqua (assorbita dalle radici delle piante). Insieme costituiscono il 50% del suolo. Aria e acqua influenzano la **porosità** del suolo (il rapporto tra il volume degli spazi vuoti e il volume totale del suolo). La dimensione e la distribuzione dei pori sono responsabili della **permeabilità**, la capacità del suolo di lasciarsi o meno attraversare dall'acqua.

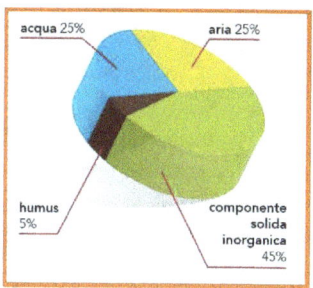

Scendiamo in profondità: il profilo del suolo

Il suolo è formato da diversi strati sovrapposti, detti orizzonti.

L'**orizzonte O**, il più superficiale, ospita la **lettiera**, formata da foglie, semi e organismi di animali morti.

L'**orizzonte A**, contiene prevalentemente **humus** e ospita gran parte delle radici delle piante.

L'**orizzonte B** contiene sabbia, argilla, ghiaia, sali minerali e poco materiale organico.

L'**orizzonte C** è formato da frammenti di roccia, senza materiale organico.

L'**orizzonte R** è composto da roccia madre originaria, non ancora alterata.

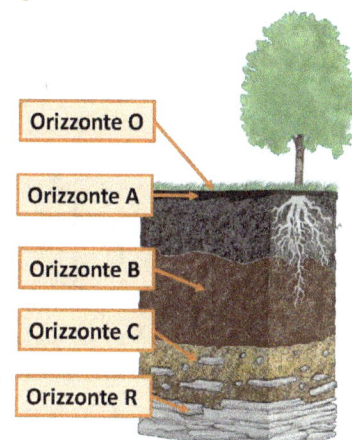

Il suolo agrario

A differenza di quello naturale, il **suolo agrario** è composto soltanto da due strati:
- uno strato attivo, ricco di humus e di organismi viventi, in cui si sviluppano le radici delle piante. È soffice e ben aerato perché continuamente lavorato.
- uno strato inerte sottostante, più compatto, povero di humus e di ossigeno ma ricco di minerali, trasportati dallo strato superiore attraverso l'acqua.

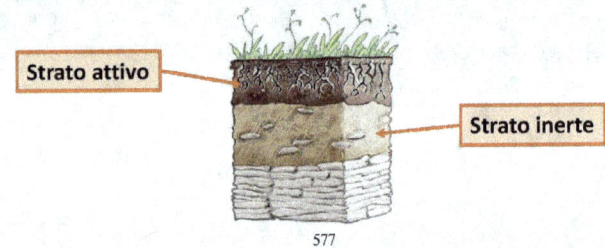

Il suolo agrario

L'uomo rende il terreno agricolo più fertile aggiungendo **concimi**, che ne aumentano la produttività, **arandolo** in modo da frantumare le zolle più grosse per aerarlo e **sarchiandolo** per eliminare le erbe selvatiche che sottraggono nutrimento alle colture.
- La concimazione prevede l'uso di sostanze naturali o artificiali ricche di sali minerali che ne aumentano la fertilità.
- Il sovescio consiste nell'interramento di piante erbacee (colza, trifoglio, erba medica) allo scopo di arricchire il terreno di azoto e di altre sostanze nutritive.
- La rotazione delle colture consiste nell'alternare, su uno stesso terreno, tre o quattro colture con esigenze nutritive diverse, in modo che ogni tipo di pianta venga coltivato sullo stesso terreno solo ogni tre o quattro anni.

Rotazione delle colture

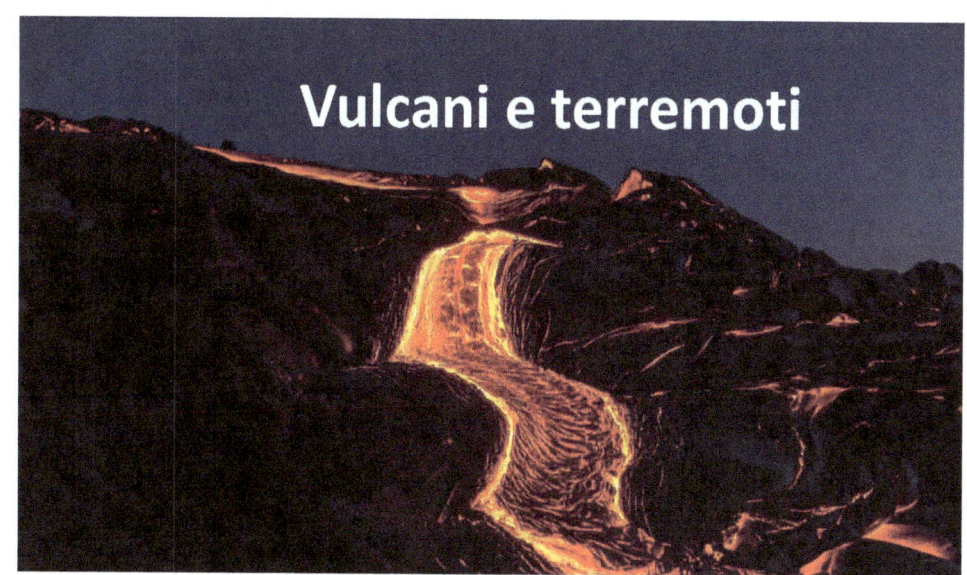

Vulcani e terremoti

I vulcani e i terremoti sono conseguenza dei movimenti della crosta terrestre.

Il vulcano è una spaccatura della crosta terrestre attraverso cui esce il magma, in forma di cenere, lava e lapilli.

I terremoti sono violenti movimenti della superficie terrestre che provocano onde sismiche.

I vulcani

Un vulcano è una **spaccatura** della crosta terrestre da cui esce il **magma**, costituito da **rocce allo stato fuso**, miste a **sostanze gassose** e **vapore acqueo**. La sua temperatura è compresa tra 650 e 1200°C.
Il magma è contenuto nella **camera magmatica** e percorre il **camino principale** per uscire all'esterno attraverso un **cratere sommitale**, a volte affiancato da **crateri secondari** più piccoli. La fuoriuscita di lava dal vulcano si chiama **eruzione**.
L'accumulo di lava forma **l'edificio** o **cono vulcanico**. I frammenti espulsi di piccole dimensioni si chiamano **ceneri**, quelli più grandi si chiamano **lapilli** o **bombe**.

Perché avvengono le eruzioni

All'interno del mantello, la pressione delle rocce sovrastanti impedisce al magma di fuoriuscire. Questa pressione diminuisce quando si verifica una frattura delle rocce e il magma fuoriesce e si accumula nella camera magmatica. Se il magma viene spinto dal basso, si verifica un'eruzione vulcanica.

Le fasi di un'eruzione

1. **Fase** premonitrice: si innalza la temperatura delle acque, ci possono essere scosse sismiche ed emissione gassose dal cratere.
2. **Fase** esplosiva: il vapore acqueo fuoriesce ad altissima pressione trascinando il magma. Il materiale **piroclastico** (ceneri, lapilli, bombe) è proiettato all'esterno.
3. **Fase** effusiva: dal vulcano esce **lava**:
   - **acida** densa e viscosa col 65% di silicati
   - **neutra** tra il 50 e il 65% di silicati.
   - **basica** meno del 50% di silicati, scorre velocemente.
4. **Fase** quiescente: ci sono solo emissioni di gas.

Fase premonitrice

Fase esplosiva

Fase quiescente

Fase effusiva

I tipi di eruzione

Spesso durante le eruzioni la lava acida si deposita lungo i fianchi del vulcano, formando un accumulo di materiale detto **stratovulcano**. I vulcani italiani, **Vesuvio**, **Etna** e **Stromboli** hanno questa caratteristica. In altri invece, la lava molto viscosa solidifica all'interno del camino, ostruendo il cratere finché la pressione dei gas sottostanti non crea una rottura sul fianco del vulcano da cui esce la lava incandescente.

Questa eruzione si chiama peleana, dal nome del vulcano La Pelée, nei Caraibi. Quando invece un'eruzione esplosiva svuota un serbatoio magmatico, spesso gli strati sovrastanti del vulcano crollano formando un nuovo cratere più profondo, detto caldera (caldaia, in spagnolo), come nei **Campi Flegrei**, in Campania.

Spettacolare eruzione del vulcano **Stromboli**, nelle isole Eolie.

Etna in Sicilia.

Vulcani dalla forma particolare

Quando le lave molto fluide scorrono velocemente e solidificano lungo il cratere conferiscono una forma molto larga e piatta al vulcano, dando luogo ai **vulcani a scudo**. Questi vulcani sono presenti nelle isole Hawai, Galapagos e in Islanda. Anche i **vulcani lineari** hanno una lava molto fluida e spesso una spaccatura da cui fuoriesce il materiale che si distribuisce attorno in un'ampia superficie piatta. I vulcani lineari si trovano soprattutto in Islanda.

Vista aerea della formazione vulcanica lineare Laki in Islanda.

Vulcani attivi, quiescenti, spenti

I vulcani si considerano:
- **attivi** quando hanno un'attività eruttiva periodica e frequente come il **Tambora** in Indonesia e, in Italia, l'**Etna** e lo **Stromboli**;
- **quiescenti** quando conservano un serbatoio magmatico ma non hanno attività eruttiva da molto tempo, anche centinaia di anni. Un esempio è il **Monte Hood** negli Stati Uniti;
- **spenti** o **inattivi** quando non hanno attività vulcanica "**a memoria storica**". Esempi sono i **Puys** in Francia e il **Monte Amiata** in Toscana.

Il **Vesuvio**, è un vulcano quiescente.

Il **Puys**, complesso vulcanico inattivo in Francia.

Il vulcanismo secondario

L'attività vulcanica è spesso accompagnata da **emissione di gas diversi** e di **acque ad alta temperatura**:

- fumarole, il vapore viene emesso a temperature intorno ai 100 °C e condensa a contatto con l'aria generando fumo;
- mofete, emissioni di anidride carbonica che ristagna nel suolo, perché più pesante dell'aria;
- putizze, emissioni fredde di gas sulfurei;
- solfatare, emissioni di vapore acqueo misto ad acido solforico che con l'ossigeno si trasforma in zolfo;
- soffioni, emissioni di vapore acqueo a temperature elevatissime in forma di violenti getti.

fumarole

mofete

solfatara

soffioni

Il vulcanismo secondario

- I geyser sono getti intermittenti di acqua calda e vapore che escono in superficie. Si formano quando l'acqua di una falda viene a contatto con una massa magmatica e raggiunge l'ebollizione. Sono diffusi in Islanda, in Nuova Zelanda e negli Stati Uniti.
- Le sorgenti termali, dalle quali sgorga acqua a temperature oltre i 20 °C perché riscaldata a grandi profondità.
- Il bradisismo è un lentissimo movimento di innalzamento e abbassamento del suolo, le cui cause non sono ancora state del tutto spiegate. Si pensa sia dovuto alla pressione del materiale che risale nella camera magmatica. In Italia si verifica nei Campi Flegrei a Pozzuoli.

Il getto di un **geyser** in Islanda.

I terremoti

Il **terremoto**, o **sisma**, è causato da forti vibrazioni della superficie terrestre, dovute a onde sismiche. Questo perché la crosta terrestre presenta delle fratture, o **faglie**, lungo le quali i blocchi rocciosi tendono a spostarsi l'uno rispetto all'altro accumulando energia che viene liberata tutta insieme sotto forma di **scosse sismiche**. Questo tipo di terremoto è definito tettonico, dal ramo della geologia che studia lo spostamento e la deformazione delle rocce.
I terremoti di crollo, invece, sono causati da un'improvvisa frana di grandi masse rocciose.
I terremoti vulcanici sono collegati direttamente all'attività eruttiva di un vulcano.

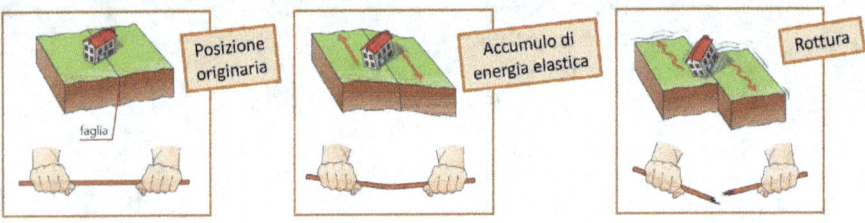

Ipocentro ed epicentro

La zona in profondità in cui si genera il terremoto ed inizia la frattura della roccia si chiama ipocentro. Il punto della superficie terrestre posto sulla verticale dell'ipocentro è detto epicentro ed è il punto in cui la scossa si avverte maggiormente e dove quindi provoca i danni maggiori.
Se l'ipocentro è oltre i 300 km di profondità, il terremoto si dice **profondo**, **intermedio** se tra i 300 e i 60 km e **superficiale** se a meno di 60 km di profondità.
Gli ultimi sono i più disastrosi perché più vicini alla superficie e con maggiore energia distruttrice.

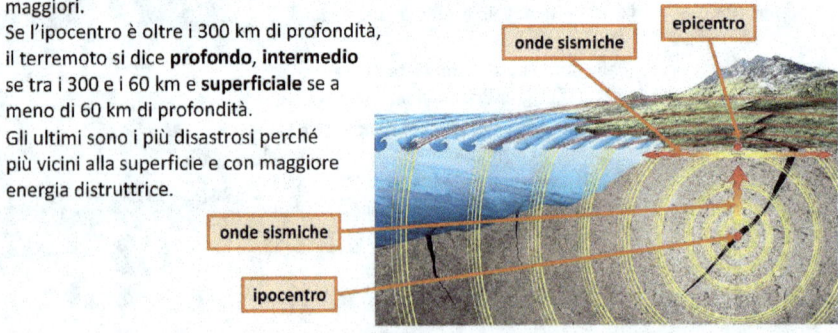

Le onde sismiche

Onde longitudinali o primarie. Provocano compressioni e dilatazioni e quindi aumenti e diminuzioni del volume dei liquidi o dei solidi che attraversano.

Onde trasversali o secondarie. Fanno vibrare le particelle attraversate in senso perpendicolare alla loro direzione, determinando cambiamenti di forma, e si propagano solo nei solidi.

Onde superficiali. Si propagano solo negli strati più superficiali. Si dividono in **onde di Rayleigh (R)**, che fanno vibrare il terreno con orbite ellittiche e inverse alla direzione dell'onda e **onde di Love (L)**, che fanno vibrare il terreno orizzontalmente in modo trasversale alla direzione dell'onda.
Le onde longitudinali e quelle trasversali sono **onde sussultorie**, mentre le onde superficiali sono **ondulatorie**.

| Onde longitudinali | Onde trasversali | Onde R | Onde L |

L'intensità dei terremoti

L'intensità di un terremoto è misurata in **scale sismiche**. La scala Mercalli, proposta dallo scienziato Giuseppe Mercalli nel 1902 e poi modificata da A. Cancani e A. Sieberg, chiamata quindi anche scala MCS, è la prima ad essere utilizzata. È suddivisa in 12 gradi e misura gli effetti distruttivi sulle costruzioni e sui paesaggi.
La scala Richter, dello scienziato C.F. Richter, suddivisa in 9 gradi, misura la magnitudo del terremoto, la quantità cioè di energia liberata nel suo epicentro.

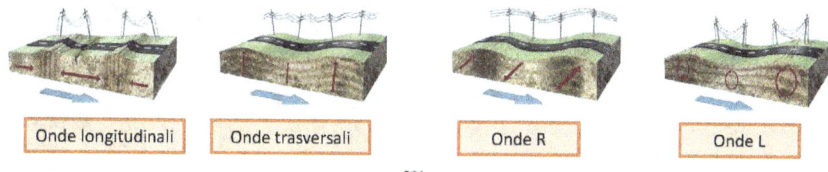

Gli effetti del terremoto avvenuto in Giappone nel 2011.

I maremoti

Quando l'epicentro del terremoto si trova sul fondale marino, le vibrazioni provocano onde che si propagano a velocità elevatissime fino a raggiungere la costa dove si infrangono raggiungendo altezze anche di 30 metri, provocando ingenti danni.
Sono frequenti sulle coste del Pacifico.
In Giappone vengono chiamati tsunami, cioè "onda del porto".

Tsunami in Giappone nel 2011.

La distribuzione dei vulcani e dei terremoti sulla Terra

Sulla Terra sono presenti circa 500 vulcani attivi. La zona con la più alta concentrazione di vulcani è quella lungo l'oceano Pacifico, la parte occidentale delle Americhe, quella orientale dell'Asia fino al Giappone e le Filippine che prende il nome di **Cintura di fuoco**. Altre zone ricche di vulcani sono le dorsali oceaniche e alcune zone continentali come l'Africa orientale.

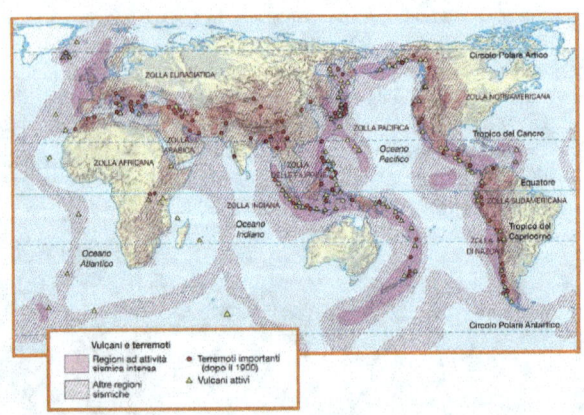

La storia della Terra

La superficie della Terra è divisa in tante placche che si spostano l'una rispetto all'altra, con movimenti molto lenti ma non senza conseguenze. La teoria della tettonica a placche fornisce la spiegazione della disposizione degli oceani, delle montagne, dei vulcani e della distribuzione dei terremoti.

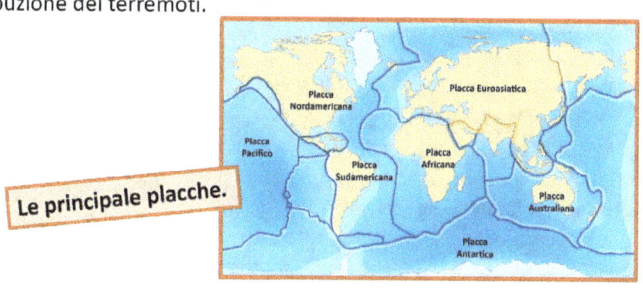

Le principale placche.

Continenti alla deriva

Fin dal XVII secolo, con il filosofo Bacone, si osservò come il profilo delle coste dell'Africa occidentale fosse complementare alla forma di quello dell'America meridionale. Grazie a questa intuizione e allo studio delle caratteristiche delle rocce, di fossili o di tracce simili lasciate da grandi cambiamenti climatici, il meteorologo tedesco Alfred Wegener (1880-1930) propose la **teoria della deriva dei continenti** secondo cui, milioni di anni fa, tutte le terre emerse facevano parte di un unico blocco, la **Pangea**, circondato da un unico mare, la **Panthalassa**.

Secondo questa teoria, i continenti per effetto della rotazione terrestre sisarebbero poi staccati, andando "alla deriva", come una barca in mezzo al mare.

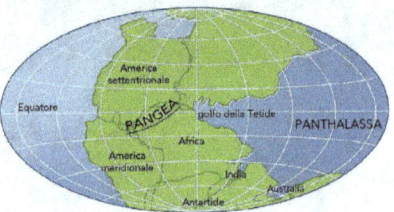

Le prove della deriva dei continenti

- **Prove geologiche**: i rilievi montuosi di Africa occidentale e Brasile combaciano nel profilo e nella composizione chimica.
- **Prove climatiche**. Le rocce di Africa meridionale, Brasile e Australia hanno le stesse tracce di erosione provocate da un ghiacciaio nello stesso periodo. Dovevano quindi essere territori vicini e coperti da un'unica calotta di ghiaccio.
- **Prove fossili**. Scoperto in Brasile, Sudafrica e in nessuna altra parte del mondo, il fossile del rettile *Mesosaurus*, non avendo evidentemente potuto attraversare l'oceano, dimostra quindi che è vissuto in quello che un tempo è stato lo stesso territorio. Lo stesso vale per altri fossili.

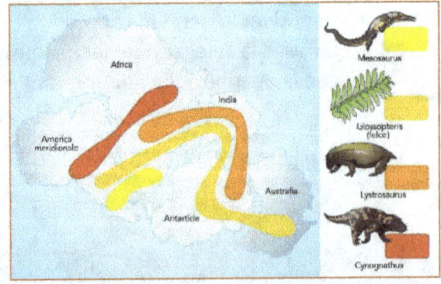

Le cause della deriva

Negli anni successivi alla teoria di Wegener, molti studiosi cercarono elementi per spiegare la deriva dei continenti. Dal 1950 in poi, grazie anche a strumenti tecnologici nuovi come l'ecoscandaglio e all'analisi delle rocce prelevate dal fondo degli oceani, il geologo Harry **Hess** scoprì che il fondo oceanico non è piatto ma ha una serie di rilievi che formano lunghe catene, le **dorsali medio-oceaniche**. Queste hanno ai lati due lunghi rilievi, tagliati da **faglie trasversali**, in mezzo alle quali vi è una spaccatura a forte attività vulcanica. Egli pertanto propose la teoria dell'espansione dei fondali oceanici, secondo cui il magma fuoriuscito dalle faglie spinge verso l'esterno determinando l'espansione dei fondali oceanici.

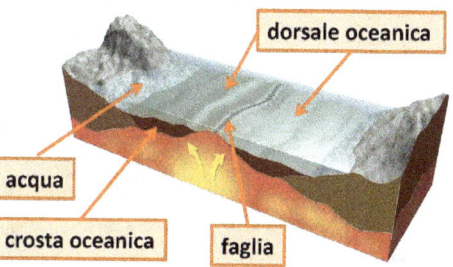

La teoria della tettonica a placche

Le intuizioni di Hess furono accettate negli ambienti scientifici a tal punto da portare alla formulazione di una **teoria unificante** come quella della tettonica a placche. Questa teoria spiega e collega i diversi fenomeni osservati in precedenza: lo spostamento dei continenti, la distribuzione dei vulcani e dei terremoti e la formazione delle montagne. Questa teoria sostiene che la superficie terrestre è divisa in **placche** incastrate fra loro ma in grado di spostarsi perché formate da **litosfera** che "galleggia" sulla **astenosfera**, la porzione di mantello allo stato fluido.

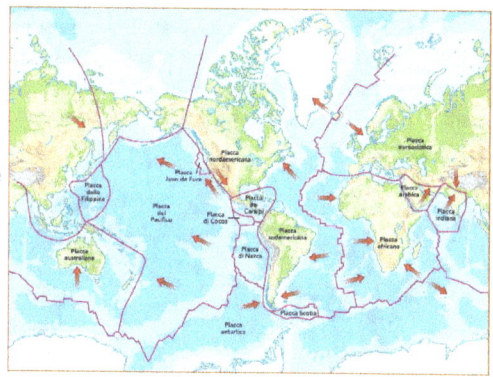

Perché le placche si muovono

L'astenosfera è la parte più fluida del mantello su cui si muovono le placche. Questo perché il fluido più caldo sale e, a contatto con la litosfera, si raffredda scendendo nuovamente. Questi movimenti ciclici, detti **moti convettivi**, farebbero muovere le placche sovrastanti, facendole scorrere come una serie di rulli fa scorrere un nastro trasportatore. Si calcola che questo spostamento sarebbe di 2 cm l'anno.

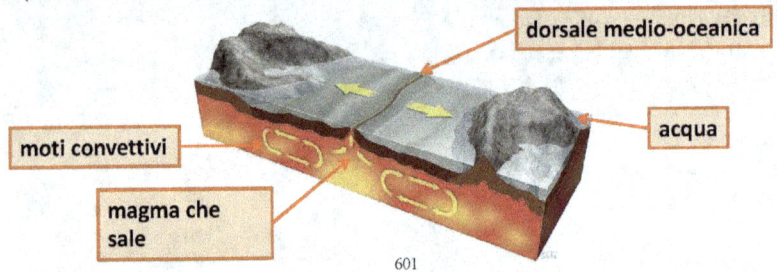

Quando due placche si separano

I margini di due placche che si allontanano sono detti **divergenti** o **costruttivi**, perché il magma che fuoriesce forma nuova crosta oceanica che a sua volta spinge le due faglie a scorrere e ad allontanarsi. Questo accade, ad esempio, nella Rift Valley africana. In questa faglia, gli scienziati considerano il **mar Rosso** lo stadio iniziale di un nuovo oceano.

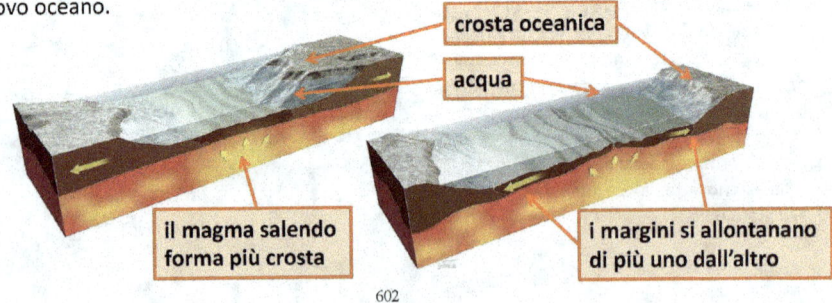

Quando due placche oceaniche si scontrano

Quando due placche si scontrano, i **margini convergenti** o **distruttivi** scorrono l'uno sotto l'altro distruggendo la parte di crosta che finisce sotto l'astenosfera. Lungo i margini si verificano terremoti, imponenti risalite di magma, formazione di vulcani e di catene montuose. Se tutto ciò avviene tra due placche di crosta oceanica, si forma una **fossa oceanica** nel lato in cui la crosta sprofonda, mentre dove il margine risale si forma un **arco di isole** di origine vulcanica, come nel caso del **Giappone** e delle **Filippine**.

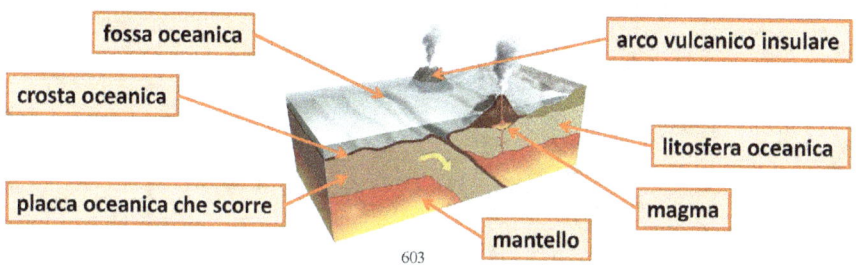

Quando una placca oceanica e una placca continentale si scontrano

Nello scontro tra una placca oceanica e una placca continentale, quella oceanica, più densa, sprofonda formando una fossa oceanica, mentre su quella continentale si formano catene di vulcani. Così si è formata la **Cordigliera delle Ande**, in Sudamerica.

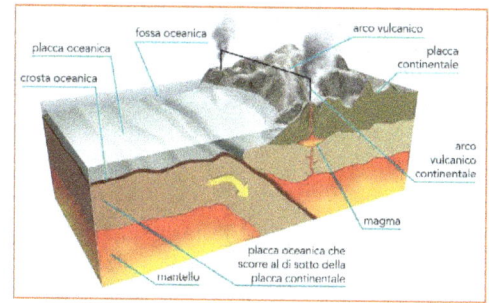

Quando due placche continentali si scontrano

Nello scontro tra **due placche continentali**, lo scorrimento di uno dei due margini continentali sotto l'altro provoca il sollevamento di imponenti catene montuose, come nel caso della catena dell'**Himalaya** tra India e Asia.

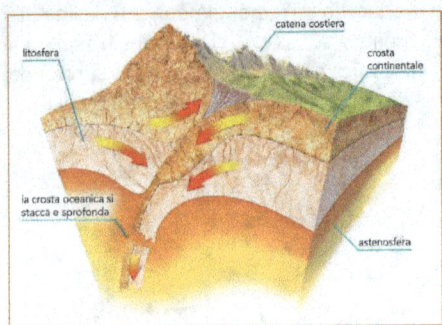

Quando due placche scorrono una rispetto all'altra

I margini di due placche che scorrono orizzontalmente l'una accanto all'altra, in direzioni opposte, vengono definiti **margini trasformi** o **conservativi**, perché non vi è formazione né distruzione di crosta. Queste zone sono soggette a forti terremoti ma a scarsi fenomeni vulcanici. L'esempio più famoso è la **faglia di San Andreas** in California, formata dallo scorrimento della placca del Pacifico e della placca nordamericana.

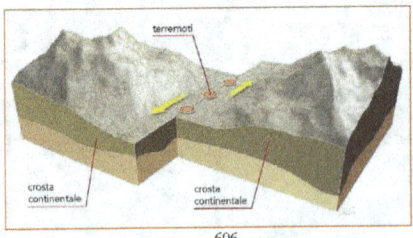

La situazione dell'Italia

L'Italia si trova schiacciata tra la placca africana, che si muove verso Nord-Est e la placca euroasiatica. Nel mar Adriatico vi è anche una placca, denominata Adria, che ruotando in senso antiorario, trascina con sé la nostra penisola.
L'Italia è, inoltre, percorsa in senso longitudinale da un sistema di faglie che causano nel nostro territorio un'elevata attività sismica e la presenza di una serie di vulcani attivi.

La formazione delle montagne

La formazione delle montagne (orogenesi) è un processo lunghissimo avvenuto in epoche successive. Le forze gigantesche coinvolte in questo fenomeno hanno modificato profondamente la conformazione delle rocce, deformandole, comprimendole, formando pieghe, faglie e catene montuose.

Le montagne con più di 2 milioni di anni hanno persino subìto un processo di abrasione diventando ormai scudi appiattiti, come in Siberia e in Canada, oppure addirittura dei tavolati che formano grandi pianure, come nell'America meridionale.

Le forze che hanno sollevato le montagne hanno piegato le rocce.

La formazione delle montagne

L'orogenesi è classificata in tre tipi:
- **L'orogenesi caledoniana** è quella che ha formato le montagne di circa 400 milioni di anni fa, dalle cime ormai basse ed arrotondate perché levigate dagli agenti esogeni, come in Gran Bretagna, in Irlanda e Scozia (la Caledonia per i Romani).
- **L'orogenesi ercinica** è un grande sollevamento avvenuto 300 milioni di anni fa che ha formato i monti dell'Europa centrale, gli Urali e, in Italia, l'Aspromonte e la Sila.
- **L'orogenesi alpino-himalayana** è la più recente, iniziata 60 milioni di anni fa e tuttora attiva, ha formato il massiccio dell'Himalaya, del Caucaso, le Alpi, i Pirenei, che sono le catene montuose più giovani e quindi le più alte della Terra.

La vetta aguzza del Cervino

Una storia scritta nelle rocce

Sulle rocce, come in un libro, è "scritta" la storia della Terra, dalla sua formazione ad oggi ed in esse sono evidenti tutti i cambiamenti che il pianeta ha subìto sulla crosta terrestre, a causa della deriva dei continenti, dell'erosione dell'acqua, dei ghiacciai, dei venti e anche da parte di organismi viventi. L'ossigeno prodotto dai vegetali, infatti, ha modificato la composizione chimica di alcune rocce, l'accumularsi di gusci e conchiglie ha dato origine a rocce organogene, come le Dolomiti.
Nel collocare in ordine cronologico tutti gli eventi che ha subìto la crosta terrestre è importante, quindi, stabilire l'età delle rocce, attraverso una datazione assoluta oppure relativa ad altre rocce.

Le tre Cime delle Dolomiti.

Rocce magmatiche e metamorfiche

Per la datazione di questi due tipi di rocce si usa il metodo radiometrico, per una datazione assoluta. Gli atomi di alcuni elementi **radioattivi** tendono a perdere particelle del nucleo e quindi radioattività, trasformandosi in atomi di altri elementi, più stabili. L'uranio - 238, per esempio, si trasforma in piombo - 206, il carbonio – 14 in azoto – 14.

Questo processo, detto **decadimento radioattivo**, può richiedere anche miliardi di anni. Sapendo quanto di questo elemento una roccia può contenere alla sua formazione e in quanto tempo la sua quantità si dimezza (**tempo di dimezzamento**), misuriamo la quantità dell'elemento presente e possiamo stabile l'età esatta della roccia.

Rocce sedimentarie

Le rocce sedimentarie sono il risultato della stratificazione e del deposito di materiale vario o proveniente dall'erosione di altre rocce. Per la loro datazione, bisogna tenere conto di come si formano, strato su strato. Analizzando il materiale nella successione di strati (**sequenza stratigrafica**), lo strato più in superficie è il più recente.

Che cosa sono i fossili

Qualsiasi traccia o resto di attività degli organismi del passato, sfuggita alla decomposizione e rimasta nelle rocce, è detta fossile. Il **processo di fossilizzazione**, che può durare diversi secoli, avviene quando un organismo, dopo la morte, viene coperto da uno strato di sedimenti fini. Se il fenomeno si ripete più volte, i resti dell'organismo si trovano in un ambiente privo di ossigeno dove l'azione di decomposizione è bloccata. Mentre le parti molli si distruggono, sulle parti dure dell'organismo (gusci, ossa, legno) si depositano le sostanze disciolte nell'acqua (silice, carbonato), conservandole per **mineralizzazione**.

Questi fossili di ammoniti, antichissimi molluschi contemporanei dei dinosauri, si sono formati per mineralizzazione.

I fossili-guida

Il corpo di un organismo può anche essere conservato intatto per **inclusione nell'ambra**, la resina di alcune conifere. Quando l'organismo scompare si possono trovare solo le **tracce fossili**, anche solo l'impronta di un vegetale o di una conchiglia. A volte si possono trovare anche **orme di animale**, anche se di difficile identificazione. Importante è la funzione dei **fossili guida**, che appartengono a organismi vissuti per periodi brevi e ben definiti. Grazie al loro ritrovamento è possibile determinare con una certa precisione l'età dello strato roccioso in cui si trovano. La scienza che studia la vita del passato attraverso i fossili si chiama paleontologia.

Impronte fossili di dinosauro in Spagna.

Le sequenze stratigrafiche

Le rocce della Terra più antiche risalgono a 4 miliardi di anni fa e sono metamorfiche, mentre quelle sedimentarie risalgono a 3,8 miliardi di anni fa. Prima di tale periodo possiamo solo dedurre cosa accadde sulla Terra. Probabilmente erano frequenti impatti con meteoriti, con effetti catastrofici: per il calore, gli oceani evaporavano e molte rocce passavano allo stato fuso, distruggendo tutte le prove di ciò che era successo prima. Soltanto mettendo insieme le sequenze di varie parti del mondo è possibile ricostruire una **sequenza stratigrafica generale**, ottenendo una scala del **tempo geologico** diviso in intervalli temporali.

La nascita della Terra

La nascita della Terra si situa in un periodo che va da 4,6 miliardi a 541 milioni di anni fa. È il periodo della nascita della Terra, in seguito all'aggregazione di enormi oggetti rocciosi detti **planetesimi**. Raffreddandosi, si forma la crosta terrestre e **nascono i primi oceani**. Si suppone che i continenti alla deriva si siano uniti più volte in un'unica enorme distesa di terre e, alla fine di questo periodo, siano rimasti due grandi continenti.

Le rocce del Grand Canyon sono un'importantissima sequenza stratigrafica.

Il Paleozoico

Nel Paleozoico (541-252 milioni di anni fa) si formano numerose catene montuose, tra cui quelle della Scozia e gli Urali. Alla fine dell'era i continenti sono uniti in un unico supercontinente, la **Pangea**, circondato dall'oceano **Panthalassa**.

Il Mesozoico

Nel Mesozoico (252-66 milioni di anni fa) la parte settentrionale della Pangea (la **Laurasia**) si stacca dalla parte meridionale (**Gondwana**). Si apre l'oceano Atlantico e cominciano a sollevarsi le Ande e le Montagne Rocciose. L'Italia è solo un insieme di lagune dove si sviluppano le scogliere coralline che formeranno le **Dolomiti**.

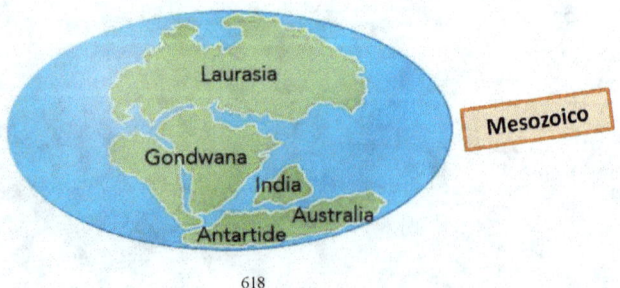

Il Cenozoico

Nel Cenozoico (da 66 milioni di anni fa ad oggi) i continenti si spostano verso le posizioni che occupano oggi. L'Africa, però, si sposta verso Nord e, spingendo la zolla europea, determina il sollevamento delle Alpi, Appennini, Pirenei e Carpazi. Si apre il mar Rosso e in Europa si alternano cinque **glaciazioni**.

La Terra e la Luna

La Terra e la Luna

La Terra ha una forma quasi sferica e gira intorno al proprio asse che è un po' inclinato; quindi i raggi del Sole arrivano per lo più obliqui, scaldando e illuminando le zone della Terra in periodi diversi chiamati **stagioni**.

La Luna è il **satellite** della Terra, non ha luce propria ma riflette quella del Sole.

Forma e dimensioni della Terra

Come detto, la Terra non è perfettamente sferica. Il suo raggio, infatti, non ha una lunghezza costante ma è più lungo all'Equatore (6678 km), mentre ai poli è più corto (6657 km). La superficie, inoltre, presenta avvallamenti e sporgenze che non corrispondono alle valli e alle montagne, ma sono dovuti alla forza di attrazione esercitata dal centro della Terra sulla crosta terrestre che ha diverso spessore lungo la sua superficie.

Tutte queste caratteristiche fanno in modo che la Terra abbia una forma particolare, detta **geoide**.

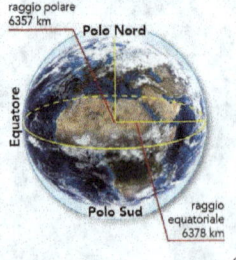

Le dimensioni della Terra	
Raggio massimo equatoriale	6 378 388 m
Raggio minimo polare	6 356 912 m
Circonferenza del meridiano	40 009 152 m
Circonferenza dell'Equatore	40 076 594 m
Superficie totale	510 100 000 km²
Superficie delle terre emerse	149 450 000 km²
Superficie degli oceani	360 650 000 km²
Massa	$5,89 \times 10^{24}$ kg
Distanza massima dal Sole	152 100 000 km
Distanza minima dal Sole	147 100 000 km
Velocità orbitale media	29,79 km/s

La posizione di un punto sulla Terra

Per stabilire la posizione di un punto sulla superficie terrestre si usano le coordinate geografiche. La terra ruota intorno ad un **asse terrestre**, che incontra la superficie terrestre in due punti, detti **poli** (Polo Nord e Polo Sud).

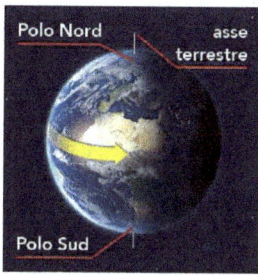

La posizione di un punto sulla Terra

I MERIDIANI
Se immaginiamo di tracciare, attraverso la Terra, tanti piani passanti per l'asse terrestre, questi intersecano la superficie terrestre disegnando delle circonferenze dette **meridiani**. Si considerano solo i meridiani distanti tra loro un arco corrispondente a un grado, quindi 360.
Il meridiano di riferimento, o meridiano 0, è il **meridiano di Greenwich**, vicino Londra. Da questo, se ne contano 179 ad Est e 179 ad Ovest, fino ad arrivare **meridiano 180**, che è l'antimeridiano di Greenwich.

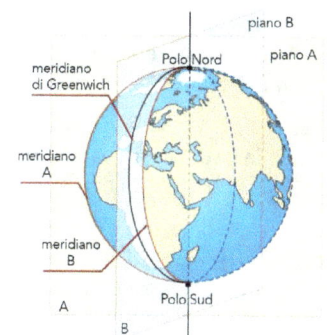

La posizione di un punto sulla Terra

I PARALLELI

Se immaginiamo di tagliare la Terra con piani paralleli all'asse terrestre, questi intersecheranno la superficie terrestre lungo una serie di circonferenze, dette **paralleli**. I paralleli sono 180. il parallelo più lungo è ovviamente l'Equatore e divide la Terra in emisfero **Nord** o **boreale** e emisfero **Sud** o **australe**. A partire dall'Equatore, abbiamo 90 paralleli a Nord e 90 a Sud. I paralleli di particolare importanza sono i due circoli polari (**Artico** a Nord e **Antartico** a Sud) e i due tropici (**del Cancro** a Nord e **del Capricorno** a Sud).

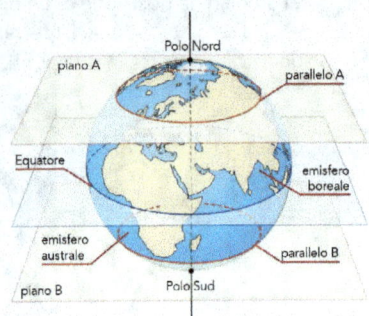

La posizione di un punto sulla Terra

Meridiani e paralleli disegnano sulla superficie terrestre un reticolo immaginario che ci permette di localizzare qualsiasi punto su di esso, attraverso le sue **coordinate geografiche**:

- La latitudine, che è la distanza tra l'Equatore e il parallelo su cui si trova il punto, specificando se è a Nord (N) o a Sud (S) dell'Equatore stesso.

- La longitudine, che è la distanza del meridiano in cui si trova il punto e il meridiano fondamentale, specificando se è a Est (E) o ad Ovest (O) di esso.

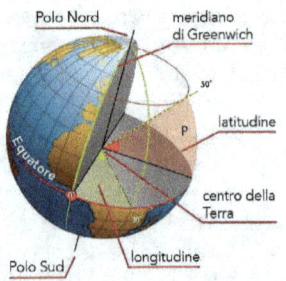

Il movimento di rotazione

Il movimento che la Terra compie intorno al proprio asse si chiama **rotazione** e avviene **da Ovest verso Est**, in senso antiorario. Il **periodo di rotazione medio** è di circa 24 ore (**giorno**).

I raggi del Sole colpiscono circa metà della superficie terrestre in un periodo detto dì, mentre lasciano al buio l'altra metà, notte. L'alternarsi del dì e della notte, conseguenza della rotazione terrestre, è intervallato da zone di semi-illuminazione che corrispondono a **tramonto** e **alba**.
Altra conseguenza della rotazione della Terra è la percazione del **moto apparente** del Sole e delle stelle intorno a noi, in senso contrario, da Est verso Ovest.

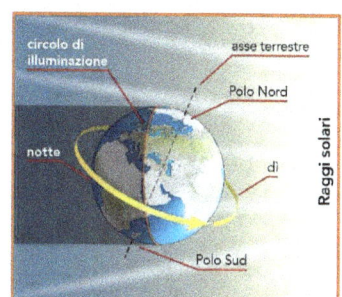

I fusi orari

Durante la rotazione terrestre, ogni 24 ore il Sole è sulla verticale di un meridiano segnando il **mezzogiorno solare**. Tutte le località dello stesso meridiano hanno la stessa ora, diversa da quella dei meridiani vicini. Dal 1878, infatti, si decise di dividere la superficie terrestre in 24 settori, detti **fusi orari**, comprendenti ciascuno 15 meridiani, tutti con la medesima ora e facenti riferimento al **meridiano centrale** di Greenwich. Viaggiando **verso Est** rispetto al meridiano centrale ad ogni cambiamento di fuso bisogna portare l'orologio **avanti di un'ora**, **verso Ovest indietro di un'ora**.
Al meridiano 180, l'**antimeridiano di Greenwich**, vi è la linea del cambiamento di data. Da Ovest a Est si torna indietro di un giorno, da Est ad Ovest, si va avanti di un giorno.

Il movimento di rivoluzione

Il **movimento di rivoluzione** è il movimento che la Terra compie intorno al Sole, con un'orbita ellittica, chiamata **eclittica**, da Ovest verso Est. Il punto in cui il Sole è più vicino alla Terra si chiama **perielio** (147 milioni di km), quello in cui è più lontano **afelio** (152 milioni di km).
Il tempo impiegato dalla Terra, ad una velocità media di circa 30 km/sec, per compiere un'orbita completa si chiama **anno solare** ed è di 365 giorni, 5 ore, 48 minuti e 46 secondi.

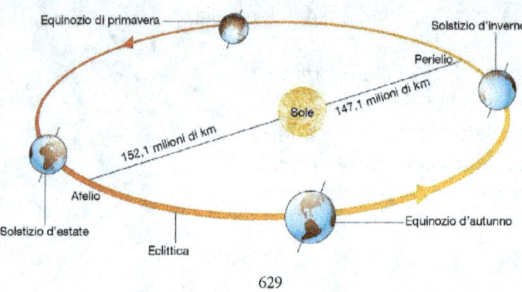

L'alternarsi delle stagioni

La più importante conseguenza del moto di rivoluzione è, alle nostre latitudini, l'alternarsi delle stagioni. Quattro giorni l'anno, la Terra assume rispetto al Sole posizioni particolari che determinano l'inizio di una nuova stagione, alternandosi in questo modo:
- **20 o 21 marzo, inizio primavera;**
- **20 o 21 giugno inizio estate**;
- **22 o 23 settembre inizio autunno;**
- **21 o 22 dicembre inizio inverno**.

Ovviamente le stagioni sono opposte nei due emisferi terrestri.

L'alternarsi delle stagioni

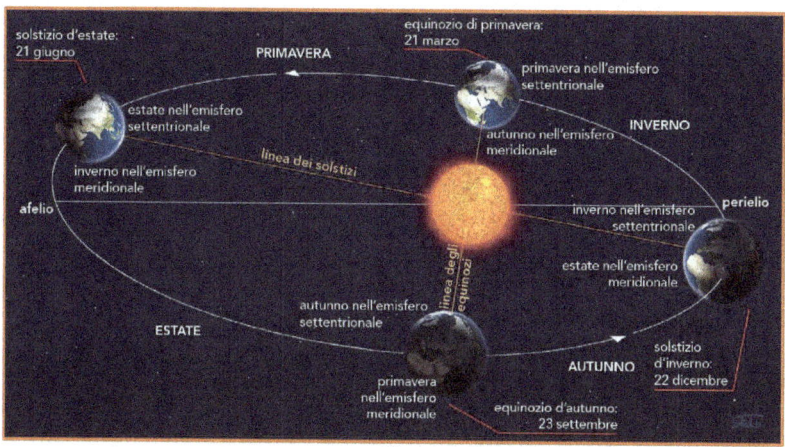

Equinozi e solstizi

- Il **20 o 21 marzo** i raggi del Sole sono perpendicolari all'Equatore e il **circolo d'illuminazione** coincide con un meridiano, passando attraverso i due poli. La durata del dì è uguale alla durata della notte. Questo giorno, nel nostro emisfero, è chiamato equinozio di primavera.

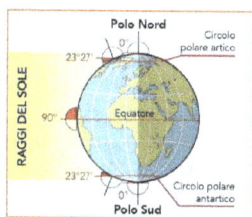

- Il **20 o 21 giugno** è il solstizio d'estate, giorno in cui i raggi solari sono perpendicolari al Tropico del Cancro e illuminano tutta la zona compresa nel Circolo polare artico. Nel nostro emisfero ci sono il dì più lungo e la notte più corta, mentre sulla calotta polare artica il Sole non tramonta, restando sempre all'orizzonte.

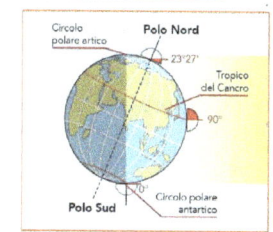

- Il **22 o 23 settembre** il circolo d'illuminazione si sposta gradualmente finché torna a passare tra i poli e i raggi solari sono nuovamente perpendicolari all'Equatore determinando nuovamente 12 ore di luce e 12 di buio. È l'*equinozio d'autunno*.

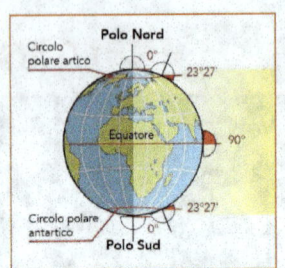

- Il **21 o 22 dicembre** è il *solstizio d'inverno*, in cui i raggi solari sono perpendicolari al Tropico del Capricorno e illuminano la zona del Circolo polare antartico. Nel nostro emisfero ci sono il dì più corto e la notte più lunga e sulla calotta polare artica si hanno 24 ore di buio.

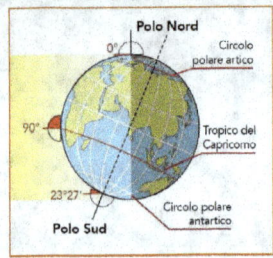

Il riscaldamento della Terra

La quantità di calore che la Terra riceve dal Sole si chiama **insolazione**. A causa dell'inclinazione dell'asse terrestre, il riscaldamento della superficie terrestre non è uniforme. I raggi perpendicolari si distribuiscono su una superficie minore e colpiscono tutto l'anno solo la zona compresa tra i due tropici; i raggi obliqui colpiscono una zona più ampia ma con meno efficacia, perché devono attraversare uno spessore maggiore di atmosfera perdendo così calore.
Alle nostre latitudini i raggi sono meno obliqui in estate e più obliqui in inverno.

La Luna

La **Luna** è l'unico satellite della Terra. Quasi sferica, il suo raggio è circa un quarto di quello della Terra e la sua massa è 81 volte più piccola. Non ha atmosfera perché la sua forza di gravità non è sufficiente e trattenere le molecole gassose. Pertanto l'escursione termica va dai 120 °C del giorno ai -200 °C della notte. L'assenza di atmosfera e la vicinanza rendono la Luna chiaramente visibile. Sulla sua superficie si possono vedere zone chiare, le **terre** (pianure, catene montuose e **crateri** creati da meteoriti) ed altre più scure, i **mari**.

Come si è formata la Luna

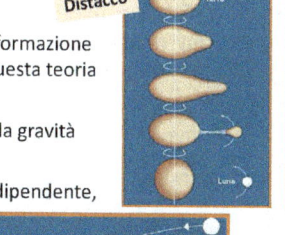
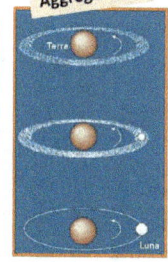

La Luna ha la stessa età della Terra, ma le teorie sulla sua formazione sono diverse:

- Distacco di materiale più esterno dalla Terra in formazione per la maggiore velocità di rotazione. Ad oggi questa teoria è superata.
- Aggregazione di materiale cosmico, attratto dalla gravità terrestre.
- Cattura della Luna stessa, formatasi in modo indipendente, dal campo gravitazionale terrestre.
- Collisione di un corpo celeste, a contatto con la Terra, che ne avrebbe proiettato una porzione nello spazio dando origine al nostro satellite. Questa teoria, detta del Big Splash, è la più accreditata.

I moti della Luna

La Luna compie un moto di rivoluzione intorno alla Terra seguendo un'orbita ellittica in cui la Terra occupa uno dei fuochi; l'**apogeo** è il punto più lontano, il **perigeo** quello più vicino. Contemporaneamente al moto di rivoluzione, la Luna compie un moto di rotazione intorno al proprio asse e un moto di traslazione seguendo l'orbita della Terra intorno al Sole.

Il moto di rivoluzione della Luna dura 27 giorni, 7 ore e 43 minuti che è la stessa durata del periodo di rotazione, perciò la Luna rivolge alla Terra sempre lo stesso lato.

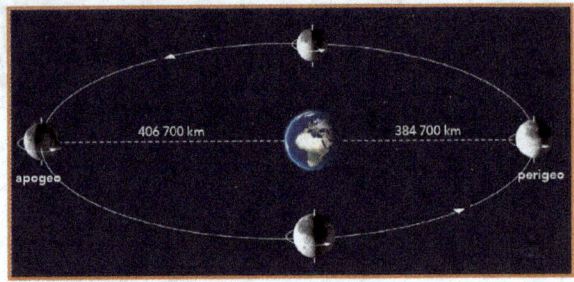

Le fasi lunari

La Luna non emette luce propria ma riflette quella del Sole perciò, in base alla sua posizione rispetto alla Terra e al Sole, la vediamo completamente, in parte oppure per nulla. Questi cambiamenti di aspetto si chiamano fasi lunari.

- Novilunio o Luna nuova, quando la Luna si trova tra Sole e Terra (**congiunzione**); quindi non la vediamo.
- Primo quarto quando il Sole ne illumina una porzione crescente (**quadratura**).
- Plenilunio o Luna piena, in cui la Luna si trova dalla parte opposta della Terra rispetto al Sole e quindi la vediamo completamente illuminata.
- Ultimo quarto, in cui solo metà faccia è illuminata (**quadratura**).

Le fasi lunari

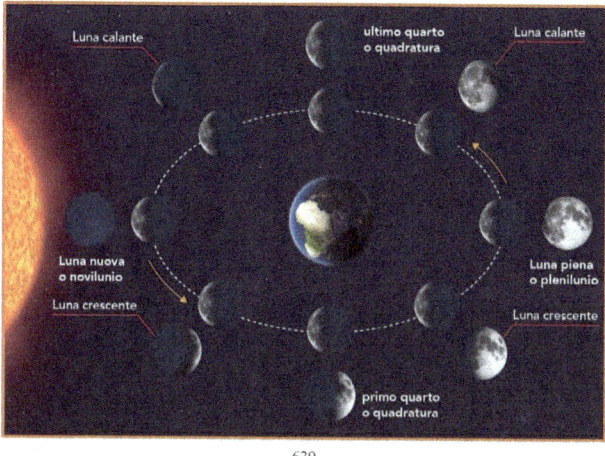

Le eclissi

Il piano dell'orbita lunare è inclinato rispetto a quello della Terra e quindi i due piani si incontrano solo in due punti, detti **nodi**. Quando Luna, Terra e Sole si trovano allineati lungo un asse immaginario, la **linea dei nodi**, si può verificare il fenomeno dell'eclissi: uno dei due corpi viene temporaneamente oscurato in parte (**eclissi parziale**), o del tutto (**eclissi totale**).

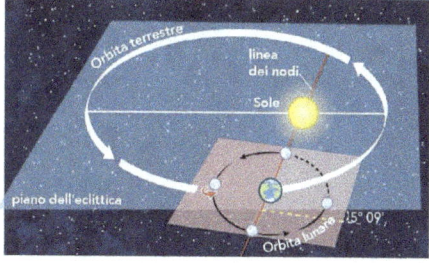

L'eclissi di Sole

Nell'**eclissi di Sole** la Luna, in fase di novilunio, si trova tra la Terra e il Sole e proietta sulla Terra un cono d'ombra che copre il disco solare. È un fenomeno di durata limitata e di scarsa portata, considerate le piccole dimensioni della Luna rispetto al Sole e avviene mediamente due volte l'anno. Quando la Luna si trova alla distanza massima dalla Terra, questa non riesce a coprire completamente il Sole e si verifica un'**eclissi anulare**, in cui il Sole si presenta come un anello luminoso attorno al disco scuro della Luna che lo nasconde.

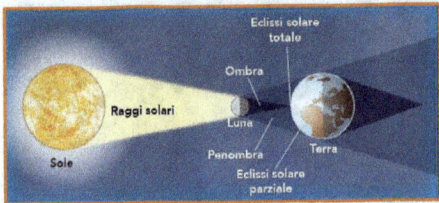

L'eclissi di Luna

Nell'**eclissi di Luna**, la Terra si trova tra Sole e Luna che è in fase di plenilunio. La Luna è oscurata dal cono d'ombra proiettato dalla Terra. La Luna non è completamente invisibile dalla Terra, ma viene illuminata debolmente dai raggi solari rifratti dall'atmosfera terrestre, assumendo una colorazione rossastra. Le dimensioni del cono d'ombra proiettate dalla Terra sulla Luna sono di dimensioni maggiori rispetto a quelle dell'eclissi di Sole, per cui l'eclissi di Luna ha una durata maggiore e si può osservare in più luoghi contemporaneamente.

Le maree

Le maree sono l'alternarsi ritmico di un'**elevazione del livello marino**, o **flusso**, e di un successivo **abbassamento**, o **riflusso** e sono l'effetto dell'attrazione gravitazionale della Luna sulla Terra.
La massima elevazione è detta alta marea, la minima bassa marea.

La differenza tra i due livelli è l'**ampiezza di marea**. L'ampiezza massima di marea, **marea viva** o **sizigiale**, si verifica durante il plenilunio o novilunio, mentre l'ampiezza minore, **marea stanca** o **marea morta**, quando la Luna e il Sole si trovano in posizione di quadratura.

Il Sistema Solare

Uno sguardo d'insieme

L'UNIVERSO CHE CI CIRCONDA

L'**Universo**, o **cosmo**, è lo spazio vuoto intorno alla Terra in cui si trovano la Luna, il Sole, i pianeti e i loro satelliti, ammassi di gas e polveri interstellari. La scienza che studia l'Universo si chiama **astronomia** che, grazie ad invenzioni come il cannocchiale prima e il telescopio in seguito, è progredita in maniera costante dagli antichi fino ai giorni nostri.

La nostra conoscenza dell'Universo è aumentata moltissimo grazie ai telescopi spaziali posti sui satelliti in orbita ed alle **sonde Spaziali** che ci inviano dati e fotografie dei pianeti e dei loro satelliti.

Il Sistema Solare

Il Sistema Solare è costituito dal Sole, dai pianeti che orbitano intorno ad esso, dai loro satelliti e da una miriade di corpi celesti formati di roccia e ghiaccio: gli asteroidi e le comete.

Intorno al Sole ruotano otto pianeti, i loro satelliti e centinaia di migliaia di corpi più piccoli, di cui circa 50000 raggruppati nella **fascia degli asteroidi**.

I **pianeti** compresi tra questa fascia e il Sole, detti **interni**, sono Mercurio, Venere, Terra e Marte, di natura rocciosa.

I **pianeti esterni** sono Giove e Saturno, di dimensioni enormi e di natura gassosa, e Urano e Nettuno, pianeti ghiacciati. Oltre Nettuno c'è Plutone, il più lontano e sconosciuto, scoperto solo nel 1930. intorno al Sole orbitano anche alcune **comete**, visibili solo periodicamente perché hanno orbite molto più lunghe rispetto a quelle dei pianeti.

Le leggi di Keplero

Prima legge: *I pianeti ruotano intorno al Sole secondo un'orbita a forma di ellisse, di cui il Sole occupa uno dei fuochi.*
Il punto in cui il pianeta è più vicino al Sole si chiama **perielio**, quello in cui è più lontano **afelio**.

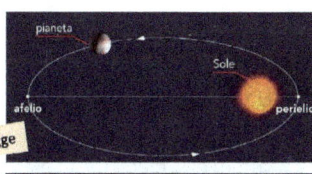
Prima legge

Seconda legge: *Il raggio vettore, cioè il segmento immaginario che unisce il pianeta al Sole, descrive aree uguali in tempi uguali.*
Quindi i pianeti si muovono con velocità diverse: più lentamente quando sono più lontano dal Sole e più velocemente quando sono più vicini.

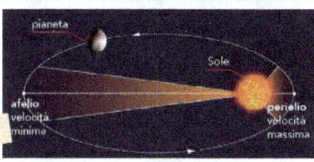
Seconda legge

Terza legge: *Il quadrato del tempo necessario ad un pianeta per compiere un'orbita è proporzionale al cubo della sua distanza media dal Sole.*
Pertanto quanto più un pianeta è lontano dal Sole, tanto maggiore sarà il tempo impiegato per percorrere la sua orbita.

Terza legge

La legge di Newton o di gravitazione universale

Mentre le leggi di Keplero descrivono in **quale modo** si muovono i pianeti, la **legge di Newton** spiega il **perché** si muovono in questo modo.

Due corpi si attraggono fra loro con una forza direttamente proporzionale alla loro massa e inversamente proporzionale al quadrato della loro distanza.

$$F = G \frac{(m_1 \times m_2)}{d^2}$$

F è la forza di gravità, m_1 e **m** sono le masse dei due corpi, **d** è la distanza che li separa. **G** è una costante. La legge di Newton ci dice che l'attrazione tra due corpi è tanto più grande quanto più grande è la loro massa, mentre diminuisce all'aumentare della loro distanza.

La legge di Newton spiega le leggi di Keplero

Grazie alla legge di Newton possiamo comprendere meglio le tre leggi di Keplero.
- **Prima legge**: l'orbita di un pianeta intorno al Sole è dovuta all'attrazione gravitazionale fra di essi e poiché il Sole ha massa più grande, la sua forza di attrazione prevale su quella di tutti gli altri pianeti.
- **Seconda legge**: quando il pianeta è più lontano dal Sole, la forza di attrazione del Sole è più debole e il pianeta si muove più lentamente. Al contrario, il pianeta si muove più velocemente se è più vicino al Sole.
- **Terza legge**: più i pianeti sono lontani dal Sole, meno risentono della sua attrazione e impiegano più tempo per percorrere l'orbita.

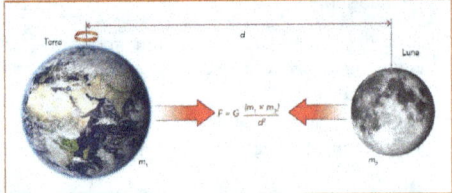

Il Sole e il Sistema Solare

Il Sole costituisce il 90% dell'intera massa del Sistema Solare, è 1 300 000 volte più grande della Terra ed è formato principalmente da gas (74% idrogeno, 25% elio) e solo per l'1% da elementi più pesanti. Come la Terra, il Sole è formato da strati:
- Il **nucleo** in cui avviene la fusione nucleare.
- Nella **zona radiativa** il calore si trasmette agli strati esterni per irraggiamento.
- Nella **zona convettiva** il calore si trasmette verso la superficie con movimenti convettivi.
- La **fotosfera** costellata da granulazioni dovute a getti di colonne gassose.
- L'**atmosfera solare**, costituita dalla **cromosfera** e, più esternamente, dalla **corona solare**, costituita di gas, che si può vedere durante le eclissi di Sole.

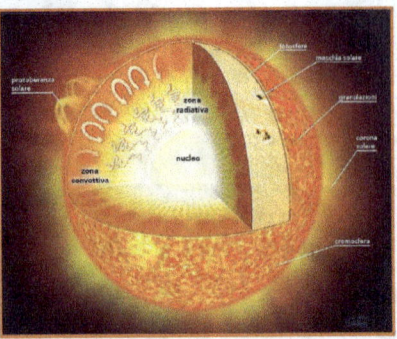

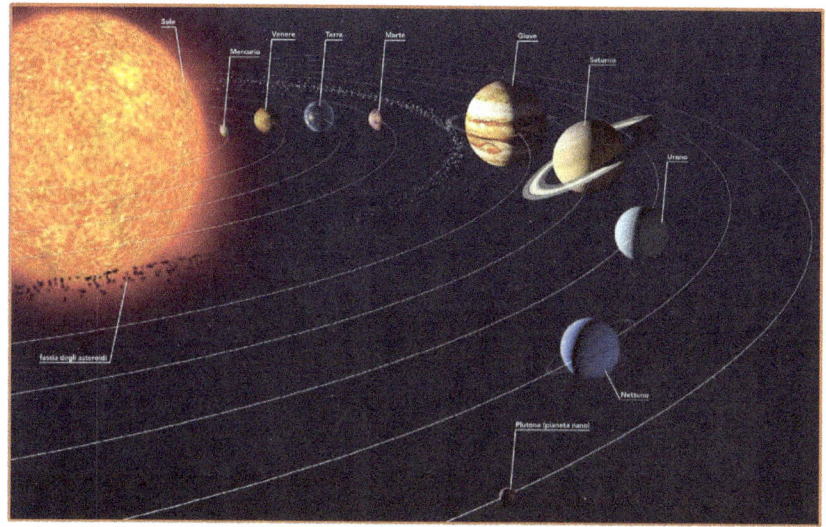

I pianeti

- **Mercurio** è il più vicino al Sole, con un'escursione termica dai 430°C ai -170°C. ha una massa molto piccola che può trattenere solo una tenue atmosfera che non lo difende dai meteoriti; per questo è costellato da numerosi crateri.
- **Venere** è il più vicino alla Terra. La sua densa atmosfera crea un forte effetto serra, rendendo impossibile la vita. La sua temperatura è di circa 500°C.
- **Marte** è detto il pianeta rosso, per la presenza di ferro nelle sue rocce. La sua atmosfera è poco densa. Ha due calotte polari e profondi canyon, forse scavati da antichi corsi d'acqua, della quale non è ancora stata trovata traccia allo stato liquido.

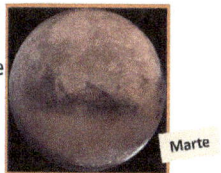

- **Giove** è un pianeta enorme con un nucleo solido e una parte gassosa. La sua atmosfera è intorno ai -130°C con venti di 600 km/h.
- **Saturno** ha un nucleo solido con un'atmosfera a -180°C. È caratterizzato dalla presenza di sette fasce di anelli composti da polvere e particelle di ghiaccio e roccia.
- **Urano** ha l'asse di rotazione quasi sullo stesso piano dell'orbita, perciò rivolge al Sole i poli e non l'equatore come gli altri pianeti. Ha un nucleo solido e un'atmosfera a -220°C. Ha due sistemi di anelli, scuri e poco visibili.
- **Nettuno** è più esterno del Sistema Solare. La sua atmosfera gli conferisce il caratteristico colore azzurro intenso. È circondato da anelli sottili.

Gli asteroidi

Gli **asteroidi** sono corpi rocciosi con diametro variabile da pochi metri a circa 1000 km. Sono circa 100 000, la metà si trova tra Marte e Giove, il resto arriva anche vicino al Sole. Sono probabilmente costituiti da materiale che non è riuscito ad aggregarsi come pianeta durante la formazione del Sistema Solare, perché attratto dall'enorme massa di Giove.

Le comete

Le comete sono costituite da un nucleo di materiale roccioso e polvere, coperto di ghiaccio e altri composti. Le comete avrebbero origine nell'ammasso più esterno del Sistema Solare, chiamato **nube di Oort**, che conterrebbe circa 100 miliardi di corpi celesti.

Questi corpi, attratti da un altro pianeta, possono modificare la propria orbita, acquistando un'orbita ellittica che li avvicina al Sole. A 400.000 km dal Sole, il ghiaccio del nucleo sublima per il calore, formando la **chioma** della cometa. Il vento solare spinge le particelle più leggere in direzione opposta al Sole, formando la **coda** della cometa. Ad ogni passaggio vicino al Sole, la cometa perde materiale fino ad estinguersi.

Il primo ad osservare la regolarità dell'apparizione delle comete fu **Edmond Halley**. Da allora le comete prendono il nome di chi le scopre. L'ultima apparizione della cometa Halley risale al 1986.

Meteore e meteoriti

Ogni giorno cadono sulla Terra circa 100 tonnellate di materiale, sotto forma di polvere, attratto dalla forza di gravità. Questi corpi bruciano entrando nell'atmosfera e si trasformano in gas, lasciando una scia luminosa chiamata **meteora** o più comunemente **stella cadente**. Le meteore in gran numero (**sciame meteorico**) sono visibili in due periodi dell'anno: lo **sciame delle Perseidi**, intorno al 10-12 agosto e lo **sciame delle Leonidi** intorno alla metà di novembre.

Oltre il Sistema Solare

Le stelle

Gli astronomi pensano che l'Universo abbia avuto origine da una fortissima esplosione, il **Big Bang**, avvenuta circa 14 miliardi di anni fa, dalla quale l'Universo cominciò ad espandersi dando origine alle stelle, ai pianeti e a tutti i corpi celesti.

Le **stelle** sono **corpi celesti** che brillano di luce propria, perché emettono radiazioni luminose prodotte dalle reazioni termonucleari che avvengono al loro interno, dove i gas (**idrogeno** ed **elio**) raggiungono temperature di decine di milioni di gradi. Nella fusione nucleare, quattro nuclei di idrogeno si fondono dando origine a un nucleo di elio. L'energia liberata si manifesta sotto forma di radiazioni luminose.

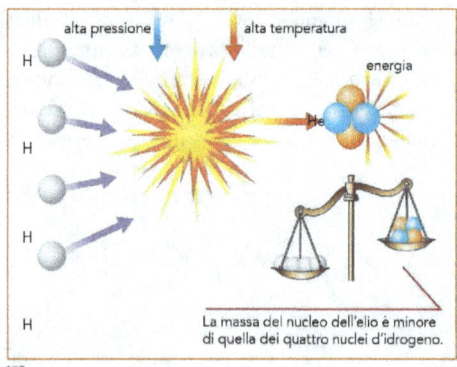

La massa del nucleo dell'elio è minore di quella dei quattro nuclei d'idrogeno.

Diversi tipi di stelle

Le stelle vengono classificate in base a colore, dimensioni e luminosità:

- Il colore della luce stellare dipende dalla temperatura della superficie. Dalla più fredda alla più calda si dividono in **rosse, arancioni, gialle, bianche, azzurre**.
- Le dimensioni sono variabili. Ci sono le **nane** (100 volte più piccole del Sole), le **medie** (come il Sole), le **giganti** (100 volte più grandi del Sole) e le **supergiganti** (almeno 300 volte più grandi del Sole).
- La luminosità è la quantità di luce emessa nell'unità di tempo. Dipende dalla temperatura, dalla loro distanza e dalla grandezza. Sono quindi valori relativi. Per calcolare la luminosità assoluta si considera la luminosità che si percepirebbe se le stelle fossero tutte alla stessa distanza, per convenzione 32,6 anni luce.

Temperatura in K

Stella rossa <3500

Stella arancione 3500-5000

Stella gialla 6000-7000

Stella bianca 7500-10 000

Stella azzurra 10 000-50 000

Le costellazioni

Le stelle, pur muovendosi secondo la propria orbita, **mantengono sempre la loro posizione reciproca**. Per questo motivo vengono riunite, già dall'antichità, in **88 costellazioni**. Le più facili da individuare sono l'**Orsa Maggiore** o **Gran Carro**, l'**Orsa Minore** o **Piccolo Carro**. La stella più esterna del Piccolo Carro è la **Stella Polare**, usata soprattutto dai marinai come punto di riferimento del Nord geografico. Altre costellazioni sono **Orione**, il **Cigno**, il **Cane Maggiore**, il Cane **Minore**, la **Lira**, **Ofiuco** o **Serpentario**, la **Croce del Sud**. Nelle costellazioni ci sono anche delle nebulose, aggregati di materiale interstellare, come la **Nebulosa di Orione**.

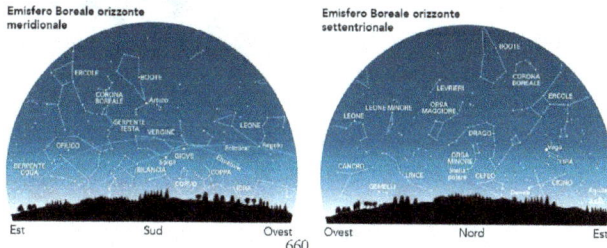

Le galassie

A disco

A spirale

irregolare

L'insieme di pianeti, stelle, polveri e gas è detto galassia e può essere:
- **Galassia a disco** o **ellittica**: ha la forma di un'enorme lente, spessa al centro e sottile ai bordi.
- **Galassia a spirale**: ha un nucleo centrale da cui si diramano diversi bracci a spirale, o due soli bracci alle estremità opposte del nucleo nelle **galassie a spirale barrata**.
- **Galassia irregolare**: non ha una forma ben definita.

La via Lattea

La nostra galassia venne chiamata Via Lattea dagli antichi Greci. Perché dal punto di vista della Terra appare come una striscia, formata da tante stelle, con una luminosità complessiva di un bianco lattiginoso. Contiene circa 200 miliardi di stelle e ha un diametro di 100 000 anni luce e uno spessore di 30 000 anni luce. Il Sole ha una posizione molto periferica a 27 000 anni luce dal centro. Nell'Universo ci sono 125 miliardi di galassie, separate da distanze enormi. Le più vicine alla nostra sono la **Piccola** e la **Grande Nube di Magellano**. La nostra galassia, insieme ad altre venti circa, fa parte del **Gruppo Locale** in cui la galassia più grande è la **galassia di Andromeda**.

I quasar

Grazie ai radiotelescopi, gli astronomi sono riusciti a rilevare fonti di onde radio distanti da 2 a 13 miliardi di anni. Sono emesse dagli oggetti più luminosi dell'Universo, i **quasar** (quasi star) che emettono una luce 100 volte più intensa di quella dell'intera Via Lattea.

Attualmente conosciamo circa 2000 quasar e la loro natura non è ancora del tutto chiarita. La teoria più accettata è che si tratti di nuclei di galassie in formazione, perché ai loro margini si possono osservare deboli aloni di stelle.

663

Come si è formato l'Universo: il Big Bang

La teoria più accreditata da parte degli scienziati sulla formazione dell'Universo è quella del **Big Bang**, secondo la quale si sarebbe formato in seguito ad un'immensa esplosione avvenuta circa 14 milioni di anni fa.

Al momento dell'esplosione, tutto era concentrato in un punto molto più piccolo di un atomo, densissimo e caldissimo. Dopo l'esplosione l'Universo cominciò ad espandersi a velocità elevatissima. Nello spazio di pochi secondi minuti si formarono gli elementi più leggeri: idrogeno, elio, litio. Con l'abbassarsi delle temperature, gli atomi si aggregarono e si formarono le prime stelle, le prime galassie e il nostro Universo che continua ad espandersi.

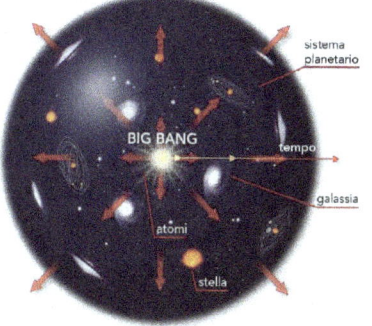
664

Le prove della teoria del Big Bang

Per comprendere la natura delle stelle, si osserva la natura dello spettro solare che emettono. Come anche per le onde sonore, le onde luminose emettono delle bande luminose il cui spettro visibile va dal violetto al rosso. Le righe degli spettri solari sono tanto più rosse quanto sono lontane le stelle che li emettono.

Questo spostamento è dovuto all'**effetto Doppler**: quando la sorgente si avvicina, aumenta la frequenza e diminuisce la lunghezza d'onda, quindi le onde si spostano verso il violetto. Al contrario, le onde si comportano come se si dilatassero e si spostano verso il rosso.

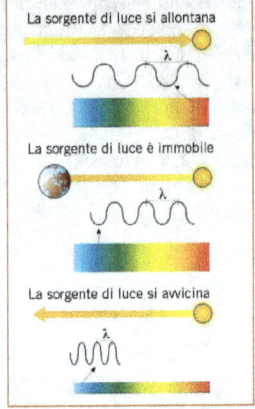

Come si evolverà l'Universo

Secondo gli scienziati l'Universo potrebbe avere una di queste tre evoluzioni:

- **Teoria dell'Universo stazionario**: esso rimarrà più o meno simile a ora, espandendosi illimitatamente, senza alterare l'equilibrio esistente.
- **Teoria dell'Universo aperto**: non ci sarà formazione di nuova materia e quindi, espandendosi, l'Universo tenderà a consumarsi.
- **Teoria dell'Universo chiuso od oscillante**: quando l'energia del primo Big Bang si esaurirà, prevarranno le forze di attrazione che faranno avvicinare la materia sempre più velocemente fino ad arrivare ad un nuovo atomo primitivo e, quindi, ad un nuovo Big Bang.

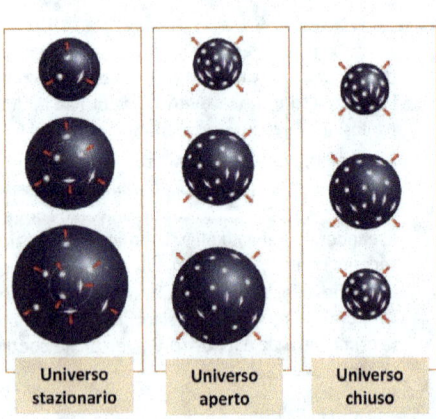

Universo stazionario · Universo aperto · Universo chiuso

N.	Domanda	A	B	C	D
1	Cosa studia la sismologia?	le acque sotterranee	studia le forme del paesaggio e i processi che li modellano	i terremoti,prodotti dai movimento della crosta terrestre	le rocce che costituiscono la parte solida della Terra
2	Cosa studia l'oceanografia?	gli oceani	i terremoti	i ghiacciai	le acque sotterranee
3	Quale materia studia i terremoti?	la paleontologia	la petrografia	l'oceanografia	la sismologia
4	Cosa studia la paleontologia?	i vulcani	i climi	gli oceani	i fossili,cioè i resti e le tracce di organismi vissuti in passato
5	Cosa studia la mineralogia?	i ghiacciai	le acque sotterranee	nessuna delle altre risposte è corretta	i minerali, i componenti delle rocce
6	Come si chiama l'involucro gassoso che avvolge la Terra?	nessuna delle altre risposte è corretta	idrosfera	litosfera	atmosfera
7	Che cos'è l'atmosfera?	l'involucro gassoso che avvolge la terra	l'insieme delle stelle	l'involucro del nucleo	la principale disciplina terrestre
8	Completa la domanda con il corretto termine. L' è l'insieme di tutte le acque presenti sulla Terra,in qualunque stato di aggregazione.	petrografia	idrosfera	atmosfera	sismologia
9	Che cos'è l'idrosfera?	è l'insieme dei vegetali presenti sulla Terra	è l'insieme di tutte le acque presenti sulla Terra, in qualunque strato di aggregazione	è l'insieme di tutte le acque presenti sulla Terra solo allo stato solido	è la scienza dei fossili
10	Come possono essere distinte le risorse naturali?	esclusivamente in non rinnovabili	in primarie e secondarie	in rinnovabili e non rinnovabili	solo in rinnovabili
11	Che cos'è la scala dei tempi geologici?	è l'insieme di diversi intervalli di tempo delle storia della terra	è un termometro che permette di misurare il tempo	è un libro che racconta la storia della terra	è un insieme di eventi storici
12	Come viene chiamata l'insieme di diversi intervalli tempo della storia della Terra?	scala Richter	scala dei tempi geologici	nessuna delle altre risposte è corretta	scala Mercalli
13	Che cos'è il Paleozoico, secondo il calendario dei tempi geologici?	una stella	un'era	un lago	un pianeta
14	Che cos'è la litosfera?	l'insieme della crosta terrestre e di parte del mantello	il mondo vegetale	l'insieme degli organismi viventi	l'insieme delle stelle e delle galassie
15	Come si chiama l'insieme della crosta terrestre e di parte del mantello?	litosfera	idrosfera	atmosfera	acquifero
16	Quale dei seguenti concetti è considerato una legge?	L'affermazione che la vita esiste solo sulla Terra	Il big bang	La tettonica delle placche	La gravitazione universale
17	Quale affermazione riguardante l'atmosfera è falsa?	E' la sede dei fenomeni meteorologici	Contiene gas indispensabili per gli organismi	Filtra le radiazioni ultraviolette prodotte dal Sole	E' responsabile della suddivisione della crosta terrestre in placche tettoniche
18	Quali tra questi è un metodo di datazione che permette di determinare il momento in cui un evento geologico è avvenuto?	La clessidra	La datazione numerica	La datazione assoluta	L'orologio
19	La gravitazione universale è.	una legge	un ufo	un sistema di riferimento	una macchina
20	Come vengono chiamate le porzioni di litosfera in continuo movimento reciproco?	placche tettoniche	assiomi	teoremi	fette di sfera
21	Cosa sono le placche tettoniche?	porzioni di litosfera in continuo movimento reciproco	teoremi fisici	leggi matematiche	meccanismi litosferici
22	Un sistema che scambia materia ed energia con l'ambiente esterno è detto sistema:	aperto	secondario	primario	chiuso
23	Un sistema aperto è, un sistema che:	scambia materie ed energia con l'ambiente esterno	scambia particelle ultraviolette con l'ambiente esterno	scambia solo materia con l'ambiente esterno	produce energia nucleare
24	Come viene prodotta l'energia geotermica?	dal sole	da processi endogeni	dalla luna	nessuna delle altre risposte è corretta
25	Come viene prodotta l'energia solare?	dal magma	da processi esogeni	dalle eruzioni vulcaniche	dai nucleo della Terra
26	Quali sono le principali fonti energetiche del geo sistema?	solo l'energia geotermica	l'energia solare e geotermica	gli incendi	esclusivamente l'energia solare

N.	Domanda	A	B	C	D
27	Quale tra queste è una grandezza fondamentale?	velocità	La lunghezza	accelerazione	densità
28	Quale tra queste è una grandezza fondamentale?	velocità	densità	La massa	accelerazione
29	Quale tra queste è una grandezza fondamentale?	velocità	La temperatura	densità	accelerazione
30	Come viene denominato l'insieme delle grandezze fondamentali e delle relative unità di misura attualmente utilizzate dalla comunità scientifica?	Sistema Internazionale	Sistema Misurabile	Sistema Unico	Sistema Decimale
31	Che cos'è il Sistema Internazionale?	l'insieme di tutte le figure geometriche	un ente che si occupa di avvenimenti internazionali	un sistema di raccolta di misure	l'insieme delle grandezze fondamentali e delle relative unità di misura utilizzate dalla comunità scientifica
32	Qual è l'unità di misura della lunghezza?	metro	gradi Centigradi	secondo	chilogrammo
33	L'insieme delle grandezze fondamentali e delle relative unità di misura utilizzate dalla comunità scientifica si chiama:	Sistema Universale	Sistema Decimale	Sistema Internazionale	Sistema Logaritmico
34	Qual è l'unità di misura della massa?	ampere	chilogrammo	gradi Centigradi	secondo
35	Che tipo di grandezze sono la lunghezza e la massa?	grandezze fondamentali	grandezze territoriali	grandezze catastali	grandezze derivate
36	Che tipo di grandezze sono la superficie e il volume?	grandezze derivate	grandezze economiche	grandezze geo-statistiche	grandezze fondamentali
37	Quale tra questi è uno stato fisico della materia?	grande	gigante	piccolo	liquido
38	Liquido, gassoso e solido sono stati fisici della:	luna	città	erba	materia
39	Quale tra le seguenti affermazioni è vera?	il calore è energia che si trasferisce da un corpo più caldo ad un corpo più freddo	è una misura della densità	è una misura della massa	è energia che si trasferisce tra due macchine
40	Come viene comunemente chiamato lo strumento utilizzato per misurare la temperatura?	bilancia	termometro	metro	amperometro
41	Quale tra questi è un modo di propagazione del calore?	diffrazione	irraggiamento	riflessione	deglutamento
42	Come vengono chiamate le trasformazioni tra i vari stati fisici?	passaggio di stato	passaggio meccanico	nessuna delle altre risposte è corretta	passaggio veloce
43	Cosa succede se si lascia del ghiaccio a temperatura ambiente?	si solidifica	si condensa	diventa gassoso	si trasforma in acqua
44	La solidificazione è un passaggio di stato della materia, ovvero:	dallo stato solido passa allo stato liquido	dallo stato liquido passa allo stato solido	dallo stato vapore allo stato liquido	dallo stato liquido allo stato vapore
45	La fusione è un passaggio di stato della materia, ovvero la materia dallo stato solido passa allo stato:	solido	liquido	gassoso	vaporeo
46	Come viene chiamato il passaggio di stato liquido-gas?	fusione	sublimazione	solidificazione	ebollizione
47	Come viene chiamato il passaggio di stato gas-solido?	condensazione	brinamento	ebollizione	fusione
48	Cosa succede ad un corpo che assorbe calore?	si solidifica	si dilata	nessuna delle altre risposte è corretta	si condensa
49	Come viene chiamato lo studio degli aspetti che caratterizzano la vita?	biologia	mineralogia	archeologia	geologia
50	Quale tra queste affermazioni è corretta?	le piante sono eterotrofe	le piante sono organismi autotrofi	le piante sono organismi che prendono nutrimento dagli animali	la fotosintesi clorofilliana è un processo che riguarda le rane
51	La biologia può essere definita come lo studio:	degli atomi	degli aspetti che caratterizzano la vita	delle parti che costituiscono la materia	dei fossili
52	Essendo la cellula la più piccola forma di vita, è necessario osservarla con il:	televisore	cellulare	microscopio	binocolo
53	Quali tra queste è una parte fondamentale della cellula?	il cuore	il fosforo	il mantello	il nucleo

N.	Domanda	A	B	C	D
54	Quale tra le seguenti affermazioni non è corretta?	il citoplasma è una delle parti fondamentali della cellula	la cellula è la più piccola forma di vita	la cellula è osservabile ad occhio nudo	la cellula è costituita da tre parti fondamentali
55	Tutte le cellule sono provviste di nucleo?	si, perché il nucleo è la parte fondamentale della cellula	nessuna delle altre risposte è corretta	no	si
56	Come vengono chiamate le cellule che sono sprovviste di nucleo?	zuccheri	procariotiche	enzimi	omega
57	Procariote sono quelle cellule che sono sprovviste di:	nucleo	enzimi	membrana	citoplasma
58	Le cellule che presentano membrana, citoplasma e nucleo vengono chiamate:	eucariotiche	procariotiche	omega	grassi
59	Quale delle seguente affermazioni non è corretta?	l'atomo è la più piccola parte della materia	le cellule sono tutte senza nucleo	le cellule sprovviste di nucleo sono chiamate procariotiche	la cellula è la più piccola forma di vita
60	Cosa si intende per divisione cellulare?	è un operazione matematica	è il concetto fondamentale del teorema di Pitagora	nessuna delle altre risposte è corretta	una cellula madre si divide generando due cellule figlie
61	Come può essere la riproduzione degli esseri viventi?	primarie e secondaria	solo sessuale	asessuale e sessuale	solo asessuale
62	La gemmazione tra gli organismi viventi è un tipo di:	comunicazione	riproduzione sessuale	malattia del sistema nervoso	riproduzione asessuale
63	Quando una cellula madre si divide generando due cellule figlie, si parla di:	fecondazione	divisione cellulare	solidificazione	fusione
64	La riproduzione sessuale avviene tramite la:	fecondazione	divisione cellulare	fusione	ebollizione
65	La riproduzione sessuale è la via di riproduzione più frequente tra:	le alghe marine	le piante	i coralli marini	gli organismi più complessi
66	Gli organismi unicellulari contengono:	una sola cellula	tre cellule	dieci cellule	infinite cellule
67	Gli organismi che possono contenere un numero elevatissimo di cellule sono detti:	marini	pluricellulari	complessi	unicellulari
68	Gli organismi con una sola cellula sono chiamati:	pluricellulari	doppi	singoli	unicellulari
69	Cosa si deve al naturalista svedese Linneo?	il teorema di Pitagora	un sistema di classificazione degli organismi basato sulla nomenclatura binoma	la teoria della relatività	il Sistema Internazionale
70	Gli organismi che hanno più cellule sono detti:	binomi	unicellulari	unisex	pluricellulari
71	Quale scienza studia la storia della vita sulla Terra attraverso le tracce fossili?	Paleontologia	Petrografia	Mineralogia	Biologia
72	Il naturalista Lamarck definisce evoluzione:	il ciclo vitale degli organismi	il svilupparsi degli organismi	i cambiamenti degli organismi	la crescita degli organismi
73	Il naturalista Lamarck, afferma che la varietà delle forme, delle funzioni e delle esigenze degli organismi erano dovute al loro:	adattamento all'ambiente	ciclo unicellulare	ciclo riproduttivo	cambiamento cellulare
74	Quale tra le seguenti affermazioni è corretta?	l'evoluzione per il naturalista Lamarck è solo dovuta alla crescita degli organismi	la paleontologia è una scienza fisica	gli organismo unicellulari contengono diverse cellule	la mineralogia è la scienza che studia i minerali che costituiscono le rocce
75	Secondo Lamarck, naturalista francese, i cambiamenti degli organismi definiscono:	l'evoluzione degli stessi	l'estinzione di massa dei dinosauri	i cambiamenti climatici	l'evoluzione dei dinosauri
76	La Paleontologia è definita come quella scienza che studia:	lo storia dell'idrosfera terrestre	la storia della vita sulla Terra attraverso le tracce fossili	l'evoluzione della vita	la relatività
77	Cosa afferma la teoria della necessità secondo il naturalista francese Lamarck?	i dinosauri si estinsero per un cambiamento climatico	gli organismi crescono e si sviluppano per un tempo limitato	gli organismi nascono cresco e muoiono	gli organismi sviluppano o trasformano i propri organi dalla necessità di sfruttare al meglio le risorse disponibili nell'ambiente

N.	Domanda	A	B	C	D
78	Cosa afferma la teoria dell'uso e del non uso del naturalista Lamarck?	nessuna delle altre risposte è corretta	gli organismi sviluppano o trasformano i propri organi dalla necessità di sfruttare al meglio le risorse disponibili nell'ambiente	gli organismi tendono a sviluppare di più quelle parti che utilizzano maggiormente mentre quelle meno usate tendono ad indebolirsi sino anche a scomparire	i dinosauri si estinsero per un cambiamento climatico
79	Cosa afferma la teoria dell'ereditarietà dei caratteri acquisiti del naturalista francese Lamarck?	le trasformazioni subite dagli organismi nell'arco della vita vengono non possono essere trasmesse alle successive generazioni	le trasformazioni subite dagli organismi nell'arco della vita vengono trasmesse di generazione in generazione	gli organismi tendono a sviluppare di più quelle parti che utilizzano maggiormente mentre quelle meno usate tendono ad indebolirsi sino anche a scomparire	nessuna delle altre risposte è corretta
80	Il termine ecologia deriva da una parola greca che significa:	predazione	roccia	essere viventi	casa
81	Quale livello trofico occupano le piante?	secondo	differenti livelli trofici	primo	terzo
82	Chi introduce il concetto di selezione naturale?	Linneo	Galileo	Newton	Darwin
83	Cosa afferma il concetto della selezione naturale di Darwin?	sopravvivono tutti gli individui	nessun individuo riesce a sopravvivere ai cambiamenti dell'ambiente	sopravvivono solo quelle specie che vivono nelle foreste	gli individui capaci di adattarsi meglio all'ambiente ed ai suoi cambiamenti riescono a sopravvivere
84	Per quale concetto è conosciuto il naturalista Darwin?	per la selezione naturale	per l'ecologia	per la classificazione naturale	per la paleontologia
85	Cosa formulò Mendel con il suo esperimento dei piselli?	la selezione naturale	la legge gravitazionale	la teoria della relatività	la legge sulla dominanza
86	Che cosa sono i geni?	nessuna delle altre risposte è corretta	gli scienziati dell'800	piccoli segmenti di DNA ognuno dei quali esprime un carattere ereditario	persone geniali
87	Il ruolo di decompositori è svolto principalmente da quali organismi?	carnivori	virus	erbivori	funghi e batteri
88	Che tipo di relazione c'è tra due specie in simbiosi tra di loro?	di competizione	vantaggiosa per entrambe	svantaggiosa per una delle due	svantaggiosa per entrambe
89	Come viene chiamata la relazione in cui una specie trae vantaggio senza danno né beneficio per l'altra specie?	competizione	commensalismo	mutualismo	parassitismo
90	La scienza che studia i rapporti tra gli esseri viventi e l'ambiente si chiama:	paleontologia	naturalismo	ecologia	geologia del quaternario
91	L'insieme degli ecosistemi presenti sulla terra costituisce la:	pianeta	sole	biosfera	Terra
92	L'insieme dei rapporti tra gli organismi di un ecosistema è:	una catena alimentare	un ecosistema	una catastrofe naturale	un genere
93	Più catene alimentari che si intrecciano in un ecosistema formano:	una rete alimentare	una specie	un ecosistema	un habitat
94	Che cos'è un bioma?	un'ampia porzione di biosfera, individuata e classificata in base al tipo di vegetazione dominante	l'insieme delle popolazioni di specie diverse che vivono nello stesso ambiente	la parte del nostro pianeta in cui è presente la vita	un gruppo di organismi che vivono nello stesso ambiente
95	Il grado di misura della temperatura è:	il grado Kelvin K	il grado Celsius °C	il grado Fahrenheit °F	tutte le risposte sono corrette
96	Ivan fa scaldare un chiodo di ferro sopra una fiamma. Il chiodo passando da 20°C a 500 °C...	fonde	diventa rovente, ma le sue dimensioni non cambiano	diventa leggermente più corto	diventa leggermente più lungo
97	Il calore è:	una forma di energia	la sostanza che passa da corpi freddi a quelli caldi	un sinonimo di fuoco	una figura geometrica
98	Come si trasmette il calore nei corpi solidi?	per fluidificazione	per conduzione	per convenzione	per irraggiamento
99	Quali sono i gas che costituiscono per la maggior parte l'atmosfera?	ossigeno, anidride carbonica e vapore acqueo	azoto e ossigeno	ossigeno e idrogeno	azoto e gas nobili
100	Qual è la formula chimica dell'acqua?	H_2O	O_2	CO_2	N_2

N.	Domanda	A	B	C	D
101	Come viene chiamato il super continente dal quale hanno avuto origine i continenti attuali?	Gondwana	Pangea	Laurasia	Pantalassa
102	Di che cosa si occupano i paleontologi?	del modellamento della superficie terrestre ad opera degli agenti atmosferici	dello studio dei fossili	dello studio delle rocce	dello studio dei vulcani e terremoti
103	La Pangea è il super continente dal quale hanno avuto origine:	gli essere umani	i pianeti della Terra	le acque	i continenti attuali
104	La formazione delle montagne prende il nome di?	orogenesi	oceanografia	idrografia	orografia
105	Individua l'affermazione errata:	i primi organismi viventi si sono sviluppati sulla terraferma	l'atmosfera primordiale era molto diversa da quella attuale	i primi organismi viventi non hanno lasciato tracce fossili	i primi organismi viventi erano unicellulari
106	L'orogenesi è:	un processo utilizzato in chimica	un pianeta terrestre	una malattia delle piante	il processo che porta alla formazione delle montagne
107	A cosa è dovuto il moto ondoso?	ai cicli lunari	nessuna delle altre risposte è corretta	all'azione del sole	all'azione del vento
108	Come si chiama il massimo sollevamento del mare?	massima azione	alta marea	alta densità	alta oscillazione
109	Come viene chiamato il massimo abbassamento del mare?	scarsa densità	minima azione	bassa marea	bassa oscillazione
110	Che cos'è l'alta marea?	il massimo sollevamento del mare	la cresta delle onde	la velocità del moto ondoso	il periodo del moto ondoso
111	Che cos'è la bassa marea?	la temperatura del mare	l'altezza delle onde	il massimo abbassamento del mare	il periodo del moto ondoso
112	Dove hanno origine i ghiacciai?	ai tropici	nelle zone più calde del globo	nel deserto	nelle zone più fredde del globo
113	Qual è la caratteristica fondamentale delle acque oceaniche?	l'ossigeno	i coralli	la temperatura	la salinità
114	Che movimento seguono le onde?	bi assiale	triassiale	lineare	circolare
115	Le acque continentali comprendono:	li oceani	le acque sotterranee e le acque superficiali	i mari e gli oceani	i mari
116	La salinità è una caratteristica delle acque:	oceaniche	di laghi	di fiumi	dolci
117	I fiumi fanno parte:	delle acque continentali superficiali	delle acque marine	delle acque continentali sotterranee	nessuna delle altre risposte è corretta
118	I laghi fanno parte:	delle acque continentali superficiali	delle acque continentali sotterranee	degli oceani	delle acque marine
119	Alla temperatura di zero gradi l'acqua diventa:	condensa	gas	ghiaccio	vapore
120	Che cos'è il microscopio?	uno strumento che permette di misurare la temperatura corporea ad organismi di piccole dimensioni	uno strumento utilizzato per scoprire il centro della terra	uno strumento che permette di osservare, molto ingrandito, un oggetto e di distinguerne particolari non visibili ad occhio nudo	una particolare navicella spaziale
121	Quale strumento permette di osservare un oggetto in modo molto ingrandito, permettendo di distinguere particolari non visibili ad occhio nudo?	Il microscopio	Il termometro	Il binocolo	Il cannocchiale
122	Quale tra questi è un microorganismo?	farfalle	ragni	lombrichi	virus
123	Quale tra questi è un microorganismo?	mosca	uccello	verme	batterio
124	Come vengono chiamati gli organismi che non sono visibili ad occhio nudo?	microorganismi	organismi diretti	organismi latenti	macro organismi
125	Individua l'affermazione errata:	il microscopio è uno strumento capace di ingrandire un oggetto	i microrganismi sono esseri viventi visibili ad occhio nudo	i fiumi sono acque superficiali continentali	alla temperatura di zero gradi l'acqua diventa ghiaccio
126	Come viene chiamato il passaggio di una malattia da un organismo ad un altro?	attacco	vaccino	contagio	infestazione

N.	Domanda	A	B	C	D
127	La diffusione violenta di una malattia, che colpisce gli abitanti di un territorio più o meno vasto, viene chiamata:	contagio	vaccino	epidemia	attacco
128	Perché è importante effettuare le vaccinazioni?	per ridurre la crescita demografica	per evitare il contagio delle malattie più pericolose	perché la vaccinazione aumenta i livelli di crescita in altezza	per aumentare le crescite
129	I principali responsabili delle malattie infettive sono:	animali e lombrichi	mosche e vespe	virus e batteri	cellule
130	In quante parti si può dividere il corpo umano?	6	3	5	2
131	Per evitare il contagio delle malattie più pericolose è necessario fare:	il vaccino	un intervento	una gita	la puntura
132	Quali sono le parti principali del corpo umano?	il capo, il tronco e le estremità	le estremità	tronco e collo	solo il capo
133	Quale tra questi è una delle parti principali del corpo umano?	i capelli	i peli	le unghie	il tronco
134	Quale tra questi è una delle parti principali del corpo umano?	i baffi	i capelli	il capo	le dita
135	Quale tra questi è una delle parti principali del corpo umano?	le unghie	la barba	le orecchie	le estremità
136	Nel corpo umano dove hanno sede i principali organi di senso?	nelle gambe	nel tronco	nell'apparato digerente	nel capo
137	Il capo è attaccato al tronco per mezzo:	della clavicola	del collo	delle caviglie	delle mani
138	Dove si trova il cervello nel corpo umano?	nel capo	nella pancia	nel tronco	nel petto
139	Come è suddiviso il tronco del corpo umano?	in addome e capo	in torace e addome	in torace e gambe	in addome e braccia
140	Dove si trova l'apparato cardio-respiratorio nel corpo umano?	nell'addome	nel capo	nel torace	alle estremità
141	Da cosa è costituito l'apparato cardio-respiratorio?	pancreas e cuore	cuore e polmoni	reni e pancreas	stomaco e intestino
142	Cosa contiene l'addome del corpo umano?	l'apparato urogenitale e il cuore	i polmoni e l'apparato digerente	il cervello e il cuore	l'apparato digerente e l'apparato urogenitale
143	Lo stomaco fa parte:	del torace	dell'apparato urogenitale	del capo	dell'apparato digerente
144	Di quale apparato fa parte l'intestino?	dell'apparato urogenitale	del torace	dell'apparato digerente	del capo
145	In quale apparato si trovano gli organi riproduttivi?	nell'apparato torace-reni	nessuna delle altre risposte è corretta	nell'apparato urogenitale	nell'apparato digerente
146	In quale apparato si trovano i reni?	nell'apparato urogenitale	nell'apparato cranico	nell'apparato cardio-circolatore	nell'apparato digerente
147	In quale apparato si trova la milza?	nell'apparato torace-capo	nell'apparato digerente	nell'apparato gambe	nessuna delle altre risposte è corretta
148	Di quale apparato fa parte il fegato?	dell'apparato cardio-circolatore	dell'apparato collo-capo	dell'apparato digerente	dell'apparato torace-reni
149	Di quale apparato fa parte il pancreas?	dell'apparato estremità - capo	dell'apparato cardiaco	dell'apparato digerente	nessuna delle altre risposte è corretta
150	Le estremità del corpo umano si dividono:	in piedi e mani	in arti superiori e arti inferiori	in reni e gambe	in capo e collo
151	Gli arti superiori del corpo umano comprendono...	le braccia	il capo	le gambe	il torace
152	Le braccia nel corpo umano fanno parte:	del capo	degli arti inferiori	del tronco	degli arti superiori
153	Cosa appartengono agli arti inferiori del corpo umano?	l'addome	l'apparato riproduttivo	le braccia	le gambe
154	Le gambe nel corpo umano fanno parte:	degli arti inferiori	degli arti superiori	del collo	del capo
155	Nel corpo umano gli organi sono organizzati in :	apparati	sezioni	classi	corsi
156	Quali sono gli organi principali del sistema scheletrico e sistema muscolare?	trachea e polmoni	cervello e midollo spinale	scheletro e muscolo	testicoli e ovaie
157	Quali sono le funzioni principali del sistema scheletrico e muscolare?	secernere ormoni	digerire e assorbire il cibo	riprodurre la specie	sostenere e far muovere il corpo
158	Lo scheletro e i muscoli sono organi principali di quale sistema del corpo umano?	dell'apparato escretore	del sistema nervoso	del sistema ghiandolare	del sistema scheletrico e muscolare

N.	Domanda	A	B	C	D
159	Quali organi svolgono la funzione principale di sostenere e far muovere il corpo?	il cuore e i vasi sanguigni	le ghiandole	il cervello e il midollo spinale	lo scheletro e i muscoli
160	Individua l'affermazione corretta:	i muscoli svolgono la funzione di eliminare anidride carbonica	lo scheletro e i muscoli fanno parte solo del sistema muscolare	lo scheletro e i muscoli svolgono la funzione di eliminare le sostanze di rifiuto	lo scheletro e i muscoli fanno del sistema scheletrico e del sistema muscolare
161	Quali sono gli organi principali dell'apparato digerente?	trachea e polmoni	ghiandole	intestino, fegato e pancreas	rene e vescica
162	Qual'è la funzione principale del sistema digerente?	digerire e assorbire il cibo	introdurre ossigeno	nessuna delle alternative è corretta /Mininterno.net	eliminare le sostanze di rifiuto
163	La funzione di digerire e assorbire il cibo è svolta nel corpo umano:	dal sistema ghiandolare	dal sistema scheletrico	dall'apparato digerente	dall'apparato escretore
164	L'intestino, il fegato e il pancreas di quale apparato fanno parte?	dell'apparato riproduttore	dell'apparato circolatorio	dell'apparato escretore	dell'apparato digerente
165	Quali sono gli organi principali dell'apparato respiratorio?	trachea e polmoni	ghiandole	scheletro e muscoli	testicoli e ovaie
166	Le funzioni principali dell'apparato respiratorio sono:	sostenere il corpo	introdurre ossigeno ed eliminare anidride carbonica	riprodurre specie	eliminare le sostanze di rifiuto
167	La trachea e i polmoni sono organi principali dell'apparato:	circolatorio	respiratorio	escretore	riproduttore
168	Introdurre ossigeno ed eliminare anidride carbonica è la funzione principale di quale apparato del corpo umano?	nessuna delle altre risposte è corretta	dell'apparato respiratorio	dell'apparato circolatorio	dell'apparato riproduttore
169	Quali sono gli organi principali dell'apparato circolatorio?	ovaie	scheletro	muscoli	cuore e vasi sanguigni
170	Quali sono le funzioni principali dell'apparato circolatorio?	eliminare le sostanze di rifiuto	secernere ormoni	digerire e assorbire il cibo	trasportare ossigeno e sostanze nutritive
171	Il cuore ed i vasi sanguigni sono organi principali di quale apparato del corpo umano?	sistema ghiandolare	sistema nervoso	apparato circolatorio	apparato scheletrico
172	Trasportare ossigeno e sostanze nutritive è una funzione principale:	dell'apparato escretore	dell'apparato circolatorio	dell'apparato digerente	del sistema ghiandolare
173	Quali sono gli organi principali dell'apparato escretore?	le ghiandole	il cervello e gli occhi	la pelle	i reni e la vescica
174	Quale funzione svolge l'apparato escretore?	portare i messaggi da una parte all'altra del corpo	eliminare le sostanze di rifiuto	secernere ormoni	introdurre anidride carbonica
175	Da quali organi vengono eliminate le sostanze di rifiuto?	reni e vescica	cervello	testicoli	ghiandole
176	Di quale apparato fanno parte i reni e la vescica?	del collo	dell'apparato circolatorio	dell'apparato escretore	del sistema muscolare
177	Individua l'affermazione errata:	l'apparato riproduttore svolge la funzione di riprodurre la specie	i virus sono microrganismi	l'apparato escretore si trova solo nel corpo umano maschile	il calore è una forma di energia
178	Il cervello e il midollo spinale sono organi principali del sistema:	ghiandolare	scheletrico	nervoso	muscolare
179	Quali sono gli organi principali del sistema nervoso?	reni e cuore	il cervello e gli occhi	il cervello e il midollo spinale	polmoni e cuore
180	Qual è la funzione principale del sistema nervoso?	portare i messaggi da una parte all'altra del corpo	sostenere il corpo	secernere ghiandole	far muovere il corpo
181	La funzione principale di portare messaggi da una parte all'altra del corpo è svolta:	dall'apparato digerente	dal sistema ghiandolare	dai muscoli	dal sistema nervoso
182	Individua l'affermazione corretta:	non esiste un sistema nel corpo umano in grado di portare messaggi da una parte all'altra del cuore	il cervello e il midollo osseo sono organi dell'apparato escretore	il calore è una forma di energia	le ghiandole sono solo nell'apparato femminile
183	Quali sono gli organi fondamentali dell'apparato ghiandolare?	le ghiandole	i batteri	i polmoni	l'intestino
184	Le ghiandole sono organi principali del sistema:	nervoso	ghiandolare	respiratorio	circolatorio
185	La principale funzione del sistema ghiandolare è:	inoltrare messaggi	riprodurre la specie	secernere ormoni	respirare

N.	Domanda	A	B	C	D
186	Secernere ormoni è la principale funzione di quale sistema del corpo umano?	del sistema nervoso	del sistema ghiandolare	del sistema scheletrico	del sistema circolatorio
187	Di quali organi è formato l'apparato riproduttore?	dai vasi sanguigni	dal midollo osseo	dai testicoli e dalle ovaie	dalle ossa
188	I testicoli e le ovaie sono organi principali dell'apparato:	circolatorio	riproduttivo	escretore	digerente
189	Qual è la principale funzione dell'apparato riproduttore?	riprodurre batteri	riprodurre funghi	riprodurre la specie	riprodurre virus
190	Quale apparato del corpo umano svolge la funzione di riprodurre la specie?	l'apparato riproduttivo	l'apparato respiratorio	l'apparato scheletrico	il sistema muscolare
191	L'apparato che riveste il nostro corpo è costituito:	dalle unghie	dagli organi interni	dal sistema scheletrico e muscolare	dalla pelle e dagli annessi cutanei
192	Da quanti strati è formata la pelle?	10	1	30	3
193	Quali tra queste è una funzione importantissima delle pelle?	permette la crescita di peli	secerna ormoni	libera l'organismo, per mezzo del sudore, dalle sostanze di rifiuto	introduce ossigeno all'interno del corpo
194	Quali tra queste è una funzione delle pelle?	ci ripara dalle ferite	permette la crescita delle unghie	ci difende dagli agenti esterni	ci difende dagli agenti interni
195	Cosa formano le ghiandole mammarie?	le mammelle	le unghie	i peli	la pelle
196	Il derma è un tessuto:	epiteliale	connettivo	nervoso	ghiandolare
197	Il tessuto epiteliale,ha la funzione di:	supportare il corpo	trasportare ossigeno	rivestire le superficie interne ed esterne del corpo	consentire il movimento
198	Il tessuto muscolare, ha la funzione di:	supportare il corpo	consentire il movimento	trasportare le sostanze nutritive all'interno del corpo	proteggere gli organi interni
199	Come si chiamano i peli del capo?	ghiandole	tessuti	organi	capelli
200	I capelli sono:	peli delle gambe	peli della bocca	peli delle mani	peli del capo
201	I capelli possono assumere diverse colorazioni?	no, tutti gli esseri viventi hanno i capelli scuri	si, ma solo dopo un'esposizione al sole	no	si
202	Dove possiamo trovare il cerume?	nel naso	sulle mani	nell'orecchio	nella bocca
203	Cosa secernano dopo il parto le ghiandole mammarie?	il latte	i peli	le unghie	il midollo spinale
204	Quale pigmento conferisce il colore della pelle?	nessuna delle altre risposte è corretta	la melatonina	il collagene	la cheratina
205	La dermatologia è una disciplina medica che studia le malattie:	delle orecchie	della pelle	del naso	dell'occhio
206	Come si chiama la disciplina medica che studia le malattie della pelle?	oculista	dermatologia	podologia	chirurgia
207	La melatonina è un pigmento che conferisce colore:	ai denti	alle unghie	alle ossa	alla pelle
208	Come vengono espulse le sostanze di rifiuto dalla pelle?	con il latte	con il sudore	con i reni	con le lacrime
209	Le unghie sono produzioni cornee delle estremità delle dita, formate da cellule morte ricche di:	melatonina	cheratina	sebo	sudore
210	Lo scheletro umano è costituito:	da membrane pluricellulari	solo dalle ossa	Solo da legamenti e cartilagini	dalle ossa,dalle cartilagini e dai legamenti
211	La cheratina si trova:	nei denti	nelle ossa	nelle unghie	nei capelli
212	Che cosa racchiude e protegge il cranio?	il naso	le mani	il cervello	le gambe
213	Come si chiamano le ossa di cui è costituita la colonna vertebrale?	vertebre	omeri	femori	falange
214	Le vertebre sono le ossa che costituiscono:	la colonna vertebrale	il cranio	le mani	i piedi
215	Che cosa formano le coste?	la colonna vertebrale	il cranio	le braccia	la gabbia toracica
216	Da cosa è formato il sistema muscolare?	da tutti gli organi	dall'insieme dei muscoli	dagli arti inferiori	dall'insieme delle ossa
217	La gabbia toracica è formata dalle:	braccia	gambe	unghie	coste
218	I muscoli volontari del corpo umano, sono quei muscoli che si:	contraggono sotto il controllo della nostra volontà	trovano all'interno dell'apparato digerente	contraggono solo quando sorridiamo	trovano solo nel cranio

N.	Domanda	A	B	C	D
219	I muscoli involontari del corpo umano, sono quei muscoli che:	costituiscono il sistema nervoso	si trovano solo lungo la colonna vertebrale	sono costantemente controllati dalla nostra volontà	non sono controllati dalla nostra volontà
220	Come si chiamano i muscoli che non sono controllati dalla nostra volontà?	genuini	involontari	volontari	tipici
221	Quale tra queste è una funzione importante dei muscoli:	permettere al cervello di ragionare	mantenere in posizione le ossa e, sostenere lo scheletro	produrre melatonina	nessuna delle altre risposte è corretta
222	Come si chiamano i muscoli che si contraggono sotto il controllo della nostra volontà?	volontari	tipici	involontari	unici
223	Quale tra questi è una funzione dei muscoli:	permettere solo il movimento delle gambe	non consentire il funzionamento degli organi interni	permettere solo il movimento delle braccia	permettere i movimenti di singole parti del corpo o di tutto il corpo nel suo insieme
224	La pedologia è la scienza che studia:	i suoli	i mari	le radici degli alberi	i piedi
225	Quale disciplina studia i suoli?	psicologia	mineralogia	podologia	pedologia
226	Cosa rappresenta il suolo?	la parte più superficiale del terreno	nessuna delle altre risposte è corretta	il cratere di un vulcano	la parte più superficiale della pelle
227	Che cos'è la permeabilità di un suolo?	una proprietà fisica del suolo	una proprietà delle montagne	il colore dell'humus	un nome particolare di un suolo sabbioso
228	In base alla tessitura, i suoli vengono distinti in:	sabbiosi,limosi e argillosi	carbonatici e umiferi	silice e carbonatici	umiferi e permeabili
229	La tessitura di un terreno influenza:	la coesione	l'humus	l'acidità	la permeabilità
230	L'humus migliora la qualità di un terreno...	impedendo lo sgretolamento della roccia	facendo scorrere l'acqua e i suoi minerali	trattenendo l'acqua e i Sali minerali	aumentando la coesione
231	Quanti sono i punti cardinali?	5	4	3	6
232	Quali sono i punti cardinali?	equatore e azimut	solo nord e sud	sud-nord-est-ovest	meridiani e paralleli
233	Quale scienza studia la struttura e la storia della Terra per spiegare i processi che vi avvengono ancora oggi?	la geologia	l'ingegneria	la chimica	la paleontologia
234	Come vengono chiamati i resti di antichi organismi?	fossili	gallerie	piste	orme
235	Ad oggi sulla Terra quale tipo di uomo esiste?	l'homo sapiens	l'homo habilis	l'homo erectus	l'australopithecus africanus
236	Che cosa sono le glaciazioni?	periodi soleggiati	periodi caldi	periodi freddi	periodi tropicali
237	Le Ere geologiche sono suddivise in:	millenni,secoli,anni	mesi, giorni,settimane	periodi,epoche,età	età,mesi,giorni
238	Nel Paleozoico la Pangea era...	un unico continente	un'unica vita	la suddivisione dei continenti simile all'attuale	un unico oceano
239	A cosa servono i punti cardinali?	per orientarsi	per studiare la luna	per studiare Marte	per cercare cibo
240	Che cos'è la bussola?	uno strumento capace di osservare il sole	uno strumento di orientamento	uno strumento capace di misurare la temperatura	uno strumento utilizzato per ingrandire gli oggetti
241	Quale corrente di pensiero sosteneva che il mondo dei viventi,in seguito alla creazione divina,non è stato mai soggetto ad alcun cambiamento?	il surrealismo	l'idealismo	il creazionismo	il catastrofismo
242	Che cosa sono le ossa?	nessuna delle altre risposte è corretta	organi duri di uguale dimensione,collegati fra loro a formare lo scheletro	organi duri,resistenti ed elastici, di forme e dimensioni diverse, collegati fra loro a formare lo scheletro	organi molli collegati fra loro a formare la muscolatura
243	Che cosa studia l'astronomia?	le leggi che regolano l'Universo e le proprietà dei corpi celesti nello spazio	le leggi applicate dai giudici	le leggi che regolano e studiano i processi geologici	le leggi che studiano il corpo umano
244	Cosa affermava il modello geocentrico?	che Mercurio fosse al centro dell'Universo	che il Sole fosse al centro dell'Universo	che le Stelle fossero al centro dell'Universo	che la Terra fosse al centro dell'Universo
245	Cosa affermava il modello eliocentrico?	che Saturno fosse al centro dell'universo	che il Sole fosse al centro dell'Universo	che Venere fosse al centro dell'Universo	che la Terra fosse al centro dell'Universo
246	Quante leggi di Keplero si conoscono?	3	2	10	8
247	Chi elaborò il concetto di forza di gravità?	Copernico	Keplero	Galileo	Newton

N.	Domanda	A	B	C	D
248	Le caratteristiche più evidenti sulla superficie del Sole sono delle macchie scure, chiamate:	orbite	macchie solari	stelle	macchie lunari
249	Qual è il pianeta più vicino al Sole ed il più piccolo del sistema solare?	Urano	Mercurio	Saturno	Venere
250	La Terra può essere paragonata ad una sfera, che ruota attorno a una retta immaginaria chiamata:	asse di rotazione lunare	asse di rotolamento terrestre	asse di rotazione terrestre	asse di traslazione terrestre
251	Che cosa costituisce l'intreccio dei paralleli e dei meridiani?	il reticolo geografico	il moto di rotazione	il piano equatoriale	il reticolo geologico
252	Quanto dura una giornata?	48 ore	12 ore	36 ore	24 ore
253	Equinozio deriva dal latino aequus,"uguale", e noctum "notte" e significa:	notte uguale al giorno	giorno uguale alla notte	mezzogiorno uguale a mezzanotte	mattina uguale alla sera
254	Esiste l'equinozio di primavera?	no	si	no, esiste solo l'equinozio d'autunno	si, ma si chiama solstizio di primavera
255	La Luna crescente si ha quando:	la porzione illuminata visibile dalla Terra aumenta gradualmente	la parte visibile della Luna diminuisce gradualmente	il sole rimane immobile	la Luna compie un moto di rotazione di 860 gradi
256	La Luna calante si ha quando:	la porzione illuminata visibile dalla Terra aumenta gradualmente	la Luna compie un moto di rotazione di 860 gradi	la parte visibile della Luna diminuisce gradualmente	il sole rimane immobile
257	L'eclissi può interessare:	solo il sole	nessuno dei due pianeti	il sole e la luna	solo la luna
258	L'eclissi può essere:	totale o parziale	solo totale	rigida e flessibile	solo parziale
259	Che cos'è una galassia?	un raggruppamento di elementi chimici	un pianeta ricco di acqua	un raggruppamento di buchi neri	un raggruppamento di stelle ,polveri, gas , pianeti e altri corpi minori, come comete e asteroidi
260	Che cos'è l'equatore?	è la semicirconferenza delle Luna	è la circonferenza massima della Terra	è la circonferenza minima della Terra	è la circonferenza massima del sole
261	Qual è il pianeta più grande del sistema Solare?	Marte	Saturno	Giove	Venere
262	Il big bang è l'evento che si pensa abbia dato origine:	all'Universo	a Marte	al Sole	all'uomo
263	Come viene comunemente chiamato un deposito eolico di sabbia a forma di cumulo o cordone?	alveo	delta	duna	dolina
264	Che cosa sono le maree?	nessuna delle altre risposte è corretta	variazioni periodiche del livello degli Oceani	variazioni periodiche della Temperatura	abbassamenti delle Montagne
265	Che cosa sono i monsoni?	mari	laghi	stelle	venti
266	Quali sono le principali precipitazioni atmosferiche?	pioggia, neve e grandine	brina, nubi e nebbia	cirri, nubi e strati	nubi alte e medie
267	La pioggia è una delle tre principali precipitazioni atmosferiche, essa è formata:	da minuscoli cristalli esagonali di ghiaccio	da fiocchi	da masse arrotondate di ghiaccio	da gocce d'acqua che hanno un diametro compreso tra 0,5 e 5 mm
268	La neve è una delle tre principali precipitazioni atmosferiche, essa è formata:	da masse arrotondate di ghiaccio	da masse rettangolari di ghiaccio	da gocce d'acqua che hanno un diametro compreso tra 5 mm e 10 mm	da minuscoli cristalli esagonali di ghiaccio che si aggregano a formare i fiocchi
269	La grandine è una delle tre principali precipitazioni atmosferiche essa è costituita:	da minuscoli cristalli esagonali di ghiaccio che si aggregano a formare i fiocchi	da masse arrotondate di ghiaccio	nessuna delle altre risposte è corretta	da gocce d'acqua che hanno un diametro compreso tra 5 mm e 10 mm
270	Come si chiamano i flussi di aria diretti da zone di alta pressione verso zone di bassa pressione?	nubi	cumuli	cirri	venti
271	Qual è la più nota classificazione dei climi?	la classificazione climatica di Copernico	la classificazione climatica di Koppen	La classificazione climatica di Newton	la classificazione climatica di Keplero
272	I climi caratterizzati da una temperatura media annua maggiore di 15°C, scarse precipitazioni e costante carenza d'acqua,sono detti:	nivali	temperati freddi	tropicali umidi	aridi

N.	Domanda	A	B	C	D
273	I climi caratterizzati da assenza della stagione estiva e temperature media del mese più caldo inferiore a 10° sono chiamati:	nivali	aridi	tropicali umidi	temperati freddi
274	Che cosa sono i venti?	flussi di neve	flussi di pioggia	flussi di grandine	flussi di aria
275	Come si chiamano piccole e violente tempeste di vento con caratteristica forma ad imbuto?	trombe d'aria	nessuna delle altre risposte è corretta	batterie d'aria	chitarre d'aria
276	Quale dei seguenti è il secondo componente più abbondante nella composizione dell'aria?	alluminio	ferro	azoto	uranio
277	Gli oceanografi distinguono tre strati: una zona superficiale, una zona di transizione e una zona profonda. Generalmente qual è quella più calda?	la zona profonda	la zona di transizione	la zona superficiale	nessuna delle altre risposte è corretta
278	Gli oceanografi distinguono tre strati: una zona superficiale, una zona di transizione e una zona profonda. Generalmente qual è quella più fredda?	la zona profonda	nessuna delle altre risposte è corretta	la zona superficiale	la zona di transizione
279	Perché generalmente le acque superficiali del mare sono più calde?	perché sono quelle più ricche di pesci	perché sono quelle colpite dalla radiazione solare	perché sono quelle più blu	perché sono quelle più verde
280	I valori maggiori della portata di un corso d'acqua sono denominate:	piene	regimi	magre	affluenti
281	I valori minori della portata di un corso d'acqua sono denominate:	delta	piene	magre	estuari
282	Le falde acquifere sono le principali fonte di acqua dolce. Questa risorsa viene sfruttata mediante la costruzione di:	sedie	miniere	pozzi	muri
283	Da dove fuoriesce il magma?	dai pozzi	dai vulcani	dalle cave	dalle miniere
284	Il magma che fuoriesce in superficie da un vulcano viene chiamato:	pioggia	lava	polvere	grandine
285	Quale tra queste è una roccia:	humus	granito	sabbia	argilla
286	Quale tra le seguenti è una roccia:	argilla	humus	marmo	sabbia
287	Quali rocce derivano dalla solidificazione di una colata di lava?	terra	humus	sabbia	rocce magmatiche effusive
288	Come si chiamano i movimenti di versante di ammassi rocciosi o accumuli di detrito?	frane	nessuna delle altre risposte è corretta	snap	terremoto
289	Le frane sono:	degli agrumi siciliani	dei movimenti di versante di ammassi rocciosi e accumuli di detrito	movimenti solari	movimenti della luna
290	Le regioni aride in cui le precipitazioni sono molto scarse vengono chiamati:	deserti	ghiacciai	polo nord	polo sud
291	Quali tra queste è un materiale duro?	talco	gesso	vetro	grafite
292	La bilancia è uno strumento che permette di misurare:	le velocità	il tempo	la massa	l'energia
293	Quale strumento permette di misurare la massa?	cronometro	bilancia	orologio	termometro
294	Quale strumento permette di misurare il tempo?	il metro	il termometro	la bilancia	l'orologio
295	Il joule è l'unità di misura:	della massa	dell'energia	del tempo	del peso
296	Come si misura l'energia?	in gradi	in secondi	in chilogrammi	in joule
297	Quale tra questi NON è uno strumento adatto a misurare intervalli di tempo?	un barometro	un orologio	un cronometro	una clessidra
298	Nel forno in cucina sta cuocendo un arrosto;quale tra le seguenti NON è una grandezza fisica?	la temperatura del forno	il tempo di cottura dell'arrosto	il sapore dell'arrosto	la lunghezza della teglia
299	Che cos'è il ferro in chimica?	un gas	un gas nobile	un metallo	un miscuglio
300	Come viene anche chiamata la legge di conservazione della massa?	legge lunare	legge di Lavoisier	primo principio della dinamica	legge solare
301	Gli atomi sono:	piccoli fiocchi di neve	piccolissime particelle invisibili e indistruttibili	piccole particelle di gocce d'acqua	particelle di sangue
302	Quale delle seguenti affermazioni è corretta:	il tempo si misura in metri	la temperatura viene misurata per mezzo delle bilancia	gli atomi sono piccolissime particelle invisibili e indistruttibili	la massa di un corpo viene misurata tramite un termometro

N.	Domanda	A	B	C	D
303	L'orologio è uno strumento in grado di misurare:	la massa	il tempo	la temperatura	la lunghezza
304	La pioggia, la neve e la grandine sono:	pianeti	stelle	precipitazioni meteoriche	precipitazioni di meteoriti
305	Quale modello affermava che la Terra fosse al centro dell'Universo?	il modello Durban	il modello eliocentrico	il modello ferrari	il modello geocentrico
306	Sud-nord-ovest-est, sono i 4 punti:	regionali	provinciali	locali	cardinali
307	Quale concetto introdusse Darwin?	il concetto della selezione naturale	il concetto di gravità	il concetto di Luna	il concetto di Sole
308	Individua l'affermazione errata:	i punti cardinali sono 4	i punti cardinali sono sud- nord-ovest-est	i punti cardinali sono 8	il tempo è una grandezza fisica
309	Individua l'affermazione corretta:	il cuore non è un organo	i reni e la vescica non sono organi	i venti sono flussi di aria	i monsoni sono delle pianure
310	Quale tra questi è un elemento che caratterizza il moto di un corpo?	densità	velocità	volume	temperatura
311	Quale tra questi è un elemento che caratterizza il moto di un corpo?	densità	spazio	temperatura	volume
312	Quale tra questi è un elemento che caratterizza il moto di un corpo?	tempo	temperatura	densità	volume
313	Come si chiama il rapporto tra lo spazio percorso e il tempo impiegato?	temperatura	velocità	volume	densità
314	Un moto si dice rettilineo se la sua traiettoria è una linea:	retta	parabolica	curva	iperbolica
315	Un moto si dice curvilineo se la sua traiettoria è una linea:	parabolica	curva	retta	ellissoide
316	Individua l'affermazione errata:	la velocità di un corpo è data dal rapporto tra lo spazio percorso e il tempo impiegato	il tempo è un elemento che caratterizza il moto di un corpo	un moto è rettilineo se la sua traiettoria è una linea retta	la densità è un elemento che caratterizza il moto di un corpo
317	Individua l'affermazione corretta:	la densità caratterizza il moto di un corpo	un moto è curvilineo quando la sua traiettoria è una linea curva	il tempo si misura in chilogrammi	la velocità è data dal rapporto tra la temperatura e la densità di un corpo
318	La velocità di un moto è data da rapporto tra:	il volume e la temperatura	la temperatura massima raggiunta e il tempo impiegato	spazio percorso e tempo impiegato	l'accelerazione e la densità di un corpo
319	L'accelerazione di gravità è pari :	9,8 mq	78 mq	11mq	35 mq
320	Come viene chiamata una forza che si oppone al movimento?	gravità	attrito	nessuna delle altre risposte è corretta	spazio
321	L'attrito è una forza che si oppone al:	alla massa	al tempo	alla temperatura	movimento
322	In fisica esiste solo il moto rettilineo uniforme?	no	nessuna delle altre risposte è corretta	si	si, solo questo moto è stato scoperto
323	Quando i corpi sono in movimento si dice che sono in :	quiete	fermi	dritti	moto
324	Quando i corpi sono fermi si dice che sono in:	moto curvilineo	moto	quiete	moto diretto
325	Un moto si dice che è accelerato quando aumenta la sua :	densità	curva	velocità	traiettoria
326	Un moto si dice che è decelerato quando diminuisce la sua:	densità	mole	direzione	velocità
327	La calamita è un corpo magnetizzato,in grado di attirare oggetti prevalentemente di:	ferro	plastica	legno	carta
328	Se prendiamo due calamite, queste tra di loro possono:	attrarsi sempre	distruggersi	attrarsi o respingersi	respingersi sempre
329	Il polo nord di un magnete attira sempre il polo:	sud di un altro magnete	nord di un altro magnete	di un albero	sud di una macchina
330	Una popolazione è un insieme di:	alberi e cespugli appartenenti alla stessa specie	animali e persone	individui della stessa specie in contatto gli uni con gli altri	nessuna delle altre risposte è corretta
331	Che cos'è la materia?	è tutto ciò che occupa uno spazio e ha una sua massa	un insieme di più corpi celesti	un insieme di particelle spaziali	tutto ciò che occupa un posto nelle abitazioni
332	Da cosa è composto il sale da cucina?	cloruro di sodio	ferro e stagno	piombo	uranio
333	Come si chiama la particella elementare che costituisce la materia ?	atomo	polo sud	fiocco	granello
334	Il gas di scarico di un'automobile in quale stato di aggregazione della materia si trova?	nessuna delle altre risposte è corretta	aeriforme	liquido	solido

N.	Domanda	A	B	C	D
335	In ecologia vengono definiti erbivori quegli organismi che si nutrono prevalentemente di:	altri animali	alimenti di origine vegetale	carne	pesce
336	In ecologia vengono definiti carnivori quegli organismi che si nutrono prevalentemente di:	funghi e batteri	carne	alimenti di origine vegetale	pesce
337	Da cosa trae materiali ed energia il corpo umano?	dal vino	dalla birra	dal cibo	dal sole
338	Cosa fornisce il cibo al corpo umano?	energia	stanchezza	spossatezza	sete
339	Come viene chiamata la malattia che porta un' anormale presenza i zuccheri nel sangue di una persona?	onnivoro	stimolo	diabete	obesità
340	Individua l'affermazione errata:	il diabete è una malattia che porta ad una anormale presenza di zucchero nel sangue di una persona	il sale da cucina è composto prevalentemente da uranio	il cibo fornisce energia al corpo	due calamite con poli opposti si attraggono
341	Quale delle seguenti affermazione è corretta?	la popolazione è un insieme di individui della stessa specie in contatto gli uni con gli altri	il sale da cucina è composto da cloruro di sodio	il corpo umano trae energia dalla birra	la più piccola particella della materia è l'atomo
342	Dove si trovano i denti?	nella bocca	negli zigomi	sulla fronte	nel collo
343	La trasformazione del cibo che avviene nel nostro corpo prende il nome di?	glottide	esofago	digestione	bolo
344	La digestione è:	il malessere che provoca il mal di pancia	la trasformazione del cibo che avviene nel nostro corpo	la trasformazione dell'aria che avviene nel nostro corpo	un organo dell'apparato digerente
345	Lo stomaco è:	acido che trasforma il cibo che mangiamo	il cibo mangiato che ha subito una trasformazione	un organo dell'apparato digerente	nessuna delle altre risposte è corretta
346	Quale di questi alimenti è ricco di proteine?	i dolci	la carne	gli zuccheri	la frutta
347	Dove inizia la digestione?	nello stomaco	in bocca	nell'intestino	nel pancreas
348	Lo stomaco ha l'aspetto di un:	sacco	quadrato	triangolo	rombo
349	La cirrosi è una malattia:	dello stomaco	del fegato	dell'intestino	del capo
350	Quanti denti possiede un uomo?	32	60	4	120
351	Come si chiamano le due fasi della respirazione?	sbrinamento e fusione	traspirazione e solidificazione	fusione ed ispirazione	inspirazione ed espirazione
352	L'apparato respiratorio comprende:	le vie respiratorie e i polmoni	lo stomaco	il fegato	l'intestino
353	Individua l'affermazione errata:	la cirrosi è una malattia del fegato	le due fasi della respirazione sono inspirazione ed espirazione	la digestione inizia nell'intestino crasso	la carne è un alimento ricco di proteine
354	Come si chiama la cellula riproduttiva maschile?	nessuna delle altre risposte è corretta	globulo	spermatozoo	gamete
355	La mandibola è un'arcata ossea:	rotonda	fissa	mobile	quadrata
356	Dove si trovano le papille del gusto?	sulle labbra	sulla lingua	sui denti	nella laringe
357	Cosa troviamo sulla lingua?	le pupille degli occhi	nessuna delle altre risposte è corretta	le ciglia	le papille del gusto
358	La bocca è delimitata verso l'esterno:	dalle papille gustative	dalla faringe	dalle labbra	dai denti
359	Gli spermatozoi sono gli organi riproduttivi dell'apparato:	femminili del gatto	femminili del cane	maschile	femminile
360	La lingua è un apparato muscolare:	mobile	rigido	semi rigido	fisso
361	Dove si trovano le ghiandole salivari nel corpo umano?	nel cuore	nel fegato	nella vescica	nella bocca
362	Il cibo dopo la masticazione viene:	spinto nella parte posteriore della bocca	espulso	spinto verso le orecchie	spinto verso il naso
363	Quanto è lungo complessivamente l'intestino del corpo umano?	circa 20 metri	circa 9 metri	nessuna delle altre risposte è corretta	circa 100 metri
364	Dove si trova situato il fegato nel corpo umano?	nell'addome	lungo gli arti superiori	nel capo	lungo gli arti inferiore
365	Durante la digestione quale ghiandola produce la bile?	il fegato	i polmoni	il cuore e i vasi sanguigni	la vescica
366	Da chi viene sminuzzato il cibo nella bocca?	dalla bile	dai denti	dalla ghiandole salivari	dalla lingua
367	A che età cadono i denti da latte?	intorno ai 5-6 anni	non cadono mai	intorno ai 10-11 anni	introno ai 18-19 anni

N.	Domanda	A	B	C	D
368	Cosa producono le ghiandole salivari?	succo pancreatico	bile	succo gastrico	saliva
369	Il succo pancreatico viene secreto dal:	guance	denti	pancreas	lingua
370	Le feci vengono espulse attraverso:	il pancreas	lo stomaco	il fegato	l'ano
371	Da cosa sono rivestite le pareti dello stomaco?	da carta	da mucosa gastrica	da plastica	da mucosa vegetale
372	Il corpo umano produce delle sostanze di scarto che devono essere eliminate dall'organismo;attraverso l'intestino si eliminano:	acqua	i rifiuti solidi della digestione	anidride carbonica	il sudore
373	Il corpo umano produce delle sostanze di scarto che devono essere eliminate dall'organismo;attraverso i reni si eliminano:	acqua e rifiuti dell'attività cellulare	i rifiuti solidi della digestione	anidride carbonica	il sudore
374	Il corpo umano produce delle sostanze di scarto che devono essere eliminate dall'organismo;attraverso i polmoni si eliminano:	acqua e rifiuti dell'attività cellulare	anidride carbonica e vapore acqueo	nessuna delle altre risposte è corretta	i rifiuti solidi della digestione
375	Da dove viene espulso il sudore?	dagli occhi	dalla pelle	dal naso	dalle labbra
376	Cosa sono i reni?	batteri	organi	funghi	sostanze nocive
377	Che forma hanno i reni?	esagonale	di fagiolo	quadratica	rettangolare
378	Che funzione svolgono i reni?	hanno la funzione di sminuzzare il cibo	hanno la funzione di depurare il sangue dalle sostanze nocive	hanno la funzione di produrre saliva	nessuna delle altre risposte è corretta
379	Il sistema nervoso del corpo umano è costituito da:sistema nervoso centrale e sistema nervoso...	febbrile	intollerante	canino	periferico
380	Da cosa è composto il sistema nervoso centrale?	dal cervello e midollo spinale	dalla bocca e dai denti	dalle dita e dalle mani	dalle gambe e dalle braccia
381	Come si chiamano le cellule nervose del cervello?	ormoni	pillole	neuroni	fiocchi
382	Che cosa sono le meningi?	un particolare delle mani	articoli scientifici	membrane di tessuto connettivo	dei venti provenienti dal nord
383	Il sistema nervoso autonomo è responsabile delle risposte:	involontarie	ambientali	sociali	politiche
384	Quale sistema del corpo umano ha la funzione di ricevere, elaborare e trasmettere gli stimoli che provengono dal mondo esterno e dal nostro organismo?	l'apparato respiratorio	il sistema molecolare	l'apparato circolatorio	il sistema nervoso
385	In quale parte del corpo troviamo il cervelletto?	nel capo	nell'addome	nel tronco	nel collo
386	Quale tra le seguenti è una delle funzioni del sistema nervoso?	nessuna delle altre risposte è corretta	ricevere stimoli ed elaborare risposte	produrre saliva	espellere le sostanze nocive dal corpo umano
387	Quale tra le seguenti è una delle funzioni del sistema nervoso?	espellere le sostanze nocive dal corpo umano	produrre saliva	sminuzzare il cibo	memorizzare informazioni
388	Quale tra le seguenti è una delle funzioni del sistema nervoso?	elaborare ragionamenti	mantenere i muscoli	sminuzzare il cibo	espellere le sostanze nocive dal corpo umano
389	Il cervello è diviso in due parti da un solco, che si chiamano rispettivamente:	emisfero destro ed emisfero sinistro	punto nord e punto sud	parte lombale e parte cranica	emisfero boreale ed emisfero australe
390	Quale funzione svolge la memoria?	di espellere l'urina	di sminuzzare il cibo	di conservare informazioni	di produrre sudore
391	Dove si trova il midollo spinale?	nell'urina	nella vescica	nel pancreas	lungo la colonna vertebrale
392	Quale tra questi è uno dei cinque sensi?	la rabbia	l'angoscia	l'udito	la paura
393	Quale tra questi è uno dei cinque sensi?	la superbia	la gola	la vista	il sudore
394	Quale tra questi è uno dei cinque sensi?	l'ira	l'accidia	il tatto	la lussuria
395	Quale tra questi è uno dei cinque sensi?	l'olfatto	l'avarizia	l'invidia	la superbia
396	Quale tra questi è uno dei cinque sensi?	la lussuria	il gusto	la gola	l'accidia
397	La vista è uno dei cinque sensi, serve per:	sentire con le orecchie	vedere con gli occhi	toccare con le mani	odorare con il naso

N.	Domanda	A	B	C	D
398	L'udito è uno dei cinque sensi, serve per :	vedere con gli occhi	toccare con le mani	gustare i cibi con la lingua	sentire con le orecchie
399	L'olfatto è uno dei cinque sensi, serve per:	sentire con le orecchie	odorare con il naso	vedere con gli occhi	gustare i cibi con la lingua
400	Il tatto è uno dei cinque sensi, serve per:	gustare i cibi con la lingua	vedere con gli occhi	toccare con le mani	odorare con il naso
401	Il gusto è uno dei cinque sensi, serve per:	odorare con il naso	toccare con le mani	sentire con le orecchie	gustare i cibi con la lingua
402	Individua l'affermazione errata:	il tatto è uno dei cinque sensi	l'udito è uno dei cinque sensi	i sensi sono cinque	il cervello si trova nell'addome
403	Individua l'affermazione corretta:	l'udito non fa parte dei cinque sensi	la memoria svolge la funzione di sminuzzare il cibo	la massa si misura in gradi centigradi	il cervello è diviso in due parti, emisfero destro ed emisfero sinistro
404	Completa la frase. Gli occhi servono per:	toccare	ascoltare	udire	guardare
405	Quale delle seguenti affermazione è corretta?	il neurone è una speciale cellula che trasmette gli impulsi nervosi	l'urina viene espulsa tramite l'ano	il cervello e il cervelletto sono posizionati nell'addome	il fegato produce la pancreatite
406	Quale delle seguenti affermazione è corretta?	lo stomaco ha una forma rettangolare	le papille gustative si trovano nella bile	le popolazioni è un insieme di individui che hanno tutti gli stessi occhi	gli occhi sono due, uno destro e uno sinistro
407	Quale delle seguenti affermazioni NON è corretta?	l'urina viene espulsa tramite l'ano	il fegato è una ghiandola che produce la bile	l'olfatto è uno dei cinque sensi	le orecchie sono due
408	Quale delle seguenti affermazioni NON è corretta?	una delle funzioni del sistema nervoso è elaborare ragionamenti	la velocità è una proprietà fisica	le papille gustative si trovano nella bile	l'udito è uno dei cinque sensi
409	Dove sono situati gli occhi?	nelle cavità oculari	nelle caverne	nei bulbi	all'interno dello stomaco
410	Le palpebre fanno parte:	della lingua	degli occhi	dell'orecchio	del naso
411	Le ciglia fanno parte:	dello stomaco	dell'occhio	delle labbra	delle mani
412	Qual è la funzione delle palpebre?	di produrre impulsi	di proteggere l'occhio dalla luce troppo intensa	di produrre saliva	per truccarsi
413	Qual è la funzione delle ciglia?	di produrre bile	di proteggere l'occhio dalla masticazione	di proteggere l'occhio dalla saliva	di proteggere l'occhio dalla polvere
414	Qual è la funzione delle sopracciglia?	di rendere l'occhio più bello	di permettere agli occhi di vedere meglio	di deviare eventuali gocce di sudore che scivolano dalla fronte	di deviare che i capelli finiscano sull'occhio
415	La pupilla si trova al centro:	della bocca	del naso	della fronte	dell'iride
416	La pupilla grazie ad un sistema di muscoli, a seconda dell'intensità della luce può:	solo all'allargarsi	cambiare colore	allargarsi o restringersi	diventare nera
417	In quale organo troviamo la retina?	nelle orecchie	nell'occhio	nella bocca	nel naso
418	In quale organo troviamo la cornea?	nell'occhio	nello stomaco	nel pancreas	nei denti
419	Il nervo ottico è situato:	nella parte più esterna dell'orecchio	all'estremità della bile	sulla lingua	nella parte posteriore dell'occhio
420	Dove si trova il padiglione auricolare?	nella parte finale dell'intestino	nella parte più esterna dell'orecchio	nella parte più interna dell'orecchio	nell'estremità destra dell'occhio
421	Nella parte più esterna dell'orecchio troviamo:	il naso	i denti	il padiglione auricolare	la lingua
422	Il timpano è una membrana sottile situata:	nel naso	nelle mani	nelle gambe	nell'orecchio
423	Il martello, l'incudine e la staffa sono tre piccoli ossicini situati:	nei denti	nell'orecchio medio	nella pupilla	nella colonna vertebrale
424	L'orecchio oltre ad essere l'organo dell'udito ha la funzione di assicurare:	l'equilibrio del corpo	il daltonismo	la percezione della luce	la deglutizione
425	Dove risiede la percezione del senso del gusto?	nel capo	nella lingua	nel naso	nel labirinto
426	Gli organi riproduttivi maschili e femminili sono presenti sin dalla nascita:	si	no	si, ma solo quelli maschili	no, si sviluppano dopo
427	Gli spermatozoi e gli ormoni sessuali maschili sono prodotti:	dalla vescica	dalle ovaie	dal fegato	dai testicoli
428	I testicoli hanno la funzione di produrre:	saliva	pancreatite	spermatozoi e ormoni sessuali maschili	gas

N.	Domanda	A	B	C	D
429	Il testosterone è un ormone sessuale:	maschile	femminile	dei bambini	delle bambine
430	Grazie a cosa è possibile la creazione di un nuovo essere vivente?	al computer	alla riproduzione	alla tecnologia	ai cellulari
431	L'apparato riproduttore è:	presente solo nell'uomo	diverso tra uomo e donna	uguale tra uomo e donna	presente solo nella donna
432	Come si chiama l'apparato che permette la riproduzione?	l'apparato riproduttivo	l'apparato circolatorio	l'apparato respiratorio	nessuna delle altre risposte è corretta
433	Da cosa è composto l'apparato riproduttivo maschile?	dai testicoli e dal pene	dalle ovaie	solo dai testicoli	solo dal pene
434	Quale organo dell'apparato riproduttivo maschile ha la funzione di trasportare gli spermatozoi nell'apparato riproduttore femminile?	il pene	le ovaia	i testicoli	il nucleo
435	Cosa sono gli spermatozoi?	spirali di metallo	ghiandole	anelli di plastica	cellule microscopiche
436	Gli spermatozoi sono formati:	solo da una testa	da una testa e da due code	solo da una coda	da una testa e da una coda
437	L'apparato riproduttore maschile è visibile dall'esterno?	no, perché è interno	si, ma solo dopo i 40 anni	si	no
438	In che periodo della vita l'uomo inizia a produrre spermatozoi?	dopo i 20 anni	nella pubertà	dalla nascita	dopo i 50 anni
439	L'apparato riproduttore femminile è visibile dall'esterno?	nessuna delle altre risposte è corretta	si	no	si, solo dopo i 20 anni
440	La vagina si trova:	nell'apparato riproduttore maschile	nell'apparato riproduttore femminile	negli apparati riproduttori maschili e femminili	solo nell'apparato riproduttore femminile dopo i 20 anni
441	Nell'apparato riproduttore femminile, le ovaie hanno la funzione di produrre:	gli spermatozoi	il testosterone	gli ovuli	ghiandole pubiche
442	Da cosa vengono prodotti gli ovuli nell'apparato riproduttore femminile?	dai testicoli	da ghiandole mammarie	dalle ovaie	dal testosterone
443	Il ciclo mestruale riguarda:	solo le donne	solo gli uomini	solo le bambine di età compresa tra i 13-14 anni	donne e uomini
444	Durante quale processo può avvenire la fecondazione?	durante il ciclo	durante l'ovulazione	alla fine di ogni mese	durante la deambulazione
445	La mestruazione è una perdita di:	urina	sangue	saliva	liquidi
446	Con la menopausa una donna può ancora avere figli?	nessuna delle altre risposte è corretta	no	si, la donna può avere sempre figli	si
447	Come avviene la fuoriuscita degli spermatozoi?	con la menopausa	con la dismenorrea	con il ciclo mestruale	con l'eiaculazione
448	Cosa permette l'eiaculazione?	la fuoriuscita degli spermatozoi	nessuna delle altre risposte è corretta	la fuoriuscita di acqua	la fuoriuscita di liquido stagionale
449	Quanti mesi dura generalmente una gravidanza nelle donne?	18 mesi	9 mesi	12 mesi	3 mesi
450	Attraverso cosa arriva il nutrimento all'embrione?	con il cordone ombelicale	con una cannuccia	con un cordone mammario	con una clessidra
451	Come viene comunemente chiamata la nascita di un nuovo essere umano?	parto	ciclo	menarca	cordone
452	L'utero è un organo che fa parte dell'apparato riproduttore?	solo maschile	femminile	femminile e maschile	maschile
453	Esistono gravidanze gemellari?	si, ma solo nei Paesi dell'Est	nessuna delle altre risposte è corretta	si	no
454	Il cordone ombelicale durante un gravidanza ha la funzione di:	trasportare urina alla vescica	trasportare il nutrimento all'embrione	rendere la gravidanza meno dolorosa	rendere serena la mamma
455	Dove si trova il menisco?	nella spalla	nei denti	nella mano	nel ginocchio
456	Il ginocchio è:	un insetto	un organo	un'articolazione	un osso fisso
457	Il corpo umano può essere diviso in tre parti:testa,tronco e...	gambe	braccia	collo	arti
458	La faccia è formata da 14 ossa, anch'esse unite fermamente tra loro, con l'eccezione dell'unico osso mobile di tutto il capo che è:	la fronte	le cavità oculari	la mandibola	gli zigomi
459	Lo scheletro del tronco è costituito dalla colonna vertebrale e dalla:	spalla	bacino	addome	gabbia toracica
460	La colonna vertebrale è formata dal canale vertebrale, che contiene e protegge :	l'occhio	il cervelletto	il midollo spinale	il cervello
461	I muscoli sono costituiti da :	fasci di fibre	fasci di plastica	fasci di fiori	fasci di legno

N.	Domanda	A	B	C	D
462	I muscoli scheletrici si trovano :	in corrispondenza delle ginocchia	alla base del collo	attaccati alle ossa del corpo	in corrispondenza del gomito
463	Il muscolo cardiaco è presente solo:	nel cuore e in altri organi interni	solo nel fegato	nel cuore e nel fegato	nel cuore
464	L'apparato respiratorio ha il compito di :	rifornire di ossigeno le cellule ed eliminare l'anidride carbonica	espellere le urine	nessuna delle altre risposte è corretta	eliminare le tossine ripulendo il sangue
465	Le vie aeree comprendono naso, laringe, faringe, trachea e...	denti	braccia	sterno	bronchi
466	Gli alveoli polmonari formano:	lo stomaco	i polmoni	il cervello	il cuore e i vasi sanguigni
467	I reni e le vie urinarie formano:	l'apparato respiratorio	il sistema nervoso	l'apparato riproduttivo	l'apparato escretore
468	I reni sono organi situati:	sulle spalle	nell'addome	sulla schiena	nel tronco
469	Qual è il compito principale dei reni?	di filtrare continuamente il sangue	nessuna delle altre risposte è corretta	di filtrare l'aria che entra nei polmoni	di proteggere l'occhio dalla polvere
470	Ogni rene funziona in modo indipendente dall'altro; si può vivere anche con un rene solo?	no	no, perché i reni funzionano insieme	si, ma solo dopo i 20 anni	si
471	Il boccone di cibo masticato forma una pallina umida e morbida chiamata:	pallottola	bolo	grandine	palla di neve
472	Che cos'è il sistema immunitario?	Nessuna delle altre risposte è corretta	E' un insieme di organi, tessuti e cellule che operano insieme per attaccare l'organismo dagli agenti patogeni	E' un insieme di cellule procariote	E' un insieme di organi, tessuti e cellule che operano insieme per difendere l'organismo dagli agenti patogeni
473	La membrana timpanica è un elemento che si trova:	nella bocca	sulle labbra	nel naso	nell'orecchio
474	Individua l'affermazione corretta:	le ovaia sono organi riproduttivi maschili	i reni sono organi situati nell'addome	il muscolo cardiaco è presente nel cuore e nei polmoni	gli alveoli polmonari formano il cuore
475	Individua l'affermazione corretta:	il ciclo mestruale riguarda uomini donne	lo stomaco è un organo che fa parte dell'apparato riproduttore femminile	il sistema nervoso è tipico delle donne	la membrana timpanica è un elemento situato nell'orecchio
476	Individua l'affermazione corretta:	l'apparato riproduttore maschile è formato dai testicoli e dal pene	gli alveoli polmonari formano il cuore	la bilancia è uno strumento utilizzato per misurare il tempo	il muscolo cardiaco è presente nel cuore e nei polmoni
477	Individua l'affermazione corretta:	la bilancia è uno strumento utilizzato per misurare il tempo	la temperatura si misura in metri quadri	le ovaie sono organi dell'apparato riproduttore femminile	la massa di un corpo viene misurata tramite un termometro
478	Individua l'affermazione corretta:	gli alveoli polmonari formano il cuore	l'embrione viene protetto da una membrana detta placenta	la bilancia è uno strumento utilizzato per misurare il tempo	il muscolo cardiaco è presente nel cuore e nei polmoni
479	La contraccezione è:	l'interruzione della gravidanza	la prevenzione della gravidanza nonostante i rapporti sessuali	una malattia infettiva	il rifiuto dei rapporti sessuali
480	Per prevenire l'AIDS bisogna:	non avvicinarsi alle persone malata di AIDS	avere rapporti sessuali non protetti	non avere mai rapporti sessuali	usare il preservativo
481	Dai processi di raffreddamento e solidificazione del magma derivano le rocce:	rosse	magmatiche	gialle	sedimentarie
482	Le rocce intrusive si formano:	sulla luna	nel mare	sulle stelle	in profondità
483	Lo Stromboli è:	una pianura	un vulcano	una montagna	un fiume
484	Che cosa sono i vulcani?	spaccature della crosta terrestre dalla quale fuoriesce il magma	stelle polari	calotte glaciali	una tipologia particolare di pianeta
485	Dove si raccoglie il magma?	nei fiumi	nella camera magmatica	nella camera ecologica	nei laghi
486	Esistono i vulcani sottomarini?	no, esistono solo vulcani continentali	no	si	si, ma solo in Islanda
487	Le eruzioni vulcaniche possono essere:	solo notturne	solo effusive	effusive ed intrusive	solo intrusive

N.	Domanda	A	B	C	D
488	Quando un vulcano viene detto spento?	quando da segnali di attività	quando alterna periodi di attività e periodi di inattività	quando non da più alcun segnale di attività	nessuna della altre risposte è corretta
489	Che cosa sono i terremoti?	movimenti improvvisi del terreno che si manifestano con una scossa	montagne dell'America	movimenti improvvisi del sole	nessuna della altre risposte è corretta
490	Il punto interno alla Terra dove si produce il terremoto e hanno origine le onde sismiche si chiama:	ipocentro	epicentro	scossa	magma
491	L'ipocentro è:	Il punto interno alla Terra dove si produce il terremoto e hanno origine le onde sismiche	un movimento improvviso del terreno che si manifesta con una scossa	nessuna della altre risposte è corretta	un'apertura a forma di imbuto da cui fuoriesce il magma dopo essere risalito attraverso il camino
492	Le onde sismiche sono generate dal:	mare	magma	terremoto	sole
493	La scala Mercalli misura:	l'intensità di un terremoto	la velocità nello spazio	la lunghezza di un fiume	la grandezza di un pianeta
494	Un maremoto, o tsunami consiste in onde improvvise e anomale provocate da terremoti che avvengono:	sui fondali marini	sul sole	sulle montagne	sulle pianure
495	Quando si verifica un terremoto:	la scossa è tanto più forte quanto più si è vicini all'epicentro	le onde sismiche si avvertono solo nell'epicentro	le onde sismiche non si avvertono mai	la scossa è tanto più forte quanto più si è lontani dall'epicentro
496	Individua l'affermazione errata:	lo Stromboli è un vulcano	un vulcano è spento quando è definitivamente cessata ogni sua attività	il magma si raccoglie nella camera magmatica	la scala Mercalli misura la lunghezza dei fiumi
497	Quale delle seguenti affermazioni è corretta?	l'Etna è una pianura	la scala Mercalli misura l'intensità luminosa del sole	le onde sismiche sono generate dalla luna	un maremoto consiste in onde anomale e improvvise provocate da terremoti che avvengono sui fondali marini
498	Che cosa sono i sismografi?	strumenti che misurano l'intensità del vento	strumenti che misurano la pressione arteriosa	strumenti che registrano le oscillazioni del suolo dovute al terremoto	tipici prelievi di sangue
499	Come vengono comunemente chiamati gli strumenti in grado di registrare le oscillazioni del suolo dovute ai terremoti?	bilancia	berette	sismografi	clessidra
500	Le glaciazioni sono eventi:	giornalieri	settimanali	ciclici	mensili
501	Le dune sono formate da detriti trasportati da:	acqua	pioggia	vento	forza di gravità
502	Che cos'è una calamita?	un corpo in grado di generare luce nello spazio circostante	un corpo in grado di generare un campo magnetico nello spazio circostante	un corpo che vive su Marte	un fiume dell'Indonesia
503	Che cos'è il Sole?	un fiume	una stella	un mare	un oceano
504	Che cos'è Marte?	un fiume	un'era glaciale	un'epoca geologica	un pianeta del sistema solare
505	Che cos'è Venere?	una pianta del sistema solare	un'era dell'Olocene	un pianeta del sistema solare	un mare
506	Quali tra le seguenti caratteristiche di una persona si può misurare scientificamente?	il peso	la bellezza	la rabbia	la simpatia
507	Quale tra queste azioni è poco scientifica?	osservare le cose che ci circondano	in caso di incertezza, tirare a indovinare	effettuare esperimenti	formulare ipotesi
508	Inserisci la parola mancante. Nel loro lavoro i ricercatori applicano quotidianamente il scientifico (o sperimentale)	tiro	metodo	pagamento	computer
509	Quale scienza studia la crosta terrestre?	la geologia	la paleontologia	le dermatologia	la medicina
510	La potabilizzazione è il trattamento che rende l'acqua:	rossa	verde	potabile	gialla
511	Le falde freatiche sono:	acque osmotiche	acque lunari	acque rosse	acque sotterranee

N.	Domanda	A	B	C	D
512	Le forme strane e spettacolari delle cime di alcune montagne sono modellate continuamente per l'azione di diversi fenomeni. Quale tra i seguenti fenomeni NON contribuisce a modificare l'aspetto delle montagne?	Marea	Vento	Pioggia	Neve
513	Dal petrolio si ricavano molti prodotti che usiamo nella vita quotidiana. Quale tra i seguenti oggetti è ricavato dal petrolio?	Un piatto di plastica	Una scatola di cartone	Una maglietta di cotone	Un cucchiaio di legno
514	Nelle nostre case l'acqua può essere presente allo stato solido, liquido o di vapore. Mettendo nel congelatore una bottiglia contenente acqua, quale passaggio di stato avviene?	Liquefazione	Solidificazione	Fusione	Evaporazione
515	Attraverso la digestione gli alimenti si trasformano in sostanze utilizzabili dall'organismo. Nell'uomo questo importante compito è svolto dall'apparato digerente che è composto da un tubo digerente e da alcune ghiandole. Dove si completa la digestione?	Nella bocca	Nel fegato	Nell'intestino	nello stomaco
516	Nei ragazzi le ossa del corpo sono ancora in fase di crescita, come il corpo che si sta allungando e irrobustendo. Quale tra le seguenti regole di comportamento favorisce una buona crescita dello scheletro?	Stare molto tempo sdraiati	Mangiare cibi ricchi di calcio	Stare al sole il meno possibile	Sollevare oggetti molto pesanti
517	Leggi con attenzione il seguente elenco di animali marini: gambero, pesce spada, tonno, merluzzo, delfino, balena. Quale caratteristica hanno in comune?	mammiferi	nuotatori	pesci	predatori
518	Che cosa hanno in comune le strisce delle zebre, le macchie del leopardo e i colori del camaleonte? Sono caratteristiche utili per...	mantenere fresco il corpo	mimetizzarsi nell'ambiente	vivere nei climi temperati	vivere in climi freddi
519	Per respirare in ambienti diversi alcuni animali usano le branchie, altri usano i polmoni. Quale tra i seguenti animali respira per mezzo di branchie?	Foca	Aquila	Trota	Lucertola
520	Piove. L'acqua cade sui campi e filtra nel terreno fino a incontrare uno strato impermeabile. Quale materiale costituisce lo strato impermeabile?	Sassi di varie forme e dimensioni	Terreno adatto alle coltivazioni agricole	Sabbia e rocce di piccole dimensioni	Argille o strati di roccia dura e compatta
521	Il sale marino è utile all'uomo in molte occasioni. Quale tra le seguenti azioni NON viene svolta dal sale marino?	Dare sapore e gusto agli alimenti	Impedire la formazione di ghiaccio sulle strade	Conservare a lungo gli alimenti	Rendere più morbida la pelle del corpo
522	In caso di terremoto quale comportamento è opportuno tenere a scuola?	Ripararsi sotto le mensole	Fare la cartella e scappare	Dare la mano ai propri amici	Ripararsi sotto un banco
523	Quanti minuti ci sono in 2 ore?	60	24	12	120
524	Respirare è necessario per vivere. Infatti tu respiri...	quando dormi per recuperare energie durante il sonno	sott'acqua, ma tenendo la bocca ben chiusa	in ogni momento per fornire ossigeno a tutto il corpo	in ogni momento per rinfrescare la gola e i polmoni
525	In una calda giornata d'estate ti senti più fresco/a se indossi vestiti di colore chiaro, perché?	Riflettono di più i raggi del sole	Sono più leggeri di quelli scuri	Assorbono di più i raggi del sole	Lasciano passare più aria di quelli scuri
526	Durante l'intervallo hai bevuto una bibita. Devi eliminare la lattina vuota. Che cosa fai?	La butti nel contenitore per il riciclo della plastica	La butti nel contenitore per il riciclo dell'alluminio	La butti nel cestino della carta	La butti nel cestino dell'umido
527	Gli uccelli possiedono caratteristiche che li rendono adatti al volo. Quale tra le caratteristiche degli uccelli elencate di seguito NON è necessaria per volare?	Ali con penne di diverso tipo	Muscoli pettorali potenti	Becchi molto robusti	Ossa cave e leggere
528	I vegetali sono detti "produttori" perché sono in grado di produrre...	erba come cibo per gli animali	sostanze utili a tutti i viventi	fiori che attirano gli insetti	frutti come cibo per gli uomini

N.	Domanda	A	B	C	D
529	In una vaschetta piena di acqua molto calda vengono immersi completamente i seguenti oggetti: una cannuccia di plastica; una matita colorata; una forchetta di metallo; un cucchiaio di legno. Dopo quattro minuti si tolgono gli oggetti dall'acqua e si toccano. Quali fra le seguenti affermazioni è vera?	Gli oggetti sono tutti ugualmente caldi	La matita e il cucchiaio sono più caldi	La forchetta è più calda	La forchetta e la cannuccia sono più fredde
530	In quale tra le seguenti situazioni NON si utilizza energia elettrica?	Un bambino gioca con una macchina telecomandata	Una ragazza ascolta musica da un registratore durante una gita	Un ragazzo pedala in bicicletta nell'ora di pranzo	Un uomo ascolta la radio durante un viaggio in auto
531	Maria sta facendo i compiti con la lampada da tavolo accesa. La lampadina consuma energia elettrica. Che cosa produce?	A volte calore, a volte energia luminosa	Sia calore, sia energia luminosa	Soltanto calore	Soltanto energia luminosa
532	Quale fra i seguenti oggetti però NON si può costruire usando il legno?	Un tavolo	Un armadio	Una lampadina	Un libro
533	Il taglio degli alberi effettuato senza controllo rappresenta una seria minaccia per il suolo perché...	le radici non impediscono più al terreno di franare	si modifica l'aspetto piacevole del paesaggio	gli uccelli non ritrovano più i loro nidi	nel bosco non crescono più funghi e frutti
534	Che cosa rende salata l'acqua del mare?	Le acque dei fiumi che si gettano nel mare	Le alghe che crescono nel mare	Le piogge che cadono nel mare	I sali minerali che sono sciolti nel mare
535	I sali minerali che sono sciolti nel mare, rendono l'acqua:	dolce	azzurra	bianca	salata
536	Quale tra i seguenti elementi di un paesaggio marino è stato costruito dall'uomo?	La spiaggia	La scogliera	Le conchiglie	Il molo del porto
537	Nel mese di marzo che cambiamenti possiamo osservare nell'ambiente che ci circonda rispetto ai mesi precedenti?	Le ore di luce aumentano	La temperatura diminuisce	Gli alberi perdono le foglie	Le rondini lasciano i loro nidi
538	Lungo le rive del mare o dei fiumi si possono osservare i ciottoli, cioè sassi lisci e tondeggianti. Per quale ragione hanno assunto questa forma?	Per gli urti durante i movimenti dell'acqua	Per l'azione del sole e della pioggia	Si sono formati così	Sono stati levigati dal vento
539	Quale delle seguenti affermazioni NON descrive i luoghi e le attività che avvengono in una fattoria?	L'officina meccanica offre riparo e assistenza alle automobili guaste	L'aia è un grande cortile in cui si svolgono molte attività dei contadini	I fienili vengono utilizzati come magazzini del fieno per l'inverno	Le stalle offrono riparo al bestiame di notte e nelle stagioni fredde
540	Quale o quali di questi animali si possono definire "invertebrati"?	Solo le lumache	Solo l'airone	L'airone e le rane	Solo le rane
541	Quale tra gli animali elencati è un mammifero?	La vespa	La rondine	Il delfino	La trota
542	Nella bocca degli animali carnivori sono presenti alcuni denti caratteristici: i canini o zanne. A che cosa servono questi denti?	A spappolare i pezzi di carne	A tagliare la carne in pezzettini	A tritare le fibre della carne	A strappare i pezzi di carne
543	Il delfino è:	un bipedi	un erbivoro	un mammifero	un quadrupede
544	Con quale strumento si possono vedere le stelle lontanissime?	Binocolo	Telescopio	Caleidoscopio	Microscopio
545	Il telescopio è uno strumento in grado di:	far vedere oggetti lontanissimi	di far vedere oggetti vicinissimi	di misurare la massa	di misurare la temperatura
546	In quale ordine si succedono i diversi stati della materia quando viene riscaldato un pezzo di ghiaccio?	Liquido, solido, gassoso	Solido, gassoso, liquido	Solido, liquido, gassoso	Liquido, gassoso, solido
547	Perché il mercurio sale nel tubicino del termometro?	Il termometro viene scosso dal basso verso l'alto	Il termometro viene scosso dall'alto verso il basso	Il mercurio si riscalda e subisce una dilatazione	Il mercurio si riscalda e subisce una contrazione
548	Dove si producono i derivati dal latte?	Nei caseifici	Negli zuccherifici	Nei salumifici	Nei pastifici
549	Cosa accade ad un cubetto di ghiaccio messo in un bicchiere di aranciata e lasciato per mezz'ora al sole?	Si trasforma in vapore	Si trasforma in acqua	Nessuna delle altre risposte è corretta	Si divide in pezzetti
550	Come si possono prevenire le carie?	Mangiando a orari prestabiliti	Mangiando molte verdure	Lavando i denti dopo i pasti	Mettendo l'apparecchio ai denti
551	Quale, tra quelli elencati, è un prodotto dell'industria alimentare?	detersivo	antibiotico	dentifricio	zucchero
552	In quale tra i seguenti gruppi sono contenuti SOLO animali "bipedi"?	Coniglio - tacchino - gallo	Oca - gallo - colomba	Gallina - gatto - tacchino	Colomba - cavallo - cicogna
553	Oca-gallo-colomba sono animali:	bipedi	quadrupedi	senza piedi	con un solo piede

N.	Domanda	A	B	C	D
554	In quale dei seguenti gruppi sono contenuti SOLO animali che vivono nel mare?	Polpo - biscia - ippopotamo	Merluzzo - tonno - balena	Delfino - tonno - oca	Tonno - delfino - rana
555	Il merluzzo, il tonno e la balena sono animali che vivono:	nel mare	nei laghi	nei fiumi	nelle pozzanghere
556	Quale oggetto, fra i seguenti, può essere analizzato utilizzando l'olfatto e il gusto?	Una mela	Un quaderno	Una rosa	Un cagnolino
557	Un terreno si definisce PERMEABILE quando:	è coperto da un telo di plastica	è in posizione soleggiata	lascia penetrare l'acqua	è esposto alla pioggia
558	Si vuole rilevare l'andamento del tempo meteorologico durante il mese di marzo. Quale dei seguenti gruppi contiene strumenti TUTTI necessari per svolgere questo lavoro?	Annaffiatoio, semi di ortaggi vari, tabella di registrazione	Binocolo, lente di ingrandimento, tabella di registrazione	Pluviometro, termometro da esterno, tabella di registrazione	Bilancia, termostato, tabella di registrazione
559	Che cosa si scioglie nell'acqua?	zucchero e ceci	lenticchie e ceci	sale e lenticchie	zucchero e sale
560	Alcuni animali si spostano nelle regioni calde del mondo per difendersi dall'abbassamento della temperatura che si ha durante l'inverno nel nostro Paese. Come si chiama questo fenomeno?	Mimetismo	Muta	Letargo	Migrazione
561	I vertebrati sono animali con uno scheletro interno. In che modo lo scheletro aiuta la vita di questi animali?	Aiuta a difendersi dai predatori	Permette di attaccare i nemici	Favorisce la metamorfosi	Sostiene e fa muovere il corpo
562	Quali di queste sostanze fondono?	Cioccolato-burro-sabbia	Sabbia-cioccolato-cera	Burro-cera-cioccolato	Cera-sabbia-burro
563	Quale di queste coppie non può riprodursi?	Gallina-gallo	Mucca-toro	Scrofa-maiale	Rana-ragno
564	Quale tra le seguenti piante appartiene alle aghifoglie?	ciliegio	vite	quercia	abete
565	Quale delle seguenti frasi spiega che cos'è un'isola?	una porzione di terra circondata da mare	una sporgenza della costa del mare	un luogo dove il fiume entra nel mare	un luogo dove le spiagge sono sabbiose
566	Una porzione di terra circondata dal mare è:	una regione	una nazione	un'isola	un pianeta
567	Gli abeti sono delle piante appartenenti alle:	querce	patate	viti	aghifoglie
568	Individua l'affermazione errata:	lo zucchero e il sale si sciolgono nell'acqua	un'isola è una porzione di terra circondata dal mare	gli abeti sono piante appartenenti alle aghiforme	la rana e il ragno sono coppie che non possono riprodursi
569	Individua l'affermazione corretta:	un 'isola è una porzione di terreno circondata dal mare	un terreno si definisce permeabile quando si lascia penetrare dall'acqua	il ragno e la rana sono coppie in grado di riprodursi	il burro, la cera e il cioccolato sono sostanze che fondono
570	Quale tra queste è una grandezza non misurabile con uno strumento di misura?	bellezza	temperatura	altezza	peso
571	In laboratorio ti viene chiesto di associare ad ogni grandezza misurabile il suo strumento di misura. Quale tra le seguenti risposte è falsa?	Temperatura-termometro	Peso-bilancia	Tempo-cronometro	Altezza-barometro
572	Quale tra le seguenti affermazioni su Marta è verificabile con una misura?	molto furba	alta un metro e mezzo	poso simpatica	molto spiritosa
573	Quale forma di energia alimenta le lampadine, i lampioni ,i fari?	meccanica	termica	elettrica	chimica
574	Durante un temporale, ci si accorge sempre che tra l'istante in cui il cielo è illuminato dal lampo e l'istante in cui ode il rombo del tuono,trascorre un breve intervallo di tempo. Perché?	la luce del lampo si propaga con una velocità maggiore di quella del suono associato al tuono	il lampo avviene in un luogo più vicino rispetto al luogo in cui avviene il tuono	il lampo e il tuono avvengono nello stesso luogo ma non nel medesimo istante	la luce del lampo viene rilevata prima perché l'occhio è più sensibile dell'orecchio
575	Quale tra queste fibre si ottiene da prodotti di origine animale?	goretex	nylon	seta	nessuna della altre risposte è corretta
576	Individua l'affermazione errata:	il goretex non si ottiene da prodotti di origine animale	la seta non si ottiene da prodotti di origine animale	la lana si ottiene da prodotti di origine animale	il nylon non si ottiene da prodotti di origine animale
577	Quanti giorni ci sono in una settimana?	9	7	10	3
578	Individua l'affermazione corretta:	le lampadine sono alimentate da energia chimica	la temperatura si misura in kg	in un'ora ci sono 58 minuti	la luce rispetto al suono si propaga con una velocità maggiore

N.	Domanda	A	B	C	D
579	Il peso è una misura verificabile:	con uno strumento di misura	con un pezzo di legno	con un pezzo di marmo	con una calamita
580	Quale tra queste affermazioni sulla massa è falsa?	è misurabile con uno strumento di misura	è una grandezza fisica	si misura con il termometro	si misura in chilogrammi
581	La Luna è:	una stella	un pianeta	un meteorite	un satellite
582	Cosa scoprì Isaac Newton?	la forza di gravità	i bosoni	l'Australia	gli atomi
583	L'elio è un elemento chimico della tavola periodica degli elementi il cui simbolo è...	Hoo	He	HH	H2o
584	Prima di diventare farfalla è:	bruco	mosca	lucciola	moscerino
585	Animali bipedi sono quelli con:	due zampe	quattro zampe	10 zampe	sei zampe

#	Ans	#	Ans	#	Ans	#	Ans	#	Ans	#	Ans	#	Ans	#	Ans	#	Ans
1	C	66	A	131	A	196	B	261	C	326	D	391	D	456	C	521	D
2	A	67	B	132	A	197	C	262	A	327	A	392	C	457	D	522	A
3	D	68	D	133	D	198	B	263	C	328	C	393	C	458	C	523	D
4	D	69	B	134	C	199	D	264	B	329	A	394	C	459	D	524	C
5	D	70	D	135	D	200	D	265	D	330	C	395	A	460	C	525	A
6	D	71	A	136	D	201	D	266	A	331	A	396	B	461	A	526	B
7	A	72	C	137	B	202	C	267	D	332	A	397	B	462	C	527	C
8	B	73	A	138	A	203	A	268	D	333	A	398	D	463	D	528	B
9	B	74	D	139	B	204	B	269	B	334	B	399	B	464	A	529	C
10	C	75	A	140	C	205	B	270	D	335	B	400	C	465	D	530	C
11	A	76	B	141	B	206	B	271	B	336	B	401	D	466	B	531	B
12	B	77	D	142	D	207	D	272	D	337	C	402	D	467	D	532	C
13	B	78	C	143	D	208	B	273	A	338	A	403	D	468	B	533	A
14	A	79	B	144	C	209	B	274	D	339	C	404	D	469	A	534	D
15	A	80	D	145	C	210	D	275	A	340	B	405	A	470	D	535	D
16	D	81	C	146	A	211	C	276	C	341	A	406	D	471	B	536	C
17	D	82	D	147	B	212	C	277	C	342	A	407	A	472	D	537	A
18	C	83	D	148	C	213	A	278	A	343	C	408	C	473	D	538	A
19	A	84	A	149	C	214	A	279	B	344	B	409	A	474	B	539	A
20	A	85	D	150	B	215	D	280	A	345	C	410	B	475	D	540	A
21	A	86	C	151	A	216	B	281	C	346	B	411	B	476	A	541	C
22	A	87	D	152	D	217	D	282	C	347	B	412	B	477	C	542	D
23	A	88	B	153	D	218	A	283	B	348	A	413	D	478	B	543	C
24	B	89	B	154	A	219	D	284	B	349	B	414	C	479	B	544	B
25	B	90	C	155	A	220	B	285	B	350	A	415	D	480	D	545	A
26	B	91	C	156	C	221	B	286	C	351	D	416	C	481	B	546	C
27	B	92	A	157	D	222	A	287	D	352	A	417	B	482	D	547	C
28	C	93	A	158	D	223	D	288	A	353	C	418	A	483	B	548	A
29	B	94	A	159	D	224	A	289	B	354	C	419	D	484	A	549	B
30	A	95	D	160	D	225	D	290	A	355	C	420	B	485	B	550	C
31	D	96	D	161	C	226	A	291	C	356	B	421	C	486	C	551	D
32	A	97	A	162	A	227	A	292	C	357	D	422	D	487	C	552	B
33	C	98	B	163	C	228	A	293	B	358	C	423	B	488	C	553	A
34	B	99	B	164	D	229	D	294	D	359	C	424	A	489	A	554	B
35	A	100	A	165	C	230	C	295	B	360	A	425	B	490	A	555	A
36	A	101	B	166	B	231	B	296	D	361	D	426	A	491	A	556	A
37	D	102	B	167	B	232	C	297	A	362	A	427	D	492	C	557	C
38	D	103	D	168	B	233	A	298	C	363	B	428	C	493	A	558	C
39	A	104	A	169	D	234	B	299	C	364	A	429	A	494	D	559	D
40	B	105	A	170	D	235	A	300	B	365	A	430	B	495	A	560	D
41	B	106	D	171	C	236	C	301	B	366	B	431	B	496	D	561	B
42	A	107	D	172	B	237	C	302	C	367	A	432	A	497	D	562	C
43	D	108	B	173	D	238	A	303	B	368	D	433	A	498	C	563	D
44	B	109	C	174	B	239	A	304	C	369	C	434	A	499	C	564	C
45	B	110	A	175	A	240	B	305	D	370	D	435	D	500	C	565	A
46	D	111	C	176	C	241	C	306	D	371	B	436	D	501	C	566	C
47	B	112	D	177	C	242	C	307	A	372	B	437	C	502	B	567	D
48	B	113	D	178	C	243	A	308	C	373	A	438	B	503	B	568	D
49	A	114	D	179	C	244	D	309	C	374	B	439	C	504	D	569	B

50	B	115	B	180	A	245	B	310	B	375	B	440	B	505	C	570	A
51	B	116	A	181	D	246	A	311	B	376	B	441	C	506	A	571	D
52	C	117	A	182	C	247	D	312	A	377	B	442	C	507	B	572	B
53	D	118	A	183	A	248	B	313	B	378	B	443	A	508	B	573	C
54	C	119	C	184	B	249	B	314	A	379	D	444	B	509	A	574	A
55	C	120	C	185	C	250	C	315	B	380	A	445	B	510	C	575	C
56	B	121	C	186	B	251	A	316	D	381	C	446	B	511	D	576	B
57	A	122	D	187	C	252	D	317	B	382	C	447	D	512	A	577	B
58	A	123	D	188	B	253	A	318	C	383	A	448	A	513	A	578	D
59	B	124	A	189	C	254	B	319	A	384	D	449	B	514	B	579	A
60	D	125	B	190	A	255	A	320	B	385	A	450	A	515	C	580	C
61	C	126	C	191	D	256	C	321	D	386	B	451	A	516	B	581	D
62	D	127	C	192	D	257	C	322	A	387	D	452	B	517	B	582	A
63	B	128	B	193	C	258	A	323	D	388	A	453	C	518	B	583	B
64	A	129	C	194	C	259	D	324	C	389	A	454	B	519	C	584	A
65	D	130	B	195	A	260	B	325	C	390	C	455	D	520	D	585	A

www.ingramcontent.com/pod-product-compliance
Lightning Source LLC
Chambersburg PA
CBHW052139220526
45471CB00004B/1441